질토래비

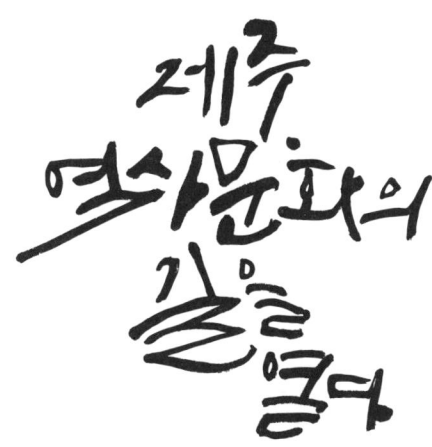

제주 역사문화의 길을 열다

돌하르방에게 길을 묻다 ❶

(사)질토래비 편집위원회 편저

디자인 세이

| 프롤로그 |

품위 있는 의상을 골라 입을 수 있는
지혜의 올로 수놓은 역사문화

　제주는 역사문화의 보고이다. 다양한 역사와 전통을 계승하는 천혜의 아름다운 땅 제주에서 살아간다는 것은 더더욱 행운이다. 제주만의 독특한 지역색은 자연과 문화, 언어 등에서도 확연하게 드러난다. 또한, 탐라국과 고려와 조선시대를 거쳐 일제강점기와 현대사의 격동기까지 다소 굴곡진 역사의 흔적을 살펴볼 수 있는 곳이기도 하다. 이러한 역사적 배경이 '제주 역사문화의 길안내자(질토래비)'를 자처하는 구심점이 되었으리라.

　올해로 창립 5주년을 맞는 (사)질토래비는 제주도 전역에 걸쳐 답사를 진행하며 지역의 다양한 역사문화 자원을 발굴·기록하고, 해당 지역주민들과 소통하며 제주의 역사문화를 공유하는 일에 앞장서고 있다. 또한, 창립 5주년을 기념하며 '질토래비 총서' 발간을 기획, 해마다 제주 역사문화 관련 도서 발간사업을 추진하기 위하여 질토래비 편집위원회를 구성하였다. 법인 창립 이후 질토래비 답사팀은 쉴 새 없이 제주의 곳곳을 찾았고, 지역사회 전문가들과 마을 어르신들을 만나며, 지역 관련 자료를 수집하고 고증하는 작업을 거쳐, 지역신문에 '제주의 역사문화 걷는 길'을 주제로 한 원고를 연재하고 있다. 길안내자를 응원하는 360여 명의 질토래비 회원들의 격려에 힘입어 그동안 모아놓은 자료 원고에 대한 1년여의 수정·편집 과정을 거쳐 드디어 2023년 7월, 법인 창립일에 맞춰 (사)질토래비 총서 「제1권」을 출판하게 되었다.

그동안 (사)질토래비에서는 '일제의 읍성철폐령' 이후 방황하는 돌하르방의 제자리 찾기 운동, 천년 도읍지 제주시 원도심의 옛 정취를 찾아 가치를 알리는 원도심 지도 기획 및 제작, '동성·돌하르방 길'과 '탐라·고을·병담 길' 등 역사문화 깃든 길 개장 및 관련 안내서 발간, 특히 모 지방지에 제주 역사문화 관련하여 매주 연재한 것이 180여 회에 이른다. 이런 일련의 과정 모두가 제주 역사문화를 지켜나가고자 하는 이들의 관심과 열정이 있기에 가능한 일이다.

제주의 역사문화를 쓴다. 쓴다는 것은 누군가에게 글로 수놓은 멋진 옷을 입히는 작업이다. 멋은 내면에서 비롯된다. 내면의 미는 현란한 글솜씨가 아닌 진실의 올로 수놓는 솜씨일 것이다. 과거를 말하고, 과거에서 배우는 것은 미래를 설계하는 일이고, 문화토양을 가꾸는 일이다. 선인들의 역사에서 교훈의 올로 수놓은 품위 있는 의상을 후손들이 골라 입을 수 있는 그러한 역사문화를 쓰고 싶다.

모름지기 우리는 역사라는 과수원에서 교훈의 열매를 수확하는 농부이다. 황무지 밭을 개간하여 튼실한 수목을 심은 제주선인들을 회상한다. 후손들에게도 과거의 속살도 보여주고 현재를 사는 슬기를 찾게 하고 미래의 밭을 개척하려 할 때, 진정 우리는 역사의 밭에서 알찬 교훈의 열매를 수확할 수 있을 것이다. 현상이 보이는 것이라면 본질은 보이지 않은 곳에 묻혀 있다. 역사의식을 지닌다는 것은 정체성을 찾아가는 과정이다. 역사는 승자의 기록이라 하듯, 승자에 의해 역사는 미화되기도 한다. 그럼에도 과거를 알려는 노력은 역사 미화 여부를 떠나 뿌리를 찾는 과정으로 조상으로부터 삶의 지혜를 얻으려는 것이다.

성차별도 신분의 귀천도 없는 평등의 시대이다. 왕후장상 王侯將相의 씨가 따로 있는 것은 아니로되, 후손에게 어떠한 영향을 주고 후손이 어떻게 발복하느냐에 따라 현대판 왕후장상은 만들어지기도 한다. (사)질토래비에서 펴내는 제주의 역사문화 관련 도서들이 제주의 정체성을 바르게 찾아내어 '제주를 제주답게·후손을 후손답게' 발복할 수 있는데 도움이 되길 바라며, 독자들과 함께 제주의 비경과 비사를 찾아 길을 떠나련다.

문영택 사단법인 질토래비 이사장

3 | 프롤로그 |

17 제1부. 동성·돌하르방 길

- 18 동성·돌하르방 길을 열며
- 20 **동성·돌하르방 길의 여정**
- 22 탐라의 시조 삼을나의 탄생
- 24 탐라에서 제주시로 이어지는 역사의 소롯길

- 29 **1장 동성·돌하르방 길에서 만나는 유물유적**
- 31 제주민속자연사박물관 돌하르방 광장
- 32 박물관을 잠시 지키는 돌하르방
- 34 산지천 다리에서 고령포 역사를 보다
- 37 삼성혈 올레와 돌하르방
- 40 삼성혈과 사액서원인 삼성사
- 41 신들의 총본산인 광양당과 심산유곡 절교의 거리
- 44 제주성 안팎을 잇던 동성과 남·북수문
- 50 을묘왜변과 동성
- 53 복원된 제이각
- 56 추억의 동성 골목
- 58 최근 복원된 운주당지구 역사공원
- 61 동문한질을 거쳐 연무정으로
- 63 동문 터인 연상루지
- 66 절경 위에 세워진 해산대와 달관대
- 67 삼천서당과 노봉 김정 목사
- 69 경관 빼어난 공신정 자리에 제주신사 들어서다
- 70 삼천서당의 두 주역인 제주선인 고처량과 이한진
- 72 조천석과 경천암 그리고 목민관 김영수 목사

76	공덕동산과 금산공원 주변에 깃든 역사문화
80	은혜로운 빛으로 다시 태어난 恩光衍世 김만덕 할망
84	동자복과 서자복 미륵석상

| 92 | 동성·돌하르방 길 여정을 마치며 |

95 제2부. 탐라·고을·병담 길

| 96 | 탐라·고을·병담 길을 열며 |
| 98 | **탐라·고을·병담 길의 여정** |

101	2장 탐라·고을·병담 길의 주요 여정
102	관덕정 > 방삿길 > 채수골 > 사창터 > 진서루
103	선반내 > 서자복 > 용천수 > 한두기 > 용두암
104	제주사대부고 고인돌과 할망당 > 용담동 제사유적
104	제주향교 > 성내교회 > 광해군 적거터 > 향사당
105	이앗골 > 제주성담 > 남문 정원루 터 > 중앙성당
106	책판고 골목 > 성주청 > 관덕정

109	3장 탐라·고을·병담 길에 깃든 역사문화와 유물유적
110	제주 최고의 건축물 관덕정
116	제주읍성 돌하르방
119	제주 삼읍성 돌하르방
122	주차장으로 바뀐 제주 최초의 읍사무소
124	제주읍성 서문인 진서루
126	탐라국 시대의 중심지인 무근성 주변의 유물유적
129	풍운뇌우단 터

133	복신미륵 석상 서자복
136	취병담인 용연 그리고 용두암
138	한두기 고시락당과 기우제
141	용연의 또 다른 이름 취병담과 선유담
143	용연 구름다리와 서한두기 물통
144	마애명공원과 취병담 석벽에 명시를 남긴 사람들
150	제주사대부고 교정에 있는 유물유적
150	다끄네 본향당인 궁당
151	교정에 있는 고인돌
154	제주대학교 요람인 용담캠퍼스
156	탐라 해상교역의 증거인 용담동 제사유적지
160	조선에서 가장 먼저 개교한 제주향교
163	서문한질 비룡못에 관한 설화
165	탐라 최고의 유적 칠성대 옛터
168	제주도에서 붕어한 유일한 임금 광해
171	향사당과 제주 최초의 여학교
174	향교와 책판고
177	탐라국의 궁궐 성주청
179	탐라·고을·병담 길 여정을 마치며

제3부. 제주목 성밖 동녘길

182	제주목 성밖 동녘길을 열며
184	**제주목 성밖 동녘길의 여정**

187	**4장 제주목 성밖 동녘길을 나서며**	
188	동문한질과 고마장	
190	고마장을 일군 사람들	

193	**5장 제주의 다양한 역사문화를 품고 있는 화북동**	
195	삼사석과 삼을나	
197	거로마을 능동산 방묘의 주인공은?	
200	화북동의 발원지인 부록·거로마을	
203	화북동 발원지 소림사와 절샘	
205	화북진성으로 가는 길에서 만나는 역사문화	
206		삼별초와 동제원 전적 터
207		화북동 비석거리
209		화북진성과 『탐라순력도』 화북성조
212		제주도기념물 화북 해신사
214	화북포구에서 생을 마친 김정 목사	
218	복원된 별도연대와 환해장성	
221	일제가 파헤친 별도봉과 사라봉의 갱도진지	
224	잃어버린 마을 곤을동	
227	거로가 낳은 인물들	
227		고처량
228		양유성
229		동방급제 김영락 3형제

231	**6장 제주 역사문화의 보물창고 삼양동**	
232	삼양동에 깃든 역사문화 개요	
235	한반도와 교류했던 삼양동 선사인들이 남긴 유적	
239	삼양 검은모래해변과 용천수 샛도리탕	
242	삼첩칠봉 원당봉에 깃든 역사문화를 찾아서	
242		망오름 원당봉수

245	불탑사와 원당사지 그리고 세계 유일의 현무암 5층석탑
248	기우제단이 있는 원당못
250	원당봉 주변에 터 잡은 원나라 왕족
254	**여러 마을을 잇는 속 깊은 마을 도련**
254	본향당 곁에 조성된 4·3위령비
258	남성 중심의 포제와 여성 중심의 당굿
260	천연기념물 도련과원
262	**도련과원에서 제주감귤의 역사문화를 떠올리다**
267	『탐라순력도』로 보는 감귤의 역사문화
268	감귤봉진
270	귤림풍악
270	고원방고
272	왕자구지의 실체 엿보기
273	**도련이 낳은 인물들**
275	회방노인 고익보
276	오현단 증주벽립 모사한 변성우
277	구휼의인 양제하
278	제주목 성밖 동녘길 여정을 마치며

281	**제4부. 제주목 성밖 서녘길**
282	제주목 성밖 서녘길을 열며
285	**제주목 성밖 서녘길의 여정**
287	7장 제주의 목축문화를 품고 있는 소길리·장전리·유수암리
289	**소가 다니던 길이 치유의 길로 진화하는 소길리**

292	노천박물관 같은 '멍덕동산'과 좌랑못 풍경
294	향토유형유산이 된 곡반제단
296	소길리 원동마을의 아픔
298	조형미가 일품인 소길리·장전리 공동 간이수도 물통
300	노천박물관 같은 장전리 건너물 동산
303	목축문화가 농축된 절경 궷물오름
305	궷물 주변의 백중제 제단
308	궷물오름 주변의 마장(소장) 잣성을 찾아서
309	테우리 막사 주변의 비경
311	유사 이래 유수암천이 솟는 유수암리
314	절경을 자랑하는 절동산
316	천고에 남을 조정철과 홍윤애의 순애보
316	홍윤애의 묘역과 조정철의 시비
320	조정철의 문집 『정헌영해처감록』

323	**8장 영산 고내봉이 한라산을 살포시 감춘 마을 고내리**
324	**고내현에서 고내리 사이의 역사적 거리**
327	**봉수대·과원·고릉유사를 품고 있는 고내봉**
328	고내봉 정상에 세워졌던 고내망
330	고내봉에 조성했던 관립 고내과원
332	고내봉의 절경인 고릉유사 터
334	**노천박물관 같은 다락빌레 쉼터**
334	제일 고내인 시혜 불망비
338	고내리 해녀상에서 오래된 제주역사를 떠올리다
341	재일본 고내리 친목회 회원 명부
343	**탐라국 후기를 대표하는 고내리식 토기**
345	**항파두리성에서 발견된 고내촌 기와와 삼별초**
347	**고내현과 환해장성 그리고 불턱과 공동우물 터**
348	**제주에서 가장 오래된 초상화의 주인공은 고내 출신 문백민**

351	9장 비경과 비사의 보고인 수산리
352	수산리의 역사문화를 찾아서
353	제주의 역사문화 품은 물메오름 수산봉
358	마을의 역사문화가 담긴 다양한 지명과 인물
358	수산리 지명에 실린 진계백
360	목호의 난과 최영 장군
362	수산리 지명으로 보는 제주의 역사문화 엿보기
365	갑인년 흉년에 치룬 과거 급제자 홍달훈
366	수산리가 낳은 판관 고경준
367	대제학과 목사가 남긴 도내 유일의 묘갈문과 고비문
368	수산리와 관계된 제주의 역사적 사건들
368	소덕유·길운절 역모 사건
372	김지가 일으킨 김진사의 난
373	이재수의 난과 수산리
374	태초의 신비 간직한 영험한 신의 보금자리
374	본향당이 있어 당카름으로 불린 마을
376	수산리에 이웃한 항(황)다리궤당의 비경
379	천연기념물 곰솔과 포제단
381	경관 좋은 곳에 위치한 포제단
382	혼란의 시대 피해 온 입도조들
382	남평문씨 수산파 입도조 문맹현
384	부자의 교지를 가보로 전승하고 있는 수산리 박씨 종가
385	수산리 서부장동산에 묻힌 이천서씨 입도조 서희례
386	진주강씨 입도조 강철과 장손 강우회
387	물 관련 수산리의 역사문화
387	큰섬지와 뒷못
389	지하수 혁명의 상징인 심정굴착 제1호의 마을
390	물속으로 사라진 마을 오름가름 그리고 …

| 394 | 제주목 성밖 서녘길을 마치며 |

397 제5부. 서귀포 역사문화 깃든 길

398 서귀포 역사문화 깃든 길을 열며

403 10장 서귀포 역사문화 깃든 길을 나서며
- 405 서귀포시와 정방동의 약사
- 408 『탐라순력도』로 보는 서귀포시 역사문화 기행
  - 410 정방탐승
  - 410 천연사후
  - 410 서귀조점

411 11장 서귀포 역사문화 깃든 동녘길
- 413 제주9진 중 초기에 구축하여 옮긴 서귀진성
- 416 서귀진 집수정의 원류인 정모시
- 419 서귀포 관련 다양한 시비 소개
- 422 절경인 자구리 해안과 소남(낭)머리
- 425 정방폭포와 4·3 그리고 잃어버린 마을 무등이왓
- 428 소남머리·정방폭포 4·3 위령비
- 431 4·3 학살 터에 세운 서복기념관
- 433 지방문화재인 정방사 석조여래좌상
- 435 정방하폭은 영주10경의 몇 경?
- 436 서귀포를 빛내는 인물 현중화·이중섭·변시지
  - 437 소암 현중화
  - 439 국민화가 이중섭
  - 444 폭풍의 화가 변시지
- 447 서귀포관광극장 노천무대와 서귀본향당

453	12장 서귀포 역사문화 깃든 서녘길
454	서귀포 지명에 깃든 역사문화
458	구석기 선사인이 살았던 천지연 생수궤
461	『남천록』에 등장하는 서귀포 명소
462	천지연 입구를 지키는 돌하르방
466	천지연폭포와 난대림지대 그리고 무태장어
468	서귀진성 사장터를 둘러보고 남성모루에 오르다
470	하논과 삼매봉에 깃든 역사문화를 찾아서
471	잃어버린 마을 하논
474	하논성당과 신축봉기(교안·항쟁) 관련 인물들
476	하논분화구 복원을 그리며
480	하논을 내려보고 남극노인성을 올려보는 삼매봉
483	서귀포층과 패류화석 그리고 명물 새연교
483	서귀포층 패류화석
486	서귀포항의 명물 새연교
488	최영 장군과 범섬
491	벼락마진디 할망당 조형물과 해신당
493	서귀포로 귀환한 「김대황 표해일록」과 조선 4대 표해록
498	1970년 서귀항을 떠났던 남영호의 비극
501	서귀포 역사문화 깃든 길을 닫으며

504	ǀ 편집후기 ǀ
506	ǀ 참고문헌 ǀ
508	ǀ 질토래비 걸어온 길 ǀ

제1부

동성
돌하르방길

동성·돌하르방 길을 열며

　(사)질토래비는 2018년 7월 7일 '돌하르방에게 길을 묻다!'라는 제목으로 세미나를 개최하면서 창립을 알렸고, 같은 해 10월 9일 '동성·돌하르방 길'을 개장하여 그 길을 200여 명의 도민·여행객들과 함께 걸었다. 이후에도 여러 기관과 협약을 지속적으로 맺으며 수시로 이 길을 안내하며 걷고 있다.

　천년의 도읍지 제주시의 기원을 엿볼 수 있는 '동성·돌하르방 길'을 걷는다. 이 길은 제주민속자연사박물관 입구에서 출발하여, 탐라개국의 발상지인 모흥혈을 거쳐 산지천 숨은 계곡을 따라 일제강점기를 거치며 사라진 제주읍성의 흔적을 따라 특히 동성 터를 더듬으며, 다시 박물관으로 돌아오는 원점회귀의 길이다. 이 길을 완주하려면 4시간 이상이 걸린다. 긴긴 시간여행에 나서기에는 여러 어려움이 따르기에, 이후 (사)질토래비에서는 여러 갈래의 역사문화 깃든 길을 내기도 했다. 그리고 이제는 역사문화 깃든 길을 제주도 전역으로 확대하여 개장하고 있다.

　지금은 사라진 산지천 위에 놓였던 아름다운 '남수구 홍예교' 주변의 산책은 상상과 만나며 거니는 길이다. 사라진 동성東城과 동문東門, 그리고 여전히 방랑하는 돌하르방의 제자리를 상상한다. 보이지 않은 것을 볼 수 있는 힘이 바로 능력인 시대를 우리는 맞고 있음이다. 눈에 보이지 않은 것을 보게 하는 것이 역사문화의 힘이다. 우리가 걸을 동성·돌하르방 길에는 의미 있는 상상의 시간 조각들이 파편처럼 흩어져 있다.

상상은 우리가 꿈꾸는 세상에 이르는 길이다. 세종대왕께서는 한자를 사용하는 일부 지식인들만의 세상을 넘어선 만 백성의 언어를 꿈꾸었기에 한글을 창제하셨다. 동성은 잊혀진 역사가 되고, 돌하르방은 구천을 떠도는 길 잃은 질토래비(길안내자)이다. 동성·돌하르방 길은 잊혀진 역사를 찾는 길이고 여전히 방랑하는 돌하르방을 만나는 길이다. 그러기에 이 길은 잃어버린 역사 복원을 염원하는 희망의 길이다.

이 길을 걷기에 앞서 우선 탐라개벽 신화와 그 의미를 공유하고자 한다.

2018년 10월 9일, 동성·돌하르방 길 개장

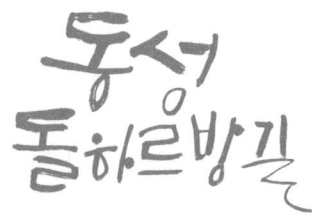

동성·돌하르방 길의 여정

지금부터 '동성·돌하르방 길'을 따라 걷는 시간여행을 즐겨보자. 동성·돌하르방 길의 원점회귀 탐방코스를 압축하여 소개하면 다음과 같다.

제주민속자연사박물관 > 삼성혈 돌하르방 올레 > 할망당의 본산인 광양당 >
도심 속의 계곡길 > 제주대첩인 을묘왜변의 현장 > 귤림서원과 제주성지 >
제이각(청풍대) 장대 > 제주향교 발상지 > 산저천 경천암과 조천석 > 삼천서당 터 >
공덕동산과 금산공원 > 돌미륵 석상 동자복 소공원 > 동성과 공신정 터 >
동문 연상루 터 > 운주당역사문화 공원 > 추억의 동성골목 > 남수각 홍예교 터 >
절과 교회가 공존하는 절교의 거리 > 민속자연사박물관

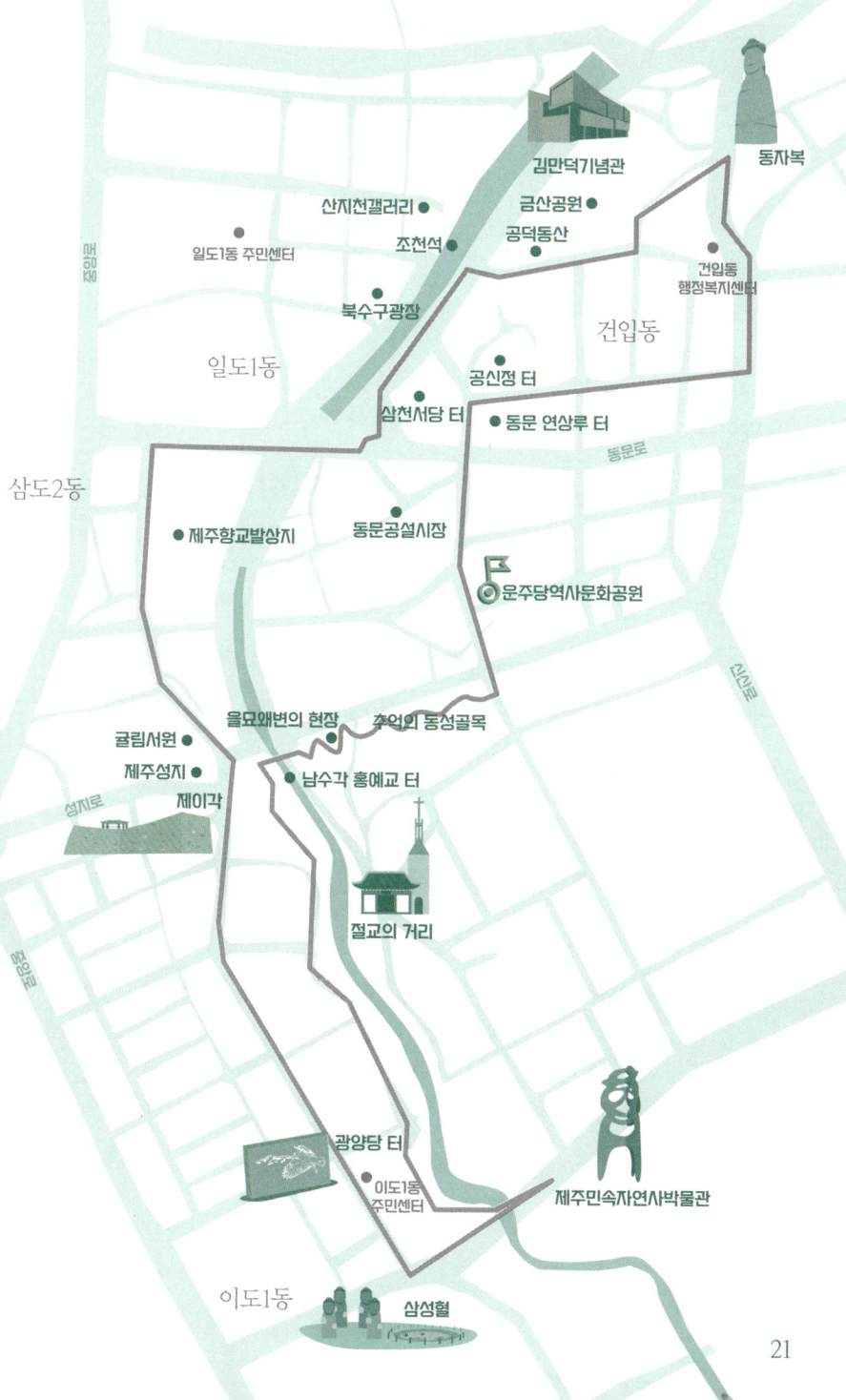

탐라의 시조 삼을나의 탄생

• • •

『신증동국여지승람』 등 여러 기록에 의하면 삼성혈에서 솟아난 삼을나(고을나·양을나·부을나) 삼신인^{三神人}은 활을 쏘아 삶의 터를 잡는데, 이를 사시복지^{射矢卜地}라 한다. 사시복지는 탐라의 정체를 이해할 수 있는 제주문화의 열쇠어로, 투쟁이 아닌 상생에 대한 상징이자 교훈으로 읽히는 말이다.

모흥혈(삼성혈)에서 동시용출^{同時湧出}하여 한라산에서 사냥을 하던 삼을나는, 신비로운 목함이 동쪽 바다로 다가오는 것을 보고 온평리 바닷가인 연혼포로 날아갈 듯 줄달음쳤다. 그리고 사신과 함께 배에서 내린 벽랑국 삼공주를 나이순으로 맞아, 혼인지(성산읍 온평리 소재)에서 목욕재계한 후 인근에 있는 신방^{新房}굴에서 신혼 첫 밤을 보낸다. 그리고 다음 날 한라산 중턱의 살손장오리^{射矢長兀岳}에서 화살을 날려, 거주할 곳인 1도·2도·3도를 정한다.

삼을나와 부부의 연을 맺은 삼공주의 나라 벽랑국은 상상의 나라이다. 사시복지로 살 땅을 정한 삼을나와 삼공주는 벽랑국에서 보낸 오곡의 씨앗을 뿌려 가꾸고 소와 말을 기르며 삶을 이어간다. 우리의 관심을 끄는 것 중 하나는, 삼을나는 최초의 탐라인이고, 삼공주는 최초의 외국인이라는 상징이다. 이는 곧 다문화 사회를 구현하려는 탐라개국 신화의 상징이자 교훈이다. 신화를 재조명하는 것은 현대를 살아가는 우리의 몫이다. 탐라선인들이 지은 개벽신화가 우리에게 주는 의미를 생각해 본다. 치열한 다툼이 아닌 상생의 삶, 곧 나와 다름을 인정하는 포용성이고, 삼다삼무의 정신을 잇는 수눌음이고, 바다로 세계로 나아가려는 도전정신이라 여겨본다.

다음은 제주 출신 사회학자인 신용하 교수의 『한국민족의 형성과 민족사회학』의 「탐라국의 형성과 초기민족이동」에서 발췌한 주요 내용이다.

중국의 漢족이 위만조선을 멸하고 한사군을 설치한 직후인 BC 1세기와 AD 1세기경, 한사군의 주변 지역에서는 고구려를 선두로 하는 맥족貊族의 소국들이 한사군에 대항하는 한편, 연맹왕국을 건설하려는 움직임이 전개되었다. 압록강 하구에서 배를 잘 타던 양맥족良貊族, 종래의 지배세력이던 부여족夫餘族, 신흥세력이던 고구려족高句麗族, 통가佟佳강 유역의 소수맥족小水貊族, 압록강 중류의 대수맥족大水貊族, 고원지대의 개마족蓋馬族들 중에서 시간이 갈수록 고구려족이 점점 우세해졌다. 부족 내의 권력투쟁에서 실세失勢한 지배층의 일부는 새로운 정착지를 찾아 추종 집단을 거느리고 육로 또는 해로로 남하하기 시작하였다. 예컨대 부여족과 고구려족의 일부는 BC 1세기에 남하하여 한강 유역에 백제를 건국하였다. 이 중에서 BC 1세기에서 AD 1세기 사이 부여족·양맥족·고구려족의 일부가 바다를 통해 약간의 시간차를 두면서 제주도에 도착하였다. 그리고 각각 그들의 인솔 족장乙那의 지휘 하에 정착하여 생활하다가 일정 시간이 지나자 한라산 북쪽 해안가의 모흥혈毛興穴에서 회의하여 연맹왕국으로서의 탐라국耽羅國을 건국한다. 그들은 맥족 계통으로서 언어와 문화가 거의 같았으므로 큰 무리 없이 서로 융화되었다. 삼을나三乙那설화에 나오는 고·양·부가 고구려족·양맥족·부여족을 나타내는 것이며, 탐라국을 건국한 지배세력은 북방으로부터 이동해 들어온 맥족貊族으로서 양맥족·고구려족·부여족의 귀족과 무사 계급이라고 한다. 그 근거로 '왕·군장·족장'의 호칭인 '을나'를 고구려·양맥·부여 등 북방의 국가에서 사용한 점을 든다. 따라서 기원 전후 1세기 사이에 제주도에 들어와 탐라국을 개국한 삼을나인 양을나·고을나·부을나는, 양맥족의 군장·고구려족의 군장·부여족의 군장이라는 의미이다. 한편 1984년 제주시 용담동 석곽묘에서 출토된 철제 장검은 만주 길림성 지방부터 대동강 이북의 서북쪽 지역에서만 발견된다고 알려져 있다. 그들의 부족장인 맥족 계통인 부여족·고구려족·양맥족들이 철제 장검을 갖고 해안선을 타고 내려와 제주도에 정착하여 오늘에 이른다.

탐라에서 제주시로 이어지는 역사의 소롯길

탐라를 지칭하는 것으로 추정되는 다양한 명칭이 한반도와 중국·일본 등의 각종 역사서에 기록으로 남아있다. 주호에서부터 탁라, 담라, 섭라, 탐모라, 탐부라, 동영주 등 10여 가지가 넘는다. 다음은 3세기경 중국의 진수가 편찬한 『삼국지·위지동이전』에 기록된 내용이다.

마한의 서쪽 바다 가운데 큰 섬이 있는데 주호^{州胡}라 한다. 그 섬사람들은 체구가 작고 언어는 한^{韓}과 다르며, 모두 머리를 짧게 깎아 선비족과 비슷하다. 가죽옷을 입었는데 윗도리만 입고 아랫도리는 없어 마치 벗은 모양과 같다. 소와 돼지를 잘 기르고 배를 타서 한중^{韓中}과 왕래하며 장사를 한다.

『삼국지·위지동이전』에서 표기한 주호^{州胡}를 근래 학계에서는 제주도로 보고 있다. 중국 사서에 기록된 고대 제주도 국가의 명칭은 3~4세기 사이는 주호였으나, 5~6세기에는 탐모라로, 이후에는 탐라로 통일된 양상을 보인다. 제주도의 다른 통칭으로 여겼던 '섭라^{涉羅}'는 제주도보다는 신라로 보고 있는 경향도 있다.

　해상의 작은 왕국인 탐라는 자족^{自足}하기 어려운 척박한 환경이어서 주변 강대국에 조공^{朝貢}을 바쳐 보호받고 무역을 통해서 부족한 것을 채우면서 살아왔다. 더욱이 중국·한반도·일본의 중간 지점에 위치하다보니 군사적인 요충지로 부각되어 주변 국가들은 탐라를 복속시키려고 시도하기도 했다.

　탐라국이 한반도의 국가들과 맺은 첫 번째 기록은 『삼국사기』백제 본기에 실려 있다. 탐라는 476년(문주왕 2)부터 498년(동성왕 20)에 백제에 사자^{使者}를 파견하여 조공 관계를 맺고 공납을 바치는 사대^{事大}의 예를 취하였다. 660년 백제가 당과 신라에 의해 멸망한 후에는 신라와 662년(문무왕 2)부터 그러한 관계를 맺었다. 661년에는 당^{唐}에 사신을 파견하여 입조^{入朝}한 적도 있었다. 661~693년 사이에는 신라와의 관계를 유지하면서 일본에 여러 차례 사절을 파견하는 실리적인 이중외교를 전개하기도 했다. 『삼국사기』와 『일본서기』에서도 탐라를 독립된 국가인 '국^{國}'으로 여긴 데서 보듯, 탐라국의 독자적 생존방식은 조공외교였다. 이는 강대국 주변에 위치한 약소국의 생존방식이었다. 조선이 중국에 취한 사대정책 또는 외교전략과 같은 맥락이다.

　다음은 탐라지(1653) 등 여러 고서에 전하는 내용이다.

　고을나 15대손인 고후·고청·고계 3인이 배를 만들고 바다를 건너 탐진(지금의 강진)을 거쳐 신라 서라벌에 갔다. 신라왕은 이를 가상히 여겨장자는 성주^{星主}, 이자^{二子}는 왕자(왕께서 둘째인 청을 아들처럼 대한 까닭), 막내 계자^{季子}는 도내^{徒內}라 하였다. 또한 읍호를 탐라라 칭하였는데, 탐진을 거쳐 신라로 입국했기 때문에 탐라라 지었다 한다.

  후삼국 시대를 지나 고려 태조의 세력이 강해지자 탐라에서는 925년(태조 8) 사신을 고려의 수도인 개경에 보내 공물을 바쳤다. 936년 후삼국이 통일되자, 탐라국주 고자견^{高自堅}은 938년 태자 고말로^{高末老}를 고려에 입조시켰다. 이때 태조는 종래의 자치권을 인정하고, 고자견을 성주로, 양구미^{梁具美}를 왕자로 삼았다. 고려는 신라시대부터 사용해온 '성주·왕자'라는 토착 칭호를 인정하였고, 탐라는 고려에 조공을 바치는 제후국이 되었다. 1105년(고려 숙종 10) 이후 탐라국은 한반도의 역사 속에 편입되고 중앙에서 지방관이 파견되기 시작했다.

  이때부터 탐라국은 고려의 지방 행정구역의 하나인 탐라군으로 복속되었고 독립적 지위는 막을 내린다. 고려조정은 1153년부터 탐라군을 탐라현으로 바꿔 현령을 파견하지만, 성주와 왕자가 자치권을 일부 행사하기도 했다. 1270년 삼별초 침략을 거치고 1273년부터 원의 지배를 받지만 상당기간 독립국인 탐라국으로 대우받았으나, 반원^{反元} 자주정책의 일환으로 원명 교체기인 1374년에는 최영 장군이 314척 전함과 25,605명의 군대를 이끌고 입도하여 목호의 난을 진압했다.

  1392년 조선 건국 이후 1914년 3월까지 초대목사 여의손^{呂義孫}을 시작으로 286명이 제주목사로 부임하였다. 1416년 제주목을 중심으로 하여, 산남지역 고을을 둘로 나누어 동부에 정의현, 서부에 대정현을 설치하고 현감을 두었다. 1609년(광해 1) 제주목을 중면·좌면·우면으로 나누고, 성안 마을은 삼 분할 하여 일도리·이도리·삼도리로 구분하고, 외곽지역은 지명에 따라 최초의 리·동 단위의 분할을 시행하는 등 행정구역이 개편되었다. 1874년(고종 11) 제주목 중면이 제주면으로, 1906년 제주군으로 개편된 후, 1914년 군제가 폐지되고 전라남도에 편입됨과 동시에 일본인 도사^{島司}에 의한 행정이 본격화되었다. 1931년 제주면이 제주읍으로 승격되고, 1946년 8월 1일 제주도^{濟州島}를 전라남도에서 분리하는 미군정의 군정법령 제94호(1946.7.2 공포)에 따라 제주도^{濟州道}가 설치되었으며, 그 아래에 북제주군과 남제주군을 설치하였다. 1955년에 북제주군 제주읍이 제주시로, 1956년에 남제주군 서귀면이 서귀읍으로 승격되었다.

질토래비

제주 역사문자의 길을 열다

1장

동성·돌하르방 길에서 만나는
유물유적

동성·돌하르방 길
동성·돌하르방 길에서 만나는 유물유적

　우선 제주민속자연사박물관 초입에 자리한 돌하르방과 삼성혈 입구에 서 있는 돌하르방 4기를 둘러보자. 유감스럽게도 이곳에 있는 돌하르방들은 제자리를 떠나 방랑하는 돌하르방들이다. 1754년 탄생한 돌하르방들이 원래 있었던 곳은, 일제강점기를 거치며 사라진 제주읍성의 동문·서문·남문 앞이다.

제주민속자연사박물관 돌하르방 광장

　동성·돌하르방 길의 출발지점은 삼성혈 동쪽에 위치한 제주민속자연사박물관 주차장이다. 자연사박물관 주차장 입구에는 돌하르방 2기가 세워져 있다. 방문객들은 그 돌하르방 둘을 여느 돌하르방처럼 대한다. 하지만 이 돌하르방 2기는 제주읍성에 세워졌던 원조 돌하르방으로, 제주민속문화재로 지정된 돌하르방들이다.

　또 제주에서 최고로 높은 돌하르방 철제 조형물이 주차장 서쪽 편에 우뚝 서 있다. 1998년 세계 섬문화 축제 당시 제작된 돌하르방 조형물을 이곳에 옮겨 전시하고 있다. 어느 방향에서나 똑같은 돌하르방의 모습을 볼 수 있는 삼각구조로 되어있으며, 고故 한명섭 작가의 작품이다. (사)질토래비는 원조 돌하르방이 지키는 이곳의 중요성을 방문객에게 각인시키기 위해 이곳 주차장 이름을 '돌하르방 광장'이라 칭하려 한다.

박물관을 잠시 지키는 돌하르방

• • •

　제주민속자연사박물관 주차장 입구에는 돌하르방 2기가 마주 보며 서 있다. 이전까지 관덕정에 있던 6기의 돌하르방 중 2기를 이곳으로 옮겨온 것이다. 제주도민속문화재로 지정된 45기의 돌하르방은 1754년부터 성문을 지키던 파수꾼이었다. 그러나 1910년대에 시행된 일제의 읍성철폐령으로 성문과 성담이 파괴되고, 돌하르방들은 지금도 제자리로 돌아가지 못한 채 방랑하고 있다. 이곳에 있는 돌하르방 중 하나는 코가 깨진 채 전시되고 있다. 1959년 사라호 태풍 당시 넘어져 상처를 입은 흔적이다. 원래의 자리에 돌아갈 수만 있다면, 이 상처도 영광의 상처로 남으련만. 아직은 요원하지만 그날이 오길 고대하며 이 길을 걷는다.

　돌하르방의 코와 관련해 몇몇 이야기들이 전해 오고 있다. 해외여행이 자율화되기 이전 1970~80년대 제주도는 국내에서 가장 각광 받는 신혼여행지였다. 돌하르방의 코를 만지면 아들을 낳는다는 속설에 따라 관광지마다 신혼부부가 줄을 서서 돌하르방의 코를 만지며 사진을 찍는 진풍경이 벌어지곤 했다. 제주에서는 오래전부터 아기가 없는 부인이 돌하르방 코를 빻아 가루를 내서 먹으면 아기를 가질 수 있다는 이야기도, 이와 반대로 임신한 여인이 가루를 내서 적량을 먹으면 태^胎가 지워진다는 이야기도 전한다.

　돌하르방 광장 입구에 세워진 민속문화재 돌하르방 2기를 보고 나서 서쪽으로 조금 가면 계곡 위에 놓인 '산지천' 다리에 이른다.

산지천 다리에서 고령포 역사를 보다

• • •

산지천^{山地泉}은 제주시 동쪽에 위치한 계곡이자 하천이다. 한라산 북사면 해발 720여 m에서 발원하여 제주시 아라동·일도동·이도동 그리고 건입동의 경계선을 차례로 흘러 하구인 건입동의 제주항(산지항)을 통해 바다에 이른다. 산지천은 탐라가 개벽한 이후 현대에 이르기까지 제주와 육지를 잇는 해상관문 역할을 해오고 있는, 제주의 역사문화와 깊이 관련된 하천이다.

제주의 역사문화를 꽃피우게 했던 가장 소중한 공간이 바로 산지천이다. 제주의 중요한 각종 역사유적은 삼성혈을 정점으로 동쪽, 서쪽 그리고 산지천 하상에 분포해 있었다. 삼성혈에서 산지천을 따라 내려오면 동쪽에는 삼성전, 운주당, 해산대, 산천서당, 희우대, 공신정, 만경대, 영은정, 취한당이 있었다. 서쪽으로는 광양당, 제이각, 귤림서원과 오현단, 중인문 등이 세워져 있었다. 산지천 하상에는 남수각과 가락천, 판서정, 감액천, 급고천, 산저천, 천룡석, 세심단, 광제교, 지주암, 북수구, 산지 포구 관련 유적이 자리 잡고 있었다.

산지천 하류에는 '고령포^{高齡浦}'라는 내해 포구도 있었으며 그곳에서 당나라 배가 좌초했다고 전한다. 그리고 고령포 부근의 밭을 고령밭(밧)이라 하여 지금도 전해온다. 고령밧은 남수구 북쪽과 동문시장 서쪽에 위치하며, 가락천과 남수각 어구의 산지천 동안 일대에 해당한다. 동문으로 넘어오는 다리 아래까지 바다가 연해 있어 배가 드나들어 고령포라

동문시장 위 산지천 복개구역과(위) 복원된 산지천(아래)

제1장 | 동성·돌하르방 길에서 만나는 유물유적

하였다고 전해온다.

  이원진의 『탐라지』(1653)에 의하면 고령포는 중국 당나라 상선의 조난처였고, 당나라 배가 파선된 곳이기도 하다. 오래전에 밭들이 있었던 이곳에 1960, 70년대부터 집들이 들어서기 시작했다. 이곳에서 밭을 경작하다 수정유리 등 많은 보물이 출토되었는데, 이것은 당나라 사람들이 남기고 간 흔적이기도 하다. 당시 당나라 상선이 폭풍을 만나 표류하다가 이곳에서 파선된 것으로 전해지고 있다. 당시에는 산지포구가 고령포까지 연결되어 있어 배들이 이곳까지 들어올 수 있었다 한다.

  16세기 말에서 17세기에 걸쳐 제주향교가 이곳 고령밭인 고령전에 이건되어 자리 잡기도 했으며, 18세기 초에는 삼성묘가 이곳으로 옮겨 세워진 적도 있었다. 고령전 한 모퉁이에는 금강원金剛園이란 과원이 있었으며, 16세기 초 제주에 유배온 충암 김정이 이곳에 적소를 마련하기도 했다. 그는 적소 앞 산지천 둔덕에 우물을 파고 동네 사람들과 함께 마실 수 있도록 하였다. 후세 사람들은 그 우물을 판서정判書井이라 불렀다. 1519년 발생한 기묘사화로 1520년 제주에 유배 온 충암 김정은 500년 전인 1521년 제주에서 다음의 절명시絶命詩를 남기고 한 많은 세상을 등졌다.

    投絶國兮作孤魂 (투절국혜작고혼) 외딴섬에 버려져 외로운 넋이 되려 하니
    遺慈母兮隔天倫 (유자모혜격천륜) 어머님을 두고 감히 천륜을 어기는구나
    遭斯世兮隕余身 (조사세혜운여신) 이 지경 세상을 만나 이 몸 죽으니

乘雲氣兮歷帝閽 (승운기혜역제혼) 구름 타고 하늘 올라 옥문에 이르리라
從屈原兮高逍遙 (종굴원혜고소요) 굴원^{屈原} 따라 높이 떠돌고도 싶으나
長夜冥兮何時朝 (장야명혜하시조) 기나긴 어두운 밤은 언제 날이 새리
焗丹衷兮埋草萊 (경단충혜매초래) 빛나던 일편단심 쑥밭에 묻히게 되니
堂堂壯志兮中道摧 (당당장지혜중도최) 당당하고 장하던 뜻 중도에 꺾이고
嗚呼千秋萬歲兮應我哀 (오호천추만세혜응아애) 아! 천추만세에 내 슬픔 알리라

삼성혈 올레와 돌하르방

• • •

산지천 다리를 건너 100m 정도를 더 가면 탐라의 개벽^{開闢} 신화가 깃든 삼성혈 올레에 다다른다. 삼성혈 입구에도 제주도민속문화재로 지정된 돌하르방 4기가 방문객들을 맞이하고 있다. 제주에서 올레길이 개장하고 많은 사람들이 다녀가면서 올레라는 말은 제주 지역어의 범주를 넘어선 것처럼 보인다. 하지만 지금 쓰이는 자연경관 중심의 명품 길인 올레와 제주 본연의 올레는 여러모로 차이가 있다. 아래에서 그 역사문화의 단면을 살펴보자.

4면이 바다로 둘러싸인 화산섬인 제주는 바람과 돌, 그리고 여자가 많아 삼다^{三多島}라 불렸다. 이제는 여자보다 남자가 많아져서 여자 대신 오름을 삼다에 놓기도 한다. 오래전부터 바람 많은 제주에서는 바람을 덜 받기 위해 납작 엎드린 형상으로 집을 짓곤 했다. 그리고 바람이 지나가는 길인 한길 가에서부터 대문까지 돌담으로 에워싼 골목으로 이어지

게 구조화했다. 그 골목길이 제주 고유의 올레인 것이다. 제주에서는 올레로 이어진 아늑한 곳에 안거리·밖거리·셋거리 등의 건물을 배치하여 집을 짓곤 했다. 세찬 바람이 골목 담벼락 길, 즉 올레를 통과하면서 훈풍 되어 집안으로 들어오도록 설계한 제주선인들의 지혜가 돋보이는 길이다. 그래서 '올레가 길면 명壽命도 길다'라는 속담도 생겨났다. 선인들의 이런 지혜를 도내·외에 알리기 위해 (사)질토래비에서는 삼성혈 입구를 '돌하르방 올레'라 명명하고자 한다.

삼성혈 입구에서 정문인 건시문乾始問에 이르는 삼성혈 올레에는 4기의 돌하르방이 자리하고 있다. 입구에 있는 돌하르방 2기는 제주읍성 남문인 정원루 입구에 세워져 있었다. 건시문 앞 2기는 사연이 매우 복잡하다. 원래 서문인 진서루를 지키다가, 산지천변 인근에서 1736년(영조 12) 개교한 삼천서당으로 옮겨졌다가, 삼천서당이 1958년 폐교된 후 인근에 들어선 명승호텔 앞으로 옮겨갔고, 1963년 현재의 자리로 옮겨온 것이다. 돌하르방은 파란만장한 삶을 이어온 제주선인들의 삶의 궤적을 닮았다. 더 특이한 점은, 지방문화재인 돌하르방을 당시 명승호텔 고 아무개 사장이 삼성혈에 기증했다는 표지석이다. 일제강점기 이후 방랑하던 돌하르방을 잠시 보관한 것을 마치 돌하르방을 소유했다는 생각을 가졌던 건 아닐까.

이에 (사)질토래비에서는 삼성혈을 관장하는 삼성재단에 공문을 보내

1950년대 삼성혈 입구 돌하르방의 모습 (사진 제주시)

삼성혈 건시문 앞 돌하르방
제주읍성 서문에 있었던 돌하르방 중 2기는 동문로터리 근처(구 명승호텔)를 거쳐 현재 삼성혈 앞에 세워져 있다.

제1장 | 동성·돌하르방 길에서 만나는 유물유적

'기증'이란 표현을 시정할 것을 권했으나 지금껏 그대로이다. 이제는 뜻있는 사람들이나 단체들이 나서야 할 때인 것 같다.

민속문화재인 돌하르방을 기증했다는 표현이 거슬리는 현장인 삼성혈 올레를 잠시 서성인다. 뒤틀린 현상을 바로잡을 날도 오겠지 하는 바람으로 본질을 생각한다. 개인적으로 시간을 내어 삼성혈 내부를 둘러보는 것도 의미가 깊을 것이다. 삼성혈을 잘 관조할 수 있도록 최근에는 삼신이 나온 구멍인 삼혈 인근에 전망대도 조성되어 있다. 전망대에 서서 품자^{品字} 형 삼혈을 바라보며 삼성혈의 지난날로 과거여행을 떠나는 것 역시 의미가 깊을 것이다.

삼성혈과 사액서원인 삼성사

삼성혈과 민속자연사박물관 등이 들어선 이 일대는 탐라국 이래 사직단·마조단·향교·성황당·광양당 등 제주의 주요 기관과 성소들이 자리했던 지역이다. 『탐라지』 등 여러 고서에 의하면, 1526년(중종 21) 이수동^{李壽童} 목사가 탐라국 이래 무격신앙의 성소인 광양당이 있었던 이곳에 담장을 쌓고 홍문^{紅門}·혈비^{血碑}를 세워 삼성의 후손들이 춘추로 제사를 지내도록 하니, 비로소 삼성혈이 성역화되었다. 이어 1698년(숙종 24) 유한명^{柳漢明} 목사가 삼성혈 동쪽에 삼을나묘(지금의 삼성전^{三聖殿})를 세우고, 1702년 이형상^{李衡祥} 목사가 가락천 동쪽으로 옮기어 후손들로 하여금 춘추로 제사를 지내도록 하였다. 1740년(영조 16)에는 사당인 삼성사에 안경운^{安慶運} 목사가 재실^{齋室}을 갖춘 서원을 두었다. 그리고 삼성의 후예 중에 학문이 뛰어난 자를 학생으로 받아들이기 시작하니, 1785년(정조 9) 비로소 삼성사는 사액서원으로 발전하게 되었다. 삼성서원 역시 1871년(고종 8) 대원군의 서원철폐령으로 철거되어 지금에 이른다.

귤림서원에 배향된 오현^{五賢}이 모두 외지인들임을 감안할 때, 탐라의 시조신의 배향은 제주의 가치에 대한 재인식으로 제주선인들의 바람이 제도화된 것이라고 여겨진다.

삼성서원에서는 삼을나를 모시어 매년 4월 10일에 춘제, 10월 10일에 추제를, 특히 나라의 제사인 건시대제^{乾始大祭}를 삼을나의 탐라개벽을 기려 1526년부터 매년 12월 10일 목사가 초헌관으로 참여하여 봉향해 왔다. 지금은 삼성재단 주관으로 건시대제를 도제^{道祭}로 하여, 초헌관은 도지사, 아헌관과 종헌관은 기관장 또는 유지가 맡는다. 건시대제를 삼성혈단에서 지내므로 혈제^{穴祭}라고도 한다.

신들의 총본산인 광양당과 심산유곡 절교의 거리

• • •

삼성혈 올레를 되돌아 나오면 이내 만나는 4차선 대로를 건넌다. 그리고 다시 바다 쪽으로 내려가다 2차선 도로 동쪽에 숨은 듯 놓여 있는 광양당 표지석과 그림판을 만난다. 그 옆으로 이어진 자그마한 골목으로 내려가면 그곳에는 광양당에 대해 다음의 내용을 담은 여러 안내의 글과 그림들이 어지러울 정도로 조성되어 있다.

오래전부터 탐라선인들은 삼성혈이 들어선 이 지역을 모흥골이라 불러왔다. 모흥골이 있기 전 이 지역에는 광양당이 먼저 들어서었다. 광양당^{廣壤堂}은 한라산의 수호신을 모시는 당이었다. 『동국여지승람』 제주목 풍속조에 의하면 광양당은 당산봉에 자리했던 차귀당과 안덕면 덕수리의 광정^{廣靜}당과 함께 제주도의 대표적인 신당으로 "매년 봄과 가을에 남녀가 무리지어 술과 고기를 올려 제사를 지낸다."라는 기록이 남을 만큼 고려시대부터 내려온 유명한 신당이었다. 도민의 숭배 대상으로 이어져오다가 1871년(고종 8) 대원군의 철폐령에 의해 훼손되어 철거되었다.

절과 교회가 이웃에 상생하는 절교의 거리

제주도를 흔히 일만 팔천 신들의 고향이라 말한다. 제주선인들은 달을 보고 조수의 간만을 알고, 별자리를 보고 배의 방향을 잡았으며, 하늘과 바다와 구름을 보고 바람을 예측하였다. 그러나 당시의 항해는 언제나 예측 불가한 위험이 따랐기에 제주선인들은 다양한 신들을 섬겼었는지도 모른다. 『탐라지』에 '한라호국신사(漢拏護國神祠)'로 기록할 정도로 광양당은 제주선인들이 섬겼던 신들의 총본산이었다. 다음은 이원조 목사가 19세기 편찬한 『탐라지 초본』의 한 대목이다.

송나라 호종조(胡宗朝: 제주에서는 호종단 또는 고종달이로 불림)가 제주에 와서 땅 기운을 눌러버리고 바다를 건너 돌아갈 때 한라산신이 매가 되어 날아올라 돛대의 맨 꼭대기에 앉았다. 순식간에 북풍이 크게 불어 호종조의 배를 격쇄(擊碎: 때려 부숨)하여 버리니, 비양도 바위 사이에 빠졌다. 조정에서는 그 신령스럽고 이상한 것을 포양(칭찬)하여 광양왕에 봉하고 해마다 향폐(香幣)를 내려서 제사하게 하였다. 지금은 폐지되었다.

제주에서는 한라산신령이 호종단의 귀로(歸路)를 막은 섬은 위의 한림읍 비양도가 아닌 수월봉 인근의 차귀도(遮歸島)로 더 잘 알려져 있다.

1702년 이형상 목사는 숭유억불 정책의 일환으로 도내의 음사와 사찰 등 130개소를 불태워 없애고 광양당도 폐쇄하였다. 그리고 폐쇄된 광양당에서 유교 예식에 따라 제례를 행하기도 했다.

오래전 제주선인들의 종교는 '당오백 절오백'이란 말이 상징하듯 독특한 민간 무격신앙으로, 그 성소^{聖所}는 할망당이다. 마을마다 여러 할망당이 있고 그 중심에 본향당이 있다. 송당 본향당은 그중에서도 원조로 민속문화재로 지정되어 있다. 선인들의 종교관을 공유하며 광양당의 앙증맞은 자그마한 골목을 빠져나온 일행들은 차 없는 소롯길을 걷는 재미에 빠진다. 계곡 쪽으로 난 길을 가다 도심 속 깊은 계곡 절경과, 절과 교회가 이웃하고 있는 풍경을 만나더니 주위가 시끌벅적하다. 누구는 산지천 계곡의 양안을 연결하는 구름다리를 놓자며, 누구는 계곡으로 내려가는 통로를 조성하자며 제안한다. (사)질토래비에서는 이 거리를 '절교의 거리'라고 이름 지었다. 절교^{絶交}의 거리·헤어짐의 거리가 아닌 절간과 교회가 공존하고 상생하는 거리, 다양한 생각들을 공유하고, 존중과 배려 넘치는 거리라는 의미를 담으려 함이다.

제주성 안팎을 잇던 동성과 남·북수문

● ● ●

절교의 거리와 산지천을 따라 걷다 보면 이내 일부 복원된 제주읍성 성벽을 만난다. 원래의 제주읍성은 동쪽으로 산지천이, 서쪽으로 병문천이 자연해자의 역할을 하고 있었다. 제주읍성은 일찍이 제주수부^{首府}의 성곽으로 축성되었으나, 원래의 규모와 축성연대는 명확하게 밝혀지지 않고 있다. 다만, 그 규모에 대하여 『세종실록지리지』에 "성 둘레는 910步

(약 1,135m)"라는 기록이 있고, 1530년(중종 25) 『신증동국여지승람』에는 "성 둘레 4,394尺(약 2,052m), 높이 11尺(약 5.13m)"라고 기록하고 있다. 그 후 성안에 수원(물)이 없어 백성들이 불편해하자 1565년 곽흘 목사가 산지천과 가락천이 성내에 들어오도록 동성을 확장하였다. 이후에도 성곽의 수축은 계속되어, 임진왜란 직후인 1599년 성윤문 목사는 성의 기단부를 5尺 덧쌓고, 격대와 포루 등의 방어시설을 갖추었다. 1653년(효종 4)에 발간된 『탐라지』에는 "성 둘레 5,489尺(약 2,563m), 높이 11尺"이라 기록되어 있어 이를 통해 제주읍성이 계속 확장되어왔음을 알 수 있다.

그러나 큰 비가 올 때마다 그 주변에 사는 백성들은 재해를 또 입을까 마음을 졸여야 했다. 1652년 8월 태풍과 함께 큰 비가 내려 성내의 가옥이 무너지고 가축이 유실되는 등 많은 피해를 입었다. 또 홍수로 제주성 북수문이 무너지기도 했다. 1713년(숙종 39) 『숙종실록』에는, "제주·대정·정의에 대풍우가 몰려왔다. 해일이 밀려와 산을 덮었으며 무너진 가호가 2천여 호에 달했다. 사람들도 많이 압사했는데 폐사한 우마가 400여 마리나 되었다."라고 기록되었다. 이처럼 홍수의 피해가 심각해서 1780년(정조 4)에는 목사 김영수가 산지천 주변과 그 밖의 하천 주변에 옛 성터를 따라 간성^{間城}과 보^堡를 쌓았으며, 또한 남쪽에는 소민문을, 북쪽에는 수복문을 세웠다. 이들 문은 2층 누각으로 세워져 산지천과 주성^{州城}의 면모를 일신하는 구실도 하였다.

조선시대에는 제주에서도 성문을 중심으로 지역을 구분했다. 동성은 동문인 연상루를 중심으로 한 성내 일대를 일컬었는데, 산지천 동쪽의 성내가 이에 해당된다. 서성은 서문인 진서루 일대, 남성은 남문인 정원루 일대의 성내를 말한다. 성문이 없었던 북성은 산지천 위에 놓인 수문인 북수문^{北水門}을 중심으로 한 성내를 말한다. 산지천 남쪽에도 남수문^{南水門}이 있었다. 복원된 제이각이 있는 이 일대가 남수문의 누각이 있었다 하여 남수각이란 이름으로 불리어 오고 있다. 그 동쪽으로는 험지라 사람이 살지 않았고, 사람들이 주로 통행하는 서문과 남문 주변에 마을이 형성되었다.

　동성 확장공사를 하면서 가장 먼저 시행한 것은 동쪽으로 나 있는 길에 성문을 세우는 일이었다. 이 길은 제주읍성의 정면을 관통하는 간선도로로, 주요 보급로이자 주된 교통로였다. 해로의 주요 항만은 동쪽에 위치한 화북포와 조천포였기 때문에 사람들의 본토 출입과 물자의 수송은 이 길을 통해 이루어졌다.

　오래전 계곡을 건너려면 나무다리와 돌다리를, 그리고 점차 홍예교 등의 다리를 놓기 시작했을 것이다. 지금의 산지천을 건너는 다리 역할을 한 것이 남수문과 북수문이다. 그리고 수문 위에 세웠던 누각이 남수각과 북수각이다. 경관이 수려하고 전망이 좋은 곳에 들어선 남수문에는 제이각이, 북수문에는 공신정이 들어섰다. 그러나 절경 위에 세워졌던 공신정은 일제에 의해 제주신사가 들어서면서 허물어졌고, 제이각 역시 허물어졌다가 2015년 복원되었다.

제주시 산지천 남수각 하늘길 벽화거리에 남아있는 성벽의 흔적

남수각^{南水閣}은 남수문의 누각이고 북수각^{北水閣}은 북수문의 누각이다. 남수각은 1565년 동성 공사 때는 수구^{水口}만 축조하였고, 1599년(선조 32) 성윤문 목사 때에 비로소 창건됐다. 이때 하상(河床: 하천 바닥)에는 홍문^{虹門}을 축조하고 그 위에 초루^{譙樓}를 세웠다. 북수각도 남수각과 같은 해에 지어졌다. 북수문의 하상에도 홍예문을 쌓고 그 위에 초루를 세웠다. 이 문루가 죽서루^{竹西樓}이고 이후 죽서루는 공신정으로 재탄생된다.

1652년(효종 3)에 몰아친 홍수와 태풍으로 남북수각이 무너지자, 이원진 목사가 남·북수문과 누각의 복구공사에 착수하여 이듬해 봄에 준공하였고, 북수문루를 공신루로 개칭했다. 문루가 있던 남북수문은 홍수가 날 때마다 무너지고 유실되는 사태가 반복되자, 이후에는 누정 없이 홍문만 축조하게 되었다.

남북수구 홍예교^{虹霓橋}는 건축미가 빼어난 유적으로 알려졌으나 아쉽게도 1920년대 대홍수로 인해 허물어진 이후 복원되지 못했다. 아름다운 홍예교가 위치했던 근방 어디에도 당시를 떠올리게 하는 안내문이 없었다. 이에 (사)질토래비에서 제주시장을 면담하고 공문을 보낸 후 지금의 안내판이 2021년 말 설치되었다.

제주읍성은 일제의 읍성철폐령으로 1910년부터 성문이, 1925년부터 제주항 축항공사를 시작하면서 성곽이 헐리기 시작했다. 동성이 가장 늦게 헐렸는데, 일제강점기 말에도 남아 있었지만 해방 이후 산업화를 거치

폭우(1927년 8월)로 무너져 내리기 전 홍예교 (사진 「사진으로 보는 제주역사 2」)

(사)질토래비에서 제안하여 세워진 남수구와 북수구 | 홍예교 안내판

며 완전히 사라졌다. 1960년대 이 지역에 살았던 사람들 기억 속에는 또렷이 남아 있는 성담이다. 지금은 오현단 부근의 치성^{雉城} 3개와 길이 85.1m, 높이 3.6~4.3m의 성벽(타첩은 없는 상태)만이 복원되었다. 이런 기억을 떠올리게 하는 벽화도 남수각 골목 한편에 조성되어 있다. 바로 동성을 쌓게 했던 역사적 사건인 을묘왜변에 관한 벽화이다.

을묘왜변과 동성

• • •

동성을 쌓은 직접적인 계기는 을묘왜변 때문이었다. 1555년(명종 10) 전라도의 영암, 강진, 달량 등을 침범했다가 조선군의 반격으로 쫓겨난 왜구들은 그 해 6월 제주성을 공격하러 몰려왔다. 40여 척의 배에 나누어 타고 화북포를 통해 상륙한 왜구 천여 명은 제주읍성을 포위하고 공격해 왔다. 을묘왜변 당시 왜군은 지금의 동문로터리와 사라봉 사이에 있는 높은 언덕에 진을 치고, 제주읍성 안을 내려 보면서 공격했다. 이런 지형지물을 이용한 왜군의 기습공격으로 초기에는 우리 군이 상당한 위험에 처하기도 했다. 당시의 제주목사 김수문^{金秀文}은 이러한 상황을 역이용하는 책략을 발휘하여 승전할 수 있었다. 제주목 관아 건물 중 가장 높고 화려한 누각인 망경루는 1555년 을묘왜변에서 승리한 제주대첩의 기념으로 김수문 목사 때 지워졌다.

다음은 『명종실록』에 실린 김수문이 올린 장계이다.

제주성지 성담

을묘왜변 제주대첩 벽화

6월 27일 왜적 1천여 명이 뭍으로 올라와 진을 쳤습니다. 신이 군사 70인을 거느리고 진 앞 30보까지 쳐들어갔습니다. … 정로위^{定虜衛} 김직손^{金直孫}, 갑사^{甲士} 김성조^{金成祖}·이희준^{李希俊}, 보인^{保人} 문시봉^{文時鳳} 4인이 말을 달려 돌격하자 적군이 흩어졌습니다. 붉은 투구를 쓴 왜장이 물러가지 않으므로 정병 김몽근^{金夢根}이 활을 쏘아 명중시켰습니다. 이에 아군이 추격하여 참획^{斬獲}이 많았습니다.

승전을 보고받은 명종은 목사·판관·현감 등에게 상을 주고, 특히 김성조와 문시봉에게 종3품 건공장군을 제수하였다. 앞 장에서 보듯 명종 임금에 대한 고마움의 징표로 목관아인 상아에 망경루를 짓기도 했다. 『제주선현지^{濟州先賢誌}』등의 여러 사료에는 김성조·문시봉의 을묘왜변 공적이 기록되어 있다. 그만큼 제주선인들인 김성조와 문시봉의 활약상이 두드러졌기 때문일 것이다.

을묘왜변에서 아군은 많은 전공을 세우고 크게 승리했지만, 반면 취약점들도 드러났다. 첫 번째로는 성 동쪽이 높은 구릉으로 둘러싸인 지형 때문에 성내가 적에게 노출되기 쉽다는 점이었다. 두 번째로는 거의 모든 식수원이 성 밖 산지천 유역에 있어 장기전이 되면 성내 사람들이 식수문제로 곤란을 겪게 된다는 점이었다. 이러한 까닭으로 읍성의 확장이 불가피하다고 판단한 곽흘 목사는 을묘왜란 10년 뒤인 1565년 제주읍성을 동쪽으로 확장하여 동성^{東城}을 쌓았던 것이다.

『조선왕조실록』에는 을묘왜변과 관련하여 '영암의 수성^{守城}, 제주의 파적^{破賊}, 제주대첩' 등으로 기록되었다. 전라도 영암은 성을 지켜냈고, 제주에서는 왜적을 격파하여 크게 승첩을 일궜음을 뜻한다. 도외 정부군의 도움 없이 제주선인의 자체적인 힘으로 왜구를 물리쳤다는 점에서, 제주 을묘왜변과 주요 인물에 대한 조형물 구축 및 홍보 등은 구국의 사례로 확산되어야 할 것이다.

복원된 제이각
• • •

제이각^{制夷閣}은 왜적을 방어하기 위해 남수각 절벽 위에 세운 누각이다. 주성^{州城} 남쪽 모퉁이 가장 높은 곳에 위치했던 제이각은 1599년(선조 32) 성윤문 목사 때 세웠는데, 일제강점기에 허물어졌다가 최근에야 복원되었다. 전망 좋은 제이각에 오르면 유서 깊은 유물유적에 대한 자부심과 역사문화의 숨결을 느끼게 된다. 다음은 2015년 제주시에 의해 복원된 제이각에 대한 설명문이다.

1599년 성윤문 목사가 왜적의 침입을 방어하기 위해 제주읍성 남문 동측 치성^{雉城} 위에 건립했다. 지형적으로 매우 가파르고 험한 낭떠러지의 높은 언덕 위에서 제주읍성을 내려다보면, 성안은 물론 주변의 언덕과 하천 그리고 해안까지 한눈에 조망할 수 있다. 군사를 지휘하는 장수가 적의 동태를 관찰하며 유사시에 왜적을 무찌르기 위한 장대^{將臺}로서의 기능도 가지고 있다. (…) 1555년 을묘왜변으로 제주읍성이 포위당하는 등 위협을 느끼자, 방어책으로 1565년 곽흘은 제주읍성의 동성을 동쪽으로 옮겨 축성하였다. 임진왜란 직후 성윤문은 성곽을 높이고 격대와 포루를 설치하였으며 남성^{南城}의 제일 높은 곳에 제이각을 세워 왜적의 침입에 대비했다.

윗글에 쓰인 '치성'은 적을 잘 살필 수 있도록 성 후미에 돌출되게 쌓은 성벽이며, 이에 반해 앞에 세우는 자그마한 성을 옹성이라 한다. 또한, '장대'란 장수의 지휘소를 가리키는 말이다.

남수각의 누각이자 장대인 제이각이 복원된 주변을 '제이각 쉼터'라 한다. 전망 좋은 제이각 쉼터는 제주의 역사문화 유물유적을 관리하는 제주세계자연유산센터에서 2021년 이곳에 역사문화 공원을 조성하며 붙인 이름이다. 오래전부터 남수각으로 불린 이곳은 허름한 동네에서 지금은 역사문화 관련하여 볼거리가 많은 지역으로 탈바꿈하는 중이다. 지금은 사라져버린 아름다운 남수문의 홍예교가 놓였던 현장인 이곳에 오면, 제주성지와 제이각, 동성의 흔적과 을묘왜변의 기억, 귤림서원의 유물유적과 오현단 등을 두루 보고, 덤으로 향현사^{鄕賢祠}에 모시고 있는 고득종과 김진용, 그리고 제주 오현 등의 현인들을 만나는 행운도 누릴 수 있어 더욱 좋다.

2015년 복원된 제이각

추억의 동성 골목

• • •

오현단과 제주성지, 가락쿳물과 옛 귤림추색의 벽화가 한눈에 보이는 제이각에서 북동쪽으로 모퉁이를 돌면 오현교가 나온다. 다리 하나를 두고 남과 북, 동과 서가 판이한 풍경이다. 지금은 사라진 남수구 홍예교 안내판에서 옛 정취를 느껴보며, 태풍 나리 때 침수되었던 산지천의 거센 물줄기를 상상해 본다. 동성의 흔적을 찾아 오르는 계단 입구에는 아치형의 철제 모형이 세워져 있다. 주변 산책로에도 흡사 홍예교가 연상되는 의자 디자인으로 이곳이 품은 역사문화와 어울리게 단장되어 있다. 가파른 계단을 따라 협소하게 나 있는 길의 우측에는 옛 동성의 성담으로 여겨지는 커다란 기단석이 가는 길을 안내하고 있다. 계단을 오르며 차는 숨을 고를 만한 평지가 이어지고, 이내 동성굽터가 나온다. 정겹고 좁은 옛 골목의 담장에는 다양한 제주민요와 옛 생활 모습을 그린 '남수각 하늘길 벽화거리'로 조성되어 있다. 2~3년 전까지만 해도 이 길 위에는 '추억의 기찻길'이라는 글과 함께 제주에는 없는 철로가 그려져 있었다. 소중한 제주의 역사유적인 동성의 흔적이 남아있는 골목길에 기찻길이라니? 지역의 역사문화와 연계한 도시재생의 필요성을 역설할 필요가 있어, 질토래비 답사팀은 이 부분을 '추억의 동성길'로 바꿔야 한다는 의견을 마을 분들과 관계기관에 피력했다. 여러 차례 답사와 탐방을 진행하다 보니 어느새 철로가 지워져 있었다. 아는 만큼 보인다는 말이 이럴 때 쓰이는 것이 아닐까. 추억의 동성길 막힌

남수각 하늘길 벽화거리에 있는 추억의 동성 골목

골목에서 사유지에 숨어있는 동성 담벼락을 본다. 이곳 주민들은 탐방객이 그리 달갑지 않은 볼멘소리를 하신다. 이해가 되는 부분이다. 옛 동성의 흔적이 남아 있는 곳이라 최근 더욱 알려진 후 여기저기서 사람들은 몰려오는데, 정작 낡고 빗물 새고 벌레가 나오는 집 보수는 마음대로 하지 못하니 일상생활 속 불편함을 호소하는 것이다. 게다가 여름에는 문을 열고 생활해야 하는 비좁은 구조로 사생활 보호가 걱정 수준이다. 역사문화 유적 보호와 마을주민의 생활환경 개선이라는 양날의 검을 슬기롭게 다뤄야 할 지역이다.

동성 흔적이 꽤 남아 있는 골목길은 막다른 골목이다. 이 길로 가고 싶으나 개인집이 막으니 가던 길을 되돌아 나와야 한다. 성굽 골목길을 막아선 두 집에 통행세라도 내어 걷고 싶지만, 바람일 뿐이다. 한국전쟁 당시 수많은 피난민이 동성 주변에 살기 시작한 이후 지금은 동성 주변이 개인 소유지로 변해버린 것이다. 골목길에 서린 서민의 아픔도 느끼며 되돌아 나와 다시 동성 성굽길에서 여러 채의 폐가를 본다. 폐가를 이용한 도시재생으로 다시 뭇사람들이 이곳을 찾고 옛 동성골목의 추억을 더듬어 볼 수 있기를 소망해 본다.

최근 복원된 운주당지구 역사공원

• • •

목관아의 소속 건물이었던 운주당 일대에는 조선시대 무기를 보관하던 청상고^{淸箱庫}가 있었고 특히 읍성의 작전참모부 격인 제주의 장대^{將臺}가 있었다. 앞의 글에서 보았듯 장대란 전쟁 시 군사 지휘가 수월한 곳에 두는 장군의 지휘소로 규모가 큰 성곽에 두었다. 평상시에는 성의 관리와 행정기능을 수행하기도 했을 꽤 넓은 이곳을 사람들은 오랫동안 운주당이라 부르곤 했다. 운주는 운주유악지중^{運籌帷幄之中}에서 나온 말로, "군막 속에서 전략을 세운다."는 뜻이다. 오래전부터 제주에 자주 침입하는 왜구에 대비하기 위해 이른바 운주지책^{運籌之策}을 쓰도록 하여 '운주당'으로 작명했다 전한다.

앞서 소개한 동성을 퇴축(退築: 뒤로 성을 연장하여 축성함)한 곽흘 목사는 적의 침입을 잘 내다볼 수 있는 높은 언덕인 이곳에 1568년(선조 1) 운주당을 창건했다. 영의정을 지낸 이산해^{李山海}가 편액^{扁額}을 지었으며, 1683년(숙종 9) 신경윤^{愼景尹} 목사가 중창^{重創}하였고, 1743년(영조 19) 안경운^{安慶運} 목사가 중수^{重修}하였다. 1892년(고종 29)에는 화재로 소실돼 이규원^{李奎遠} 목사가 다시 증축하였으나, 해방 이후 화재가 다시 발생해 소실되기도 했다.

그러나 운주당은 일제강점기를 거치며 개인에게 불하되었고, 마을 수호신을 모신 본향당으로 이용되기도, 한때는 사찰이 들어서고 개인 집이 들어서는 등 파란만장한 부침을 간직한 곳이다. 운주당은 김태민^{金泰玟}과 고수선^{高守善} 부부가 살던 곳이기도 하다. 김태민은 제주인으로는 근대 제1호 의사로 장춘병원을 개업했으며, 민중 해방운동의 선구자 역할을 한 인물이다. 고수선은 대정읍 가파도 출신으로 일제강점기에는

「탐라순력도」에 묘사된 제주읍성의 작전참모부가 있던 운주당

교육자이자 항일운동가였으며, 광복 후 한국인 제1호 여의사이자 사회복지사업가로 이곳에 제주모자원과 홍익보육원을 개설, 운영하기도 했으며, 제1회 만덕봉사상 수상자이기도 하다. 운주당을 구입한 것으로 추정되는 김태민의 아버지인 김홍석金洪錫은, 해방 직후 제주도제濟州道制 실시추진위원장을 지내기도 했다. 한때 이일선李一鮮 스님이 이곳에 절을 창건하기도 했으며 축대 일부가 최근까지도 그대로 남아 있었다.

　최근 운주당 터에서 장초석 등 주춧돌이 발견되면서 운주당 유적을 복원해야 한다는 사회적 요구에 따라 2022년 역사공원으로 복원되었다. 그러나 건축물 복원이 아닌, 역사 전시관 형태의 공원으로 조성된 부분은 유감스러운 일이라 하겠다.

동문한질을 거쳐 연무정으로

　한질은 큰길을 뜻하는 제주어이다. 동문한질은 동문에서 제주의 관문인 화북포구와 조천포구로 이어지는 큰길이다. 동문 한질가에 세워졌던 연무정演武亭은 지금의 제주동초등학교 일대에 있었던 조선시대 제주목의 군사훈련장이었다.

　1636년(인조 14)에 목사 신경호申景琥가 처음으로 삼성혈 서쪽의 광양 땅에 군관청軍官廳과 판관 사후처伺候處를 세워서 무사武士들에게 무예를 연습시킬 때에 "제주에는 온 섬에 악석惡石이 널려 있으나 오직 이곳은 돌 하나 없고 평평하기가 손바닥 같아서 하늘이 준 연습장이라 하였다."라고 했다. 그 뒤에 1694년(숙종 20)에 이익태^{李益泰} 목사가 중수하였으나, 1741년(영조 17)에 태풍으로 무너졌다. 1746년에 한억증^{韓億增} 목사가 동문 밖에 점지^{占地}하여 연무정을 개건하였는데, 1780년(정조 4)에 김영수^{金榮綏} 목사가 중수^{重修}하였고, 1847년(헌종 13)에 이의식^{李宜植} 목사가 다시 중수하였다.

연무정이 있었던 제주동초등학교 교정에는 여러 역사적 부침이 숨어있다. 1943년 일본인 교장에 의해 제주서공립국민학교로 개교됐으나 학교부지가 비좁아 같은 해에 예전의 연무정 터전인 이곳으로 이설됐다. 그리고 제주공립아사히국민학교라는 교명으로 황민화 교육을 실시했다. 해방 후 이곳에 제주동국민학교라는 이름으로 들어선 초등학교가 입학식과 개교식을 거행하여 오늘에 이르고 있다. 다음은 제주동초등학교 정문 입구에 세워진 표지석의 내용이다.

(이곳은) 조선시대 군사훈련을 실시하던 연무정 터이다. 1636년 신경호 목사가 처음 제주 남문 밖 광양에 창설했다. 1741년에 태풍으로 무너졌으므로 1746년 한억증^{韓億增} 목사가 이곳으로 옮겨 세웠다. 그 뒤 여러 차례 중수했으나 1921년 한때 감옥이 설립됐다가 철거됐으며 광복 후 제주동초등학교가 들어서게 되었다.

동문 터인 연상루지
• • •

  지금은 사라진, 아니 아직 복원되지 않은, 제주읍성의 동쪽의 성문인 동문(연상루) 입구에는 1960년대까지도 돌하르방 8기와 목사의 선정비 10여 기가 서 있었다. (그리고 예전의 동문파출소 남쪽 일대에 동성 일부가 성담으로 남아 있었다.) 그 뒤 돌하르방들은 다른 장소로 분산, 이전되어 제자리를 모두 떠났다. 선정비들은 신산동 일대로 옮겨졌다가, 신산지구 토지 구획정리 사업을 하면서 국립제주민속박물관 등지로 분산됐다.

  동문의 문루인 연상루가 자리했던 곳은, 지금은 여러 건물이 들어서서 여간해서는 동문의 위치를 찾기가 어려운 지형이 되어버렸다. 그곳으로 가려면 지금은 자그마한 공터로 남은 동문파출소에서 동문한질인 4차선 동문로를 건너, 휘어진 소로인 자그마한 골목길을 지나면 나타나는 곳으로 들어서야 한다. 그곳에는 연상루를 알리는 표지석과 '우석목偶石木 골목'이란 표지석도 옮겨져 있다. 우석목은 제주목에서 사용하던 돌하르방의 고어이다. 바로 북서쪽으로 100여 미터 떨어진 곳에는 제주지방기상청이 있다. 지금도 이 일대에는 당시 동성의 기단석으로 추정되는 바위지대가 있다. 그리고 기상청에는 동성 성담의 일부가 원형으로 남아있다.

  1962년 돌하르방을 조사한 향토사학자 현용준 교수는 「제주석상 우석목 소고」라는 글에서 당시 돌하르방들의 위치를 다음과 같이 밝히고 있다.

돌하르방은 관덕정 앞 4기, 뒤쪽에 2기, 삼성혈 삼성사 앞길 2기, 삼성사 입구에 4기, 남문통 만수당약방 앞 우물통 골목에 1기, 동문로터리 현 명승호텔 앞(옛 삼천서당 입구)에 4기, 동문통 감리교회 뒤쪽 소로에 8기 등 도합 25기가 있다.

위의 감리교회 근방에 있던 8기의 돌하르방만이 원래의 위치에 있었던 것이다. 원래의 돌하르방 8기는 동문 밖으로 난 S형 소로의 한 굽이에 좌우 각 2쌍씩 4기와 약 50m 떨어진 또 한 굽이에 좌우 각 2쌍씩 4기가 위치해 있었다. 그러나 여러 가지 이유로 동문의 돌하르방 8기는 이후에도 도처에서 방랑하고 있다.

성문 앞을 지키던 돌하르방이 제자리를 지키지 못하고 떠돌아다니고 있는 지금, 소중한 제주 역사문화의 질토래비인 돌하르방의 현 위치는 어디에 있는지 정리해 보면 다음과 같다.

동문 옹성길 주변에 있던 돌하르방 8기는 현재 제주대학교 박물관 입구 2기, KBS제주방송국 2기, 제주시청에 2기, 그리고 나머지 2기는 고향을 떠나 서울 국립민속박물관 마당에 서 있다.

서문 앞에 있던 돌하르방 8기는 현재 관덕정 앞과 뒤뜰에 각 2기씩 4

1914년 제주성 동문 밖 돌하르방. 일제가 토지측량을 실시할 표본 지구로 제주도를 선정하면서 남긴 기록사진 (사진 국립중앙박물관)

일제강점기 전후 제주성안에 살았던 일본인 다케노 세이기치가 기억에 의존해 1909년 당시 산지천 일대를 그린 풍경. 맨 앞부터 동문과 삼천서당, 공신정이 차례대로 보인다. (다케노 세이기치 그림, 8.7×13.7㎝ / 그림 및 설명 문화예술단체 제공)

질토래비 창립 기념 탐방 때 제작하여 참가자들에게 선 물한 동성·돌하르방 길 여정과 돌하르방(제주특별자치 도 민속문화재) 손수건

제1장 | 동성·돌하르방 길에서 만나는 유물유적

기, 삼성혈 건시문 앞 2기, 제주대학교박물관 뒤쪽에 2기가 있다.

남문 앞에 있던 돌하르방은 현재 1기를 잃어버려 7기가 남아있으며, 삼성혈 입구 2기, 제주목 관아 2기, 제주민속자연사박물관 2기, 제주돌문화공원에 1기가 있다.

문화재는 원래의 자리에 있어야 더욱 그 가치가 빛날 것이다. 중장기 계획을 세워서라도 방랑하는 돌하르방의 가치를 우리 스스로 높이는 길을 고민해 봐야 할 시점이다.

절경 위에 세워진 해산대와 달관대

을묘왜변 후에 구축된 동성 일대에는 제주읍성에서 제일 높은 고지대로 여러 방어시설들이 들어서기도 했지만, 한편으로는 봉우리·바위 언덕·고목·계곡 등이 어우러진 경승지로 이름난 명소들도 많았다. 운주당과 '소래기동산'은 제주읍성 남쪽 높은 언덕에, 해산대와 달관대는 제주읍성 북쪽 높은 언덕에 위치하고 있었다. 특히 해산대海山臺와 달관대達觀臺는 깎아지른 듯한 암벽으로 낭떠러지를 이루고 있는 동산 위에 있었다. 높은 기암이 솟아 있는 암벽동산 남쪽에 달관대가, 동·서쪽으로 뻗은 바위 언덕에 해산대가 위치했었다. 가파른 바위로 형성된 자그마한 공간에 달관대가 위치한 반면, 등마루 넓은 공간이 있었던 해산대에 공신정과 제승정^{制勝亭}을 세우기도 했다.

『증보탐라지』에 "달관대는 제주읍 일도리 삼천서재 남쪽에 있다. 매우 가파른 절벽에 높이 솟아오른 바위와 나무숲이 울창하고 사계절 경관을 이룸에 김정 목사가 달관이라 명명하였다."라고 기록할 정도로 경관이 매우 수려한 곳이었다. 달관대 아래에 감액천^{甘液泉}과 급고천^{汲古泉}이 있었으며, 해산대 밑으로는 지금도 산지천이 솟아나고 있다. 달관대 일대는 골짜기와 샘, 나무와 숲이 어우러져 마치 선경 같은 곳이었다고 전한다.

1736년(영조 12) 김정 목사가 달관대라 명명한 이곳은, 시인 묵객들의 휴식·조망터·시화^{詩講}·주연^{酒宴}터가 되기도 했었다. 이곳 경관에 감탄한 김정 목사는 바위 모양이 마치 병풍을 세워놓은 것 같다고 하여 바위마다 중장병^{中藏屛}, 호반병^{虎班屛} 등 병^{屛}자를 붙여 각명^{刻銘}을 하기도 했다.

삼천서당과 노봉 김정 목사

• • •

지금의 제주지방기상청 바로 남서쪽에서 개교한 삼천서당은 제주에서 운명한 김정 목사가 1736년(영조 12) 달관대와 해산대 사이의 기슭에 세웠던 지금의 중등학교로, 제주의 많은 인재들을 길러낸 명문 사학이었다. 달관대 기슭에는 교문과 장랑채가 10칸 본채를 ㄷ자형으로 둘러싸고 있었다. 1843년(헌종 9) 이원조 목사가 보수를 거듭한 서당 건물은 해방 이후까지도 상당 부분 남아 있었다. 이를 알리는 표석이 삼천서당 옛터인 임항로에서 기상청으로 오르는 곳에 세워져 있다.

삼천서당이란 당호는 김정 목사가 지은 이름으로, 주변에 있던 세 개의 샘인 감액천·급고천·산지천에서 유래한다. 김정 목사는 삼천서당 상량문에 "무리가 있으면 학교가 있어야 하고, 집이 있으면 글방이 있어야 하는데, 천년을 두고 이루지 못했던 것을 이제 겨우 이루게 되었다."라고 적었다. 또한 삼천서당 주변에는 연당蓮堂이 있었는데, 이곳은 선비들이 활을 쏘고 말을 달리던 자리였다.

경북 봉화군 출신인 김정 목사는 배움에 갈증을 느끼던 제주선인들을 위해 삼천서당을 세워 학문을 장려하고, 탐라국 개벽신화와 관련 깊은 삼사석三射石을 정비했다. 제주목 해상교통의 활로를 개척하기 위해 화북포구를 증축하는 공사를 진두지휘하는 현장에서 스스로 돌을 지고 나르며 어려운 공사를 수행했다. 재임 2년 5개월의 소임을 마치고 화북포를 떠나기 전에 갑자기 객사에서 사망했다. 그의 선정과 축항공사의 공덕을 기리기 위하여 화북 '금돈지' 포구에 '목사김공정공덕비牧使金公政功德碑'가 세워져 있다.

영조는 전라, 충청, 경상도에 영을 내려 그의 시신이 제주에서 그의 고향으로 갈 때까지 각도 역군들이 절도사의 예를 다해 영접하도록 관문(關文: 공문서)을 내리기도 했다. 이 관문은 김정 목사 가문에 보관되어 있다 전한다. 제주 유림들이 김정 목사의 장지까지 따라갔으며 그의 고향에는 당시 제주에서 가져간 솔씨를 심어 자란 소나무 숲이 우거져 있다. 이를 기려 삼천서당 존현당에 '노봉 김선생 흥학비^{興學碑}'가 1893년(고종 30) 세워졌고, 이 비는 1958년 삼천서당이 헐리면서 오현단 경내로 옮겨졌다. 제주 유생들이 올린 진정서에 따라 김정 목사는 영혜사^{永惠祠}(1871년 서원철폐령으로 사라짐)에 모셔지기도 했다.

286명의 목사 중 제주에서 가장 오랜 기간인 7여 년을 근무하다 제주에서 순직한 이경록 목사와, 2년 이상을 근무하다 제주에서 순직한 김정 목사는 진정 제주선인들을 사랑한 목민관으로서의 발자취를 남겼다. 우리가 기억해야 할 인명록에 올려야 할 만큼 큰 발자취를….

경관 빼어난 공신정 자리에 제주신사 들어서다

•••

남·북수문의 초루가 없어지면서 생겨난 것이 남수문의 제이각과 북수문의 공신정이다. 대홍수로 누각이 되풀이 하여 허물어지자, 1831년(순조 31) 이예연^{李禮延} 목사가 북수문 동쪽 경관이 빼어난 언덕에 공신정^{拱辰亭}이란 이름으로 누각을 이전하였다. 1920년대 사진에도 등장하는 공신정은 그동안 세 차례의 보수공사를 거치며 남아 있었지만, 1928년 일제에 의해 공신정이 있던 자리에 제주신사^{濟州神社}가 들어서면서 허물어지고 이후 복원되지 않았다.

동성 성곽이 더러 남아 있는 지금의 제주지방기상청 일대는 제주의 역사문화 교육의 장이기도 하다. 이곳에는 공신정에 대한 안내판이 세워져 지난 날의 역사를 전하고 있는데, 그 내용은 다음과 같다.

공신정은 원래 1653년 제주읍성 북수구 위에 세워진 북두성을 볼 수 있다는 의미의 초루였는데, 1831년 이예연(목사)이 민원에 따라 조망이 좋은 이 자리로 옮겼다. 일제강점기인 1923년 바로 옆에 제주측후소 건물들이 들어서고, 1928년경 일본인들이 제주신사를 세우기 위해 공신정을 훼철하였다. 현재 당시의 초석 9기를 제주목 관아로 옮겨 보존하고 있다.

동성 일대의 소중한 유적들이 사라져 버린 것은 일제에 의한 우리의 정체성 말살정책 때문이며, 거기에 더해 산업화를 거치며 우리의 역사문화를 소홀히 다룬 우리의 탓이기도 하다. 아무리 아픈 역사에도 교훈은 있게 마련이다. 과거에서 배우기 위해 오늘 우리는 이 길을 걷고 있음이다.

삼천서당의 두 주역인 제주선인 고처량과 이한진

• • •

삼천서당 탄생 뒤에는 제주선인인 고처량^{高處亮}의 적극적인 뒷받침이 있었다. 구례현감과 제주향교 교수를 지낸 고처량이 일찍이 인재 육성의 필요성을 김정 목사에게 설파하였던 것이다. 당시의 교육기관으로는 향교 이외에 주로 토관 자제들이 다녔던 귤림서원이 유일했다. 훈학을 받고자 하는 제주 젊은이들의 바람을 잘 알고 있던 고처량이 이를 적극 김정 목사에게 조언하여, 드디어 삼천서당을 세울 수 있었던 것이다.

한편 고처량은 삼성사에 주벽^{主壁}으로 모셔왔던 위패 봉안에 문제가 있다고 여겨 1740년(영조 16) 판관 고한장^{高漢章}과 함께 안경운 목사에게 품자^{品字} 형으로 환원해 모실 것을 건의하니, 고을나를 주벽으로 모시게 되었다고 한다. 이후 『고려사』를 비롯한 여러 고서에 '양고부'로 기록된 것을 증거로 하여 양씨 가문에서 법정 소송을 제기하기도 했다. 이 문제는 여전히 두 가문뿐만 아니라 제주 사회에도 숙제로 남아있는 셈이다.

'영주십경'으로 더욱 알려진 매계^{梅溪} 이한우^{李漢雨}는 삼천서당에서 훈학을 펼치기도 했던 훈장 선생이다. 조천읍 신촌에서 태어난 이한우(진)는 1840년(헌종 6) 대정에 유배 온 추사^{秋史} 김정희^{金正喜}를 찾아가 배우기도 했다. 그 후 이한우는 1873년(고종 10) 제주에 유배 온 면암^{勉庵} 최익현^{崔益鉉}과 만나 우국충정에 대한 뜻을 나누기도 했다. 그는 향시에 합격한 후 누차 상경하여 전시에 응했으나 불운하게도 낙방했다.

그러나 그의 학문은 천문, 역사, 병서 등 통하지 않음이 없을 정도였다고 한다. 1853년(철종 4)에 목인배^{睦人培} 목사는 이한우의 글솜씨를 '남국산두^{南國山斗}'라 칭하기도 했다. 남국의 태산이며 북두칠성이라 칭할 정도로 매계는 당시 제주 문단의 대표적인 인물이었다. 그의 글재주는 당시 제주의 모든 고을에 전해지고 제자들이 삼천서당으로 몰려들 정도였다

한다. 매계는 동성 주변의 아름다움을 찬탄하여 10경 중 3경을 남겼는데, 사봉낙조^{紗烽落照}·귤림추색^{橘林秋色}·산포조어^{山浦釣魚}가 그것이다.

조천석과 경천암 그리고 목민관 김영수 목사

• • •

조천석^{朝天石}은 산지천 광제교^{光霽橋} 아래에 있는 아담한 석상이다. 현재 이곳에 있는 조천석 석상은 모조품이며, 진품은 제주대학교 박물관에 전시되고 있다. 경천암^{敬天巖}은 조천석이 놓인 커다란 바위의 이름으로, 하늘을 떠받든다는 뜻을 담고 있다. 조천석 앞면에는 조천석^{朝天石}, 뒷면에는 경자춘 우산서^{庚子春 牛山書}라고 종서로 음각되었다. 진품에는 조천석이라고 새겨져 있으나, 모조품에는 조천 두 글자만 새겨 놓았다. 조천은 하늘에 빌고 하늘을 섬긴다는 뜻이나, 바닷물 유입을 막으려는 기원이 서려 있는 의미이다. 당시 논밭 지대인 이 일대에 자주 바닷물이 유입되어 논농사를 망치게 되자 이를 막으려 하늘에 기원한다는 의미를 지니고 있는 듯하다.

1841년 제주목사로 부임한 이원조가 편찬한 『탐라지초본』에서 "산젓 내드리인 산저교^{山底橋}는 동성 안에 있다. 김정 목사가 광제교라 이름을 개명하고 다리 위에 있는 지주암에 조천석이라는 세 글자를 새겨 놓았다."고 기록했다. 광제는 광풍제월^{光風霽月}의 준말이다. 즉 비가 온 뒤에 부는 화창한 바람과 달이란 뜻으로 깨끗하고 맑은 마음을 비유한 말

산지천 경천암 위 조천석

광제교에서 바라본 산지천 풍경

제1장 | 동성·돌하르방 길에서 만나는 유물유적

이라 한다.

예부터 전하길, '옛날 산짓내가 자주 범람하여 성안 사람들의 피해가 컸다. 타 지방에 있을 때 치수^{治水}하는 방법을 알았던 어느 목민관이 이런 돌을 세워 정성껏 치제^{致祭}도 하고 또 홍수가 염려되면 이곳에서 지우제^{止雨祭}를 거행하니, 그 뒤부터 수재가 없어져 치정^{治政}에 밝은 목사'라고 전해지기도 했다. 김석익이 1918년 편찬한『탐라기년』에는 '1780년(정조 4) 목사 김영수가 수재를 막기 위해 고을 안에 간성을 쌓아 두 문을 설치, 남쪽을 소민^{蘇民}, 북쪽을 수복^{受福}이라 했다. 간월천^{看月川}에도 보^{堡}를 쌓았다.'고 되어 있다. 예부터 치수하면 김영수 목사라 통칭할 만큼 알려져 있어 조천석의 제작자가 김영수 목사로 회자되고 있다.

예전의 부임지인 평안도에서도 치수로 명성이 높았던 김영수 목사는, 물 흐름을 원활하게 하기 위해 산지천을 준설하고, 거기에다 범람을 막아 줄 간성을 쌓았던 것이다. 토목공사를 성공적으로 마무리한 김영수 목사는 이 사업에 걸맞은 기념비를 세우기도 했다. 그는 새로 조성된 산지천의 풍광 중 경천암에 주목했다. 과거 평안도에 부임한 적이 있는 김영수 목사는 경천암이 평양 대동강의 조천석과 유사한 점, 두 곳 모두 성을 감도는 대동강과 산지천이 있는 점, 강 가운데 조천석과 경천암이라는 자연 암반이 있는 점, 이와 관련된 동명성왕과 삼신인의 건국신화가 있던 점 등에 주목하였다. 그래서 김영수 목사가 '평양 대동강의 조천석이 바로 제주 산지천의 경천암'이라는 의미로 경천암 위에 세운 건축물이 바로 제주대학교박물관이 소장 전시 중인 조천석비라 전해진다. 특히 관덕정 천정마루에 걸린 명품 글씨 '탐라형승^{耽羅形勝}'도 김영수 목사의 작품이다. 탐라의 아름다운 자연경승과 관아 건축물인 관덕정이 잘 어우러져 더욱 볼만하다는 의미가 담긴 말이다.

또한 김영수 목사는 신선사상을 바탕으로 한 선경의식^{仙境意識}을 조천석에 부여하고자 했다 전한다. 김영수 목사의 이런 발상이 가능했던 이유는 제주에는 고구려의 건국신화에 견줄만한 삼성신화가 있기 때문인 걸로 보인다. 그의 시 망경루^{望京樓}는 이러한 맥락에서 삼신산 중 하나인 영주^{瀛州}인 제주를 다루고 있다. 그는 용연을 무릉도원으로 들어가는 입구로 상정하고 노래하기도 했던 목민관이다. 영주십경의 하나인 영구춘화^{瀛丘春花}의 현장인 방선문 계곡을 아들과 함께 찾아가, '신선을 부르는 대'라는 의미의 환선대^{喚仙臺}라는 마애명과 함께 다음의 시를 오언율시로 남기기도 했다.

喚仙臺 (환선대) 신선의 세계로 들어가는 곳

別壑乾坤大 (별학건곤대) 외딴 골짜기 드넓은 하늘과 땅
石門日月閑 (석문일월한) 돌문에 세월은 한가로이 흐르네
莫云無特地 (막운무특지) 빼어난 곳 없다고 말하지 말게
眞箇有神山 (진개유신산) 진정 하나의 신선산 있거늘
花老己春色 (하노기춘색) 시들은 삼월의 경치
巖蒼太古顔 (암창태고안) 바위는 검푸른 태고적 얼굴

戞然鳴鶴至 (알연명학지) 학이 울며 날아드니
知是在仙間 (지시재선간) 여기가 신선의 세계인줄 알겠네

산지천은 만조 시 밀물이 내해 끝자락에 위치한 남수각까지 들어왔다고 한다. 그럴 때는 비가 조금만 내려도 지금의 동문로터리가 위치한 저지대는 물바다가 됐으며, 식수도 오염돼 곤란을 겪기가 일쑤였다. 그런데 조천석을 세워 제를 지낸 뒤부터는 만조 때에도 조천석이 놓여 있는 곳 위로 바닷물이 들이치는 일이 없어졌다고 전해온다. 제사의 가치는 백성을 사랑하는 정성스러운 마음에 있었나 보다.

공덕동산과 금산공원 주변에 깃든 역사문화

김만덕기념관을 에워싸는 금산공원 남쪽과 건입동을 잇는 가파른 동산을 '공덕功德동산'이라 한다. 바닷가 절벽 지대로 가로막혔던 이곳에 길을 낸 이는 고서흥高瑞興이다. 고서흥은 우리가 기억해야 할 또 한 사람의 제주선인이다. 1877년(고종 14)까지만 해도 건입동 주민들은 성문 안과 밖으로 통행하려면 북수문과 동문을 거치거나 바위 언덕을 타고 넘어 다니곤 했다. 밤에는 더욱 위험하여 도저히 건너다닐 수 없었다. 당시 경민장警民長이던 고서흥은 한 해 농사지은 조 300석을 자본으로 하여 도

로개척 사업에 착수했다. 갖은 고생 끝에 도로를 만드니 동네 사람들은 이 바위 언덕을 공덕동산이라 부르고, 길 뚫은 길목에 고서흥의 공덕을 새긴 비석을 세웠다. 현재 고서흥의 공덕비는 건입동 사무소 앞에서 약 20m 떨어진 공덕동산 동남쪽 길가 바위에 위치하고 있다.

오래전 금산공원 주변과 김만덕기념관이 들어선 곳은 바다였다. 이곳에서 낚시하는 풍경이 영주십경 가운데 하나인 산포조어山浦釣魚이다. 2000년대 지어진 '물사랑 홍보관' 곁에는 지금도 용출하고 있는 '지장깍'이란 샘이 있고, 그 위에는 금산유허비禁山遺墟碑라 새긴 큰 바위가 놓여있다. 그 뒷면에는 공덕동산의 유래를 포함한 이곳의 역사문화를 담은 다음의 명문이 새겨져 있다.

이곳 금산은 제주성내와 산지포山地浦를 내려다볼 수 있는 아름다운 경관과 함께 많은 문화명소가 있던 유서 깊은 현장이다. 제주성 북성 문턱에서 곧바로 바다로 낭떠러지를 이루며 우뚝 뻗은 이 언덕에는 제주 특유의 난대림이 우거져 오랫동안 입산이 통제되면서 금산禁山이란 이름이 생겨났다. 또 1877년에는 이곳에 길이 뚫리면서 '공덕동산'이란 이름이 생겨나기도 하였다. 이 일대는 금산과 더불어 샘, 연못, 하천, 바다가 함께 어우러져 수려한 산천 풍경을 이뤘으며 백조를 비롯해 많은 후조候鳥들이 날아들었고 태공들은 낚싯대를 들여놓고 시간 가는 줄을 잊었으며, 문인 선비들은 시회詩會와 주연을 베풀어 회포를 풀던 평화스러운 정경을 볼 수 있었다. 특히 영주십경의 하나로 꼽는 산포조어는 바로 이 언덕에서 바라 보는 제주 앞바다의 수백 척 낚싯배가 밝힌 등불로 불야성不夜城을 이룬 야경이었다. 이 일대는 1931년부터 시작된 제2차 제주항 축항공사로 매립되기 시작해 1955년에는 마침내 금산물 원천마저 매립돼 지금은 금산 수원지로 변하고 말았다. 참으로 아까운 제주도의 명소가 사라지고 만 것이다. 이에 제주시 건입동 유지들이 뜻을 모아 후대 사람들로 하여금 유서 깊은 문화의 현장을 길이 되새길 수 있도록 이곳에 비^{碑}를 세웠다.

금산공원 주변에는 2016년 한국전력공사에서 세운 제주도 최초의 발전소 터에 대한 표지석도 있다. 다음은 그 내용이다.

이곳은 1926년 4월 21일 제주도에 처음으로 전깃불을 밝혔던 최초의 화력발전소 터이다. 이 발전소는 약 500여 호의 주택과 관공서에 정액등^{定額燈} 전기를 공급하였던 곳으로 제주도 최초의 전기 발상지이다.

윗글에서 보듯 이 주변은 제주에서는 가장 먼저 문명이 이입된 곳이다. 제주의 관문인 제주항이 위치하기 때문일 것이다. 금산공원 뒤에는 아기자기한 골목길이 이어져 있다. 이곳은 1950년 한국전쟁으로 제주에 피난 온 사람들이 임시로 살던 곳이고 그 후 여러 사정으로 사람들이 모여들어 마을을 이룬 곳이다. 이곳 주변에서 우리는 지금도 한국전쟁 피난시절에 형성된 골목길을 만나기도 한다. 제주의 관문인 제주항이 있는 이 주변에는, 김만덕기념관과 객줏집, 건입동 마을박물관, 금산공원과 길 건너에 있는 동자복 소공원 그리고 산지천과 동문시장 등

공덕동산 이야기길

금산공원 지장깍 샘물

가볼 만한 곳이 상당하다. 특히 우리가 들려야 할 곳은 김만덕기념관이다. 우선 김만덕에 대한 소개부터 하고자 한다.

은혜로운 빛으로 다시 태어난 恩光衍世 김만덕 할망

恩光衍世(은광연세) 라는 사자성어는 김만덕 金萬德 의 생애를 적절하게 함축한 말이라 여겨져 이후 '은광연세 김만덕 할망'이라 표현하고자 한다. 은광연세는 1840년 제주에 유배 온 추사 김정희가 김만덕 후손에게 선물한 현판서로, 이 현판은 지방문화재로 지정되어 있다. '할망'이란 제주어는 신격화 된 극존칭어이기도 하다. 탐라의 창조주인 설문대할망과 마을마다 있는 성소인 할망당이 이를 웅변한다.

은광연세 김만덕 할망은 성안(일설에는 구좌읍 동복리인 골막)에서 김응열의 2남 1녀로 태어났다. 조실부모하여 외숙 댁에 맡겨졌으나 10세 때 제주성안 무근성에 살던 퇴기 월중선에 의지하면서 기적 妓籍 에 올랐다. 김만덕은 관기생활을 청산하고 봉옥·복실 어린 두 딸을 데려 사는 고선흠을 만나 부부의 연을 맺으나 이내 남편이 병사했다(독신으로 살았다는 설도 있음). 김만덕은 제주목 산지포구 근방에 물산객주 物産客主 집을 차리고 제주의 특산물인 말총, 미역, 전복, 양태, 우황, 진주 등을 서울로 보내고 도민이 필요한 물품들을 사들인다. 이렇게 장사하다 보니 수년 만에 큰 부자가 된다.

흔히 제주에서 '갑인년 흉년'이라 불리는 1794년 전후에 있었던 '임을대기근(1792~1795)' 때는 재해와 기근이 더욱 심했다. 특히 제주에서는 1790~1795년 사이 기아로 허덕이는 도민이 부지기수였다. "갑인년(1794) 흉년에도 먹다 남은 것은 물뿐이었다. 또는 갑인년에는 자기 똥도 못 먹었다."라는 속설이 생길 정도였다. 당시 인구 6만 5000여 명이 해조류나 초근목피로 연명했을 정도로 극심한 가뭄이 계속되었다. 처절한 상황을 목도한 김만덕은 전 재산을 내놓고, 전국의 상인들과 양곡 등을 사들이기로 계약했다. 보름 만에 200섬의 보리가 육지에서 도착, 관덕정 앞뜰과 삼성혈 목 좋은 곳에 가마솥 10여 개를 걸어놓고 죽을 쑤어 날마다 굶은 도민들을 먹였다. 이어서 500섬의 보리와 감자를, 다음 해에도 수백 석의 양곡을 사들여 도민을 구휼했던 것이다.

당시 유사모(柳師模) 목사가 김만덕의 선행을 번암 채제공에게 보고하니, 정조는 "만민의 귀감이요, 청사에 빛날 선행이니 직접 만나 소원을 들어주겠다."라고 했다. 인조 때부터 제주도에만 내려진 출륙금지령(出陸禁止令: 1629~1823)이라는 국법 때문에 여자는 육지에 갈 수 없으나, 1796년 정조의 어명으로 김만덕만이 예외적으로 출륙금지령 속에서도 제주 바다를 건넜다. 그리고 궁중 예법에 위계 없는 사람은 임금님을 배알(拜謁)하지 못하니, 김만덕에게 내의원의 의녀반수(醫女班首)가 제수(除授: 임금님이 직접 벼슬을 내림)되어 입궁할 수 있었다.

이듬해 봄 정조임금의 배려로 금강산을 구경하고 제주로 귀향하기 전, 이가환은 송별할 때 '만덕 제주의 기녀'라는 한시를 지었고, 좌의정

채제공은 '만덕전'을 지어 선물했다. 박제가도 만덕을 칭송하는 한시를, 다산 정약용도 만덕 할망을 칭송하는 글을 지었다. 추사 김정희는 제주 유배 중 은광연세恩光衍世라는 현판서를 지어 후손에게 선물하였다. 만덕은 평생 정조 알현 시 잡아주었던 왼쪽 손목을 임금이 하사한 명주로 항상 깨끗이 감싸 다니며 임금의 은혜에 보답하는 징표로 삼았다. 회갑이 되어 큰오빠 손자인 김종주를 양손자로 삼고 74세로 일생을 마쳤다.

건입동 고우니모루에 잠들던 김만덕 할망 묘는, 1977년 사라봉 중턱에 지은 사당공원인 모충사慕忠祠로 옮겨졌으며, 모충사 경내에는 '구휼의인 김만덕' 기념탑과 기념관이 건립되었다. 2000년대에 들어와서 양성평등의 시대에서 더욱 빛을 발하는 만덕할망의 의로운 선행을 널리 알리기 위해 제주도에서는 만덕상을 시행하고 또한 객주집을 복원하였으며, 김만덕기념관을 건립하여 국내외 방문객들을 맞고 있다.

은광연세 김만덕 할망은 당시 사회경제적 변화에 주목하여 관아 근처가 아닌 산지포구와 화북포구 등지에서 본격적인 사업을 시작하였다. 당시는 육상과 해상을 중심으로 한 전국적 유통망이 갖추어지던 시기로서 만덕은 육지와의 상품 유통에 따른 교역 집산지인 포구 등에 객주집을 차리고, 또한 자신의 선박을 소유한 것으로 추정된다. 다음은 이름이 청나라까지 알려진 서얼 출신인 박제가가 지은 시 '송만덕귀제주送萬德歸濟州'이다.

送萬德歸濟州詩 (송만덕귀제주시) 제주로 돌아가는 만덕을 전송하며

大寰海外頭不出 (대환해외두불출) 바다 밖의 큰 세상에 머리조차 못 내미니
五嶽誰能昏嫁畢 (오악수능혼가필) 자식 혼사 마친대도 오악 구경 뉘 하리오
乇羅爲島界榑桑 (탁라위도계부상) 탁라는 섬으로서 부상의 경계이니
星主千秊僅貢橘 (성주천년근공귤) 성주는 천 년 넘게 삼가 귤을 올렸도다
橘林深處女人身 (귤림심처여인신) 귤나무 숲 깊은 곳에 여인의 몸이건만
意氣南極無饑民 (의기남극무기민) 의기로 남쪽에서 주린 백성 없게 했네
爵之不可問所願 (작지불가문소원) 벼슬은 줄 수 없어 소원을 물었더니
願得万二千峰看 (원득만이천봉간) 원하기를 금강산 만 이천 봉 보는 것이라
翠袖雲鬟一帆峭 (취수운환일범초) 푸른 소매 귀밑머리 돛과 함께 휘날리며
弧南所照回天笑 (호남소조회천소) 호남의 별 빛나는 곳 하늘 보며 웃었더라
催乘馹騎向煙霞 (최승일기향연하) 서둘러 말 갈아타 안개 속으로 향해 가니
佛日仙風環佩耀 (불일선풍환패요) 불일에서 신선 풍모로 패옥을 빛내더라
眞覺新羅一念通 (진각신라일념통) 진정으로 깨달았으니 신라와 하나이니
異相巾幗符重瞳 (이상건괵부중동) 생김새는 달랐으나 겹눈동자는 같았구나
從知破浪乘風志 (종지파랑승풍지) 알겠노라 바람 타고 바다 건너 오는 뜻이
不是桑弧蓬矢中 (불시상호봉시중) 남자들 사이에만 할 수 있음이 아님을

지방문화재 은광연세 편액

동자복과 서자복 미륵석상

• • •

제주를 대표하는 상징어가 한라산이고 감귤이고 돌하르방이다. 그 중 돌하르방은 발로 차이는 곳 어디에서도 보이지만, 원조 돌하르방은 1754년 제작되어 성문을 지키던 파수꾼이었다. 그러한 역할을 하던 돌하르방 45기는 제주도민속문화재로 지정되어 있다. 45기 돌하르방 만나기도 그리 어려운 편이 아니다. 하지만 엄청난 크기의 문화재로 지정된 돌하르방 석상 2기는 달라도 한참 다르다. 이 장에서는 여간해선 보기가 어려운 진짜 숨겨진 돌하르방 이야기를 하려 한다. 도지정문화재 45기 돌하르방의 원조 격인 커다란 돌하르방이 바로 그것이다. 흔히 '동자복·서자복'으로 칭해지는 이 커다란 돌하르방 2기는 언제 어떻게 하여 제작되었는지에 대한 글은 아직 발견되지 않고 있다. 그러다보니 학설이 분분하다. 여기에서는 대표적인 학설 몇 개를 소개하고자 한다.

동자복은 일제강점기 이후 개인주택 뒤뜰에 방치되어 있었다. 2010년 즈음 제주시에서 이 주택을 매입한 뒤 경내를 정리함으로써 동자복은 시민 품으로 돌아왔다. 반면 서자복은 아직도 제주시 용담동의 속칭 동한두기의 용화사라는 개인사찰 경내에 있다. 동자복은 키가 3m 정도로 풍채가 우람한 데 비해 서자복은 키가 작지만 풍만하다. 두 개의 복신미륵상은 1971년 제주도 민속문화재로 지정되었다. 당시 2기의 석상이 1호로, 돌하르방 45기는 2호로 지정되었다. 돌하르방보다 동자복과 서자복이 먼저 제작되었다는 의미이다.

조금씩 기울어져가는 동자복 미륵석상

제1장 | 동성·돌하르방 길에서 만나는 유물유적

거의 동일한 규모와 양식의 현무암 조각상인 동자복과 서자복은 일정한 거리를 두고 마치 한 쌍처럼 마주 보고 서 있다. 건입동의 만수사지^{萬壽寺址}에 있는 조각상은 동자복^{東資福}, 용담동의 해륜사지^{海輪寺址}에 있는 조각상은 서자복^{西資福}으로 오래전부터 불리고 있다. 이 조각상들은 미륵불^{彌勒佛}로 전해지는데, 미륵불이란 불가에서 석가모니 부처를 이어 먼 미래에 나타나 그때까지 구제되지 못한 중생^{衆生}들을 구제한다는 부처이다. 두 석상은 미래에 복^{福}을 가져다주는 미륵불이라는 의미에서 자복$^{慈福·資福}$ 또는 자복신$^{慈福神·資福神}$으로도 불린다.

두 조각상은 전형적인 석불^{石佛}이라기보다 민간신앙으로 조각된 토속적인 민불^{民佛}에 가깝다. 사실적인 신체 비례보다 단순하고 추상적인 비율, 정교하지 않은 간략한 옷 주름, 머리 위에 벙거지 모양인 관모^{冠帽} 등의 이색적인 특징을 보인다. 복신미륵에 토속적이고 지역적인 요소가 강하게 반영된 이유는 대정현성 돌하르방과 정의현성 돌하르방의 영향 때문이라 추정하기도 한다. 복신미륵의 얼굴은 대정현성과 정의현성 돌하르방 얼굴 모양의 영향을 받았다는 것이다. 복신미륵의 양손을 가슴에 대고 있는 모습은 대정현성의 돌하르방과 흡사하고, 복식형태는 정의현성 돌하르방으로부터 영향을 받은 것으로 볼 수 있다는 것이다. 하지만 정의현성과 대정현성의 돌하르방 제작연대가 두 미륵석상보다 늦은 1754년인데, 영향을 받았다는 설에도 문제는 있어 보인다.

『신증동국여지승람』에는, 서자복이 있는 해륜사는 제주성 서쪽 병문천 포구 입구에, 동자복이 있는 만수사는 건입포 동쪽 둑 위에 있다고 기록되어 있다. 또한 해륜사지에서 출토된 기와 제작 기법과 문양은 조선시대의 것과 상응하고 있다. 이를 토대로 두 사찰이 늦어도 조선 초에 창건되었음을 유추할 수 있다. 그런데 『남환박물』의 이형상 목사가 만수사와 해륜사를 헐었다는 기록에 따르면, 1702년과 1703년 사이에 두 사찰이 폐사^{廢寺}되었음을 알 수 있으며, 따라서 17세기 말까지는 두 사찰이 유지된 것으로 여겨진다.

근래의 연구 중 하나로 복신미륵이 15세기 후반 경에 조성된 것임을 밝히고 있다. 그 중요한 근거로는 복신미륵이 착용하고 있는 '보개^{寶蓋}'라고 불리는 모자인데 이는 '원정모^{圓頂帽}'라고도 불린다. 원정모는 원^{元} 황제는 물론 귀족들이 착용한 원나라 복식이다. 우리나라에서는 몽골 간섭기 이후 고위 관리와 승려들이 착용하였으며 고려 말 조선 초에 유행하였다. 고려 후기 문신인 이조년^{李兆年} 초상의 관모가 바로 원정모이다. 원정모를 착용한 대표적인 불상으로는 1471년(성종 2) 조성된 파주 용미리 마애이불병립상이 있다.

고려와 조선시대에는 전국에 걸쳐 복을 비는 자복사가 많이 분포했다. 조선 태종 대에는 전국의 사찰을 7종^{宗}으로 구분하여 지역마다 중요 사찰을 자복사로 지정했지만 제주 지역에는 국가가 공식적으로 지정한 자복사는 없었다. 하지만 두 사찰에 복을 가져다주는 사찰이라는 의미의 '자복'이 붙여진 것으로 보아 제주에서도 육지의 자복사에 상응하는 중요한 역할과 기능을 수행했을 가능성이 있다고 추정된다. 또한 조선시대에는 억불정책이 기본적인 기조였지만, 세종대 집권 말기와 세조대에 불교계가 일시적으로 부흥하면서 전국적으로 많은 불사(佛事)가 일어나기도 했음에 유념해본다. 제주에서도 이러한 시대적 분위기에 따라 여러 불사가 행해졌을 것으로 여겨진다. 이러한 연유로 두 석불은 제주 지역에서 불교가 중심적인 종교로 자리 잡았던 15세기 대에 조성되었을 것으로 추정해 본다.

동자복과 서자복 탄생을 1002년과 1007년 탐라에서 있었던 화산폭발과 관련하여 역사적 상상력을 동원한 또 다른 설이 있어 이에 소개한다.

『고려시대 자복사의 성립과 존재 양상』이라는 논문에 따르면, 자복사는 고유명칭이 아니라 읍인의 복을 구하는 절이라는 의미로 고려시대에 보통명사로 통용된 개념이다. 제주의 동서자복사도 특정 사찰이름이 아니라 복을 기원하기 위해 동서에 세워진 고려시대 도량처라는 의미로도 해석할 수 있을 것이다. 불교국가를 표방한 고려시대에는 많은 사원이 세워졌는데 자복사는 각 행정단위의 치소까지 설치되었다고 한다.

탐라와 고려의 첫 관계는 925년(태조 8) 탐라국에서 고려에 토산물을 바치면서 시작된다. 그 후 938년 탐라왕 고자견이 고려에 태자 말로를 보내어 조공을 바치자 고려 태조는 신라시대부터 쓰이던 성주와 왕자의 작위를 내려주었다. 1011년(현종 2) "탐라가 고려에 주군의 예에 따라 주기(朱記: 외교문서)를 달라고 요청, 이를 허락받았다."라는 기록도 있다. 동서 자복상은 이 무렵에 조성된 것으로 보인다.

938년 탐라가 고려에 조공을 바친 이후 1011년 탐라는 고려를 다시 찾으며 교류를 재개한 것도 바로 이 무렵이었다. 당시는 고려조정이 거란의 침입으로 외환에 시달리며 불력佛力으로 국난을 이겨내기 위해 관민을 결집시키던 시기였다. 탐라에서는 1002년과 1007년 잇따른 화산 폭발로 관민 모두가 극도의 공포감에 휩싸여 있던 시기였다. 그 상황을 『고려사』는 다음과 같이 전하고 있다.

목종 5년(1002) 6월 탐라는 산의 네 구멍에서 빨간 물이 용출했는데 5일만에 그쳤다. 다시 목종 10년(1007)에 탐라 서산瑞山이 바다 속에서 용출했는데, 태학박사 전공지田拱之가 그 장면을 자세히 관찰하여 그 사실을 그림으로 그렸다.

다음은 전공지가 올린 보고서에 담긴 탐라 사람들의 목격담이다.

산이 처음 나타나고 운무는 어두컴컴하고 땅 흔들림이 우레와 같았다. 7주야 동안 계속되었다. 산 높이가 가히 100여 장이 되고 둘레는 40여 리에 이르렀다. 초목은 없고 연기가 그 위를 덮었다. 이를 바라보니 돌 유황과 같았다. 사람들은 무서워서 감히 접근하지 못했다.

5년 사이에 화산폭발이란 절체절명의 기상이변을 몸소 지켜보아야 했던 탐라선인들의 심정은 어떠했을까. 세상이 끝나는 것과 같은 극도의 공포감에 사로잡히지 않았을까. 탐라의 지배층들의 위기감도 다르지 않았을 것이다. 탐라사회를 지켜줄 무언가를 찾아 의지할 수밖에 없는 절박감에 휩싸였을 것이다. 탐라 내부의 동요가 채 가라앉지 않은 상황에서 탐라가 고려조정의 지원을 요청하기 위해 개경으로 도움의 시선을 보낸 이유가 숨어있음 직하다. 화산폭발을 조사하기 위해 고려조정에서 보낸 태학박사 전공지와 탐라의 집권세력과의 만남에서 문제해결에 대한 의지를 서로 공유했을 것이란 추측이 가능할 것이다. 거란의 침입과 같은 국난을 불력을 통해 극복하려는 고려가 불교국가를 구축하기 위해 지방에도 읍사^{邑寺}인 자복사를 확산시키고 있는 조정의 강력한 의지를 탐라는 읽을 수 있었을 것이다. 탐라는 전공지가 다녀간 4년 뒤인 1011년(현종 2)에 고려조정을 찾아가 주군^{州郡}의 예에 따라 주기^{朱記}를 달라고 요청, 이를 허락받았다고「제주시 연표(2006)」등 여러 기록은 전한다. 화산폭발로 불안과 공포에 휩싸여 있는 탐라사회를 안정시켜야 할 책무를 진 지배층에게는 불력을 통해 국난극복에 나서고 있는 고려의 정책이 더욱 필요했으리라 여겨진다.

    탐라의 지배층은 고려조정이 장려하는 자복사를 제주에도 건립하여 제주선인들에게 안정과 평화를 심어줄 상징적 조치가 필요했을 것이다. 자복사 건립은 고려조정의 요구와 화산폭발로 위기감을 극복하기 위한 탐라 내부의 욕구와 절박감이 맞물리며 실현된 사찰이라 여겨진다. 아직 발견된 기록은 없지만, 탐라 지원을 조건으로 고려의 군현으로의 편입을 탐라는 요구하였으리라 추정할 수 있을 것이다. 이러한 정황은 탐라가 고려에 조공을 바친 이듬해인 1012년에 "큰 배 두 척을 고려에 바쳤다."라는 기록에서도 엿보인다.

  자복사와 미륵불 건립은 탐라와 고려의 관계을 모색하는 역사의 숨은 코드로 보인다. 고려조정의 도움을 받아 지어진 자복사와 미륵불은 1011년에서 1012년 무렵에 탄생한 것으로 추정된다. 독립왕국으로서 해상무역에 나서며 주변 국가들과 적극적인 교류를 하던 탐라왕국이, 1002년과 1007년에 경험한 화산폭발이라는 두 번의 엄청난 국가적 재난을 만나 고려의 보호국으로 예속되는 계기가 된 듯하다.『고려사』는 이를 다음과 같은 짧은 문장으로 기록하고 있다.

    숙종 10년(1105) 탁라를 고쳐서 탐라군으로 하였고, 의종시(1153) 현령관으로 삼았다.

  고려로부터 주기(외교문서)를 받은 지 94년 뒤인 1105년 탐라군이 설치되면서 탐라는 고려의 한 지방(군·현)으로 복속하게 되었다.

동성·돌하르방 길
여정을 마치며

    제주는 이주민과 관광객들로 넘쳐나고 있다. 최근에는 배필을 찾아 중국, 베트남, 필리핀 등지에서 제주에 온 사람들 보기가 낯설지가 않다. 이주민과 원주민의 사회적 갈등이 없진 않지만 유구한 세월동안 제주도는 자의·타의로 오는 이주민들을 받아들이며 독특한 문화를 일구어 온 용광로 같은 땅이다.

    삼을나의 개벽신화가 남기고자 하는 교훈을 되새겨보자. 다양한 사람들을 받아들이고 한데 더불어 어울리는 삶이 이어져 온 데는, 예로부터 계승 발전해 온 제주정신이 있었을 것이다. 나와 다름을 인정하는 다양성과 포용성이고, 삼다삼무의 정신을 이은 어울림과 수눌음의 정신이고, 바다로·세계로 나아가려는 도전정신이 아닐까 한다. 외침과 수탈과 자연재해를 수 없이 당하면서도 억척스러운 삶을 이어온 변방의 섬 제주가, 세계자연유산의 섬·평화의 섬·국제자유도시·세계의 중심으로 나아가고 있음은 역사의 순리이리라.

    '조상 없는 자손 없다'라는 말은 진리이다. 지금 현재 우리가 살고 있는 이곳은 2천여 년 전부터 탐라선인들이 생활해온 삶의 터전이다. 최근 제주사회는 격군이 되어 자연·문화·사람의 가치를 더욱 높이는 변화의 바다로 노 저어 나아가고 있다.

    '동성·돌하르방 길'을 걷는 여정은 제주민속자연사박물관 돌하르방광장(주차장)과 삼성혈의 돌하르방 올레에서 보듯, 일제강점기 이후 제자리에 돌아가지 못하고 여기저기로 떠돌아다니는 돌하르방들을 다시 생각하는 기회이기도 하다.

    2018년 창립한 (사)질토래비에서는 '돌하르방 제자리 찾기 운동'을 지속적으로 전개하는 한편, 언젠가는 동문인 연상루, 서문인 진서루, 남문인 정원루가 복원되고,

돌하르방들이 동서남 성문 앞 제자리를 찾아갈 수 있도록 뜻을 같이 하는 기관과 사람들과 힘을 모아가려 한다.

  동성 협로 등정 길을 오르면 이내 동성 굽터는 '추억의 기찻길'로 바뀌고, 그 길 막다른 곳의 사유지에 숨어있는 동성 담벼락을 본다. 동성의 흔적이 남아있는 골목길에 철로를 예쁘게 그리고 초입에는 '추억의 기찻길'이라 적은 것이다. '아뿔싸, 이런, 에그머니' 하고 편치 않은 불평의 말들이 여기저기서 쏟아졌다. 어디 제주에 그리고 이 지역에 기차가 다니기라도 했다는 말인가. 원도심 복원한다고 당치도 않은 기찻길 선로를 그리다니. 이러한 질타의 소리가 관에 들렸던 모양이다. 어느 날 그 골목에 그려졌던 기찻길과 선로는 지워져 있었다. 처음부터 '추억의 동성길'이라 하여 단장했더라면 얼마나 좋았을까.

  제주의 젊은이들이 배움에 목말라 하던 시절 산지천 전망 좋은 곳에서 개교한 삼천서당은 가뭄 뒤 단비와 같은 곳이었다. 지금은 사라진 삼천서당 터에 오면, 이곳에서 훈학을 펼쳤던 매계 이한우 선생의 영주십경을 떠올리지 않을 수 없다. 추사 김정희 선생이 제주 최고의 지성이자 시인이라고 칭찬할 정도로 매계는 제주 도처의 풍경과 인물들을 시에 담았다. 그중 압권은 영주십경이다. 영주십경 속에 깃든 자연의 생성과정과 인문학이 우리를 들뜨게 한다. 영겁의 시간 동안 해가 뜨고 지니 사계절이 운행되고, 음양의 조화가 깃드니 동식물이 태어나고 사람이 태어나더라. 영주는 제주의 또 다른 이름이다. 영주의 빛나는 열 곳의 경치를 차례대로 소개하면, 성산일출·사봉낙조·영구춘화·정방하폭·귤림추색·녹담만설·영실기암·산방굴사·고수목마·산포조어이다.

  김만덕기념관을 감싸고 있는 금산공원에는 분수대, 지장샘 마중물, 금붕어떼들도 유영을 즐기는 용천수 공원 등 여러 명소들이 조성되어 있다. 그중 하나가 한라산을 올려다보고 바다를 내려다보는 금산공원 전망대이다. 아찔한 금산공원 전망 철탑을 돌고돌아 내려와 여기저기 기웃거리고 나가면 분수대에서 치솟는 물기둥이 나그네의 시름과 땀을 씻어준다.

　아름다운 인생은 어떤 삶일까. 여행처럼 삶의 여정을 수놓는다면 그 또한 멋진 인생이 아닐까. 우리가 걸었던 동성·돌하르방 길이 즐겁고 의미 있는 시간여행이 되었길 바란다. 그리고 멋과 맛이 깃든 시간여행이 이어지도록 (사)질토래비에서는 지속적으로 제주 도처의 역사문화를 품은 길을 내어 공유하려 한다.

제2부

탐라고을
병담길

탐라·고을·병담 길을 열며

탐라·고을·병담 길은 탐라와 제주목의 중심지였던 원도심 안팎에 위치한 주요 역사문화가 깃든 길의 이름이다. 그중에서도 제주시 중앙로(지금의 중앙로는 제주시 삼도 2동 탑동 사거리에서 아라1동 제주대학교 입구 사이에 남북을 가로지르는 있는 큰 길을 일컫는데, 여기에서는 관덕로(觀德路)를 중심으로 한 원도심을 말한다.) 서쪽 일대에 산재한 비경과 비사를 찾아가는 길이다.

제주의 옛 이름 중 하나인 탐라는 기원 전후부터 1105년까지 실제로 존재했던 나라의 이름이다. 이 길에서 만나는 고인돌·제사유적·무근성 등은 탐라 형성기 전후의 유물유적이다. 그리고 한짓골·이앗골·병문골 등은 원도심을 에워싼 제주읍성 안팎의 동네 또는 길 이름이다. 영주 12경의 하나인 '용연야범'으로 상징되는 용연(취병담)과 용두암 그리고 한두기는 용담동(골)에 있는 명승지다. 탐라·고을·병담 길에서는 명칭에 걸맞게 탐라의 고을들을 지켰던 제주읍성의 서문인 진서루와 남문인 정원루, 제주읍성 성담, 수호신처럼 성을 지키던 돌하르방들과 제주선인들을 훈학했던 향교 등을 만날 수 있다. 현존하는 제주의 건축물 중 가장 오래되고 가장 다양한 역사문화를 품고 있는 건물은 1448년에 세워진 관덕정이다. 탐라·고을·병담길은 관덕정에서 출발해 다시 관덕정으로 돌아오는 원점회귀 여정이기도 하다.

'제주목 탐방 길'은 제1부 '동성·돌하르방 길'과 제2부 '탐라·고을·병담 길' 중 주요 길을 교차하는 길 이다.

탐라·고을·병담 길의 여정

이 길은 지도에서 보는 바와 같이 어디에서 출발하더라도
출발점으로 돌아올 수 있는 환상노선(環狀路線) 여정이다.
관덕정에서 출발해서 다시 관덕정으로 돌아올 수도 있고,
한짓골에서 출발하여 한짓골로 돌아올 수도 있다.

관덕정 > 영뒷골 > 간옹 이익 적거터 > 방샛길 > 채수골 > 사창터 > 진서루 >
무근성 > 벽화거리 > 풍운뇌우제단 > 병문천 > 선반내 > 서자복 > 용연 >
마애명 공원 > 현수교 > 용천수 > 한두기 > 용두암 > 제주사대부고 고인돌·할망당 >
현무암 집담 > 용연상류계곡 > 제사유적 > 포제단 > 제주향교 > 제주중학교 >
서문한질 > 성내교회 > 광해임금 및 이승훈 적거터 > 칠성대 > 향사당 > 이아 >
제주성담 > 정원루 > 한짓골 > 칠성대 > 박씨초가 > 중앙성당 > 책판고 골목 >
관덕로 > 성주청 > 관덕정

칠토래비

제주 역사문화의 길을 열다

2장

탐라·고을·병담 길 주요 여정

탐라·고을·병담 길
탐라·고을·병담 길의 주요 여정

관덕정 〉 방삿길 〉 채수골 〉 사창터 〉 진서루

　　　　　　　　　⋯

　　국가보물(제32호)인 관덕정 일대는 조선시대 병사들의 무예 훈련장이었다. 그래서 관덕정 서쪽 골목으로 이어진 길을 '영뒷골^{營後洞}'이라 부른다. 영뒷골은 병영인 관덕정 뒤로 이어진 동네라는 의미이다. 영뒷골에서 먼저 만나는 것은 간옹^{艮翁} 이익^{李瀷}의 적거터이다. 광해 임금 집권 시 제주에 유배 온 간옹은 헌마공신^{獻馬功臣} 김만일^{金萬鎰}의 딸과 혼인을 하고 아들을 낳아 제주의 입도조가 된다. 또한 제주의 석학들인, 이원진^{李元鎭} 목사를 도와 『탐라지』편찬에 주도적 역할을 한 고홍진^{高弘進}과 이괴^{李襘} 목사를 도와 장수당^{藏修堂}을 짓고 훈학을 펼친 김진용^{金晉鎔}을 길러낸 스승이기도 하다.

영뒷골은 곧 방샷길로, 탑동으로 이어지는 고을로 가는 길이다. 방샷골은 사악한 것을 방어한다는 데서 비롯된 방사탑^{防邪塔}이 있었던 동네 이름이다. 골목을 돌면 일제강점기와 해방 후 제주에서 최고급의 요정과 여관이 자리했던 지역과 그 근처의 고풍스럽고 아담한 골목이 나나 우리를 과거의 오솔길로 안내한다. 이 좁은 골목은 '채수골'이라 불리는데, 서문한질에서 북으로 난 짧은 골목이다. 채수골 골목은 예전의 제주읍사무소와 제주시청이 들어섰던 곳이다. 이곳에는 조선시대 목관아의 창고였던 사창이 있었다는 표지석만 남아있을 뿐이고, 게다가 지금은 공용주차장이 되어 버려서 과거의 자취는 더욱더 찾을 길이 요원하다.

선반내 〉 서자복 〉 용천수 〉 한두기 〉 용두암
• • •

'성 밖을 흐르는 내'라는 의미의 '성밖내'가 시간이 흐름에 따라 '선반내'로 발음이 굳어졌으리라 추측되는 동네를 지나, 서자복이 있는 용화사란 절로 향한다. 서쪽 절에 있어서 '서자복'이라고 불리는 현무암 석불은 제주도 민속문화재로 지정되어 있다.

용연소공원으로 이어지는 이곳 일대에서는 선상음악제가 해마다 열린다. 선상음악제 주 무대 주변에는 용천수 우물이 복원되어 있다. 용연의 원래 이름은 '취병담'이다. 취병담 동쪽은 동한두기 마을이고, 취병담 서쪽 길은 서한두기 마을과 용두암으로 이어지는 길이다.

제주사대부고 고인돌과 할망당 〉 용담동 제사유적

• • •

탐라·고을·병담 길은 제주대학교사범대학부설고등학교·제주중학교와 협약을 맺어 학교 교정을 걷는 길이기도 하다. 제주사대부고 교정에는 지석묘(고인돌)와 할망당이 원형에 가깝게 보존되어 있고, 제주중학교 바로 남쪽에는 제주향교와 탐라국 제사유적이 위치하고 있다.

군데군데 박힌 현무암 돌담과 용연 상류계곡을 지나 제주향교로 가다 보면, 향교 바로 서쪽 지역 주변에 탐라국 시대에 바다를 무사히 건너갈 수 있도록 해신에게 제사를 올렸던 제사 유적지를 만난다. 제사 유적지 바로 동쪽에 용담동 포제단도 위치하고 있다. 용담1동에서는 경로회관 동쪽 향교 옆에 아담하게 제단을 차리고 마을제를 정기적으로 올리고 있다.

제주향교 〉 성내교회 〉 광해군 적거터 〉 향사당

• • •

1392년 개교한 제주향교는 5차례에 걸쳐 위치를 옮겼고, 1827년 지금의 위치로 옮겨져 오늘에 이른다. 제주중학교는 1946년 제주향교 터전에서 개교한 사립 남자 중학교이다. 제주중학교를 나오면 서문한질에 들어선다. 한질을 가다 보면 맞은편에 서문시장이 나오고, 이윽고 관덕정 남쪽으로 난 대로를 통해 일제강점기를 거치며 사라진 제주읍성 서문인 진서루로 들어선다. 그곳에서 우리는 사라진 수많은 유적지를 거닐며 망국의 세월로 거슬러 가기도 한다. 또한 그곳 어딘가에 있을 광해임금 유배지와 자그마한 건물로 남아있는 향사당을 만난다.

이앗골 〉 제주성담 〉 남문 정원루 터 〉 중앙성당

제주목 관아는 상아^{上衙}와 이아^{二衙}로 구성되었다. 상아에는 목사가, 이아에는 판관이 집무했다. 『탐라순력도』 41개의 화폭 중 제주전최^{濟州殿最}에는 상아와 이아가 잘 그려져 있다. 일제가 훼손한 상아는 상당한 건물 등이 복원되었으나 이아는 전혀 복원되지 않았다. 일제는 이아 자리에 근대식 병원을 지었고, 해방 후 제주도립병원이, 그 후에는 제주대학병원이 차례로 들어섰다. 이아가 있었던 동네라 하여 '이앗골'이라 불리는 지역을 지나면, 남문인 정원루 터임을 알리는 표지석이 나타나고, 4차선 중앙로 너머로 제주성지^{濟州城址}가 보인다.

지금의 중앙로가 생기기 전 제주시에서 가장 번화한 길은 '한짓골'이라 불리는 지역이었다. 한길 동네 즉 중앙길 동네란 뜻인 한짓골은 제주의 원도심으로 제주의 역사문화가 깃든 주요한 거리다. 칠성대가 놓인 곳에서 서쪽 골목으로 들어서면 도심 속 초가집인 박씨 초가가 우리를 반긴다. 박씨 초가 골목길을 나서고, 이아 동쪽으로 난 박석薄石 깔린 한질을 걷다보면 제주 최초의 천주교당 터 위에 지어진 중앙성당도 만난다.

책판고 골목 〉 성주청 〉 관덕정
• • •

1392년에 설립된 제주향교는 동문시장 근처에 있는 옛 제주은행 본점 자리에 지어졌었다. 그래서 이 지역을 교동校洞이라 했다. 또한 이 지역에는 향교와 관련한 여러 부대시설이 위치하였는데, 그중 하나가 서책들을 출판하고 보관하던 '책판고'이다. 책판고 골목을 기웃거리며 한짓골을 나서면 4차선인 관덕로가 보이고 길 건너 관덕정에서 동쪽으로 오다 보면 나타나는 건물이 제주우편집중국이다. 이곳은 탐라국의 왕인 성주가 거주했던 성주청이 있었던 곳이다. 목관아 입구인 진해루 앞에 있는 하마비를 지나면 다시 출발지인 관덕정에 들어서며 탐라·고을·병담 길의 여정을 마무리하게 된다.

탐라·고을·병담 길 도처를 살피며 걸으려면 3시간 이상이 걸린다. 이 길에서 만나는 다양한 역사문화와 유물유적들에 대한 구체적인 안내는 다음과 같다.

1902년의 관덕정과 돌하르방 모습 (사진 연합뉴스 DB)

오늘날의 관덕정과 지방문화재인 돌하르방

질토래비

제주 역사문화의 길을 열다

3장

탐라·고을·병담 길에 깃든
역사문화와 유물유적

탐라·고을·병담 길에 깃든
역사문화와 유물유적

제주 최고의 건축물 관덕정

• • •

제주에 현존하는 가장 오래된 건축물인 관덕정^{觀德亭}은 조선시대 제주목 병사들의 무예 훈련장으로, 1963년 보물로 지정됐다. 1448년 목사 신숙청^{辛淑晴} 재직 시 창건된 관덕정은 조선시대와 일제강점기를 거치면서 수차례 보수공사를 거듭하여 오늘에 이르고 있다. 관덕^{觀德}은 '덕을 바라본다'라는 의미로, 『예기^{禮記}·사의^{射儀}』편의 "활을 쏘는 것은 높고 훌륭한 덕을 보는 것이다(射者 所以觀盛德也)"에서 유래한다. 관덕정이란 편액을 처음 쓴 이는 세종의 3남인 안평대군^{安平大君}이었으나 지금의 글씨는 선조 때 영의정을 지낸 이산해^{李山海}라고 전해진다.

관덕정 앞뒤에는 지방문화재인 돌하르방 4기가 원래 자리를 잃고 흩어져 있다. 1754년(영조 30) 김몽규^{金夢奎} 목사 시절 제작된 돌하르방은 성문 앞을 지키는 파수꾼이자 수호신이었으나, 일제강점기와 산업화를 거치면서 유랑과 방랑을 거듭하고 있는 딱한 신세가 되어 버렸다.

관덕정 바로 뒤뜰에는 글씨가 상당히 마모된 선덕대^{宣德臺}라는 바위가 처연하게 놓여있는데, 이곳은 탐라국 시절 월대가 있었던 곳이라는 설화가 전해온다. 조선시대에 와서 오랫동안 자리를 지켜왔던 탐라국 성주청^{星主廳} 터에 목관아가 들어서고, 월대 자리에 관덕정이 들어섰다는 것이다. 선덕대 뒤에는 지방문화재인 돌하르방 2기와 최근에 플라스틱으로 제작된 돌하르방 모형 2기도 서 있다. 돌하르방 모형과 함께 서 있는 진품 돌하르방의 신세가 서글퍼 보인다. 그 옆에는 주변에 산재했던 석조물들을 모아 부조 형태로 쌓은 기념물도 함께 놓여있다. 후손들의 역사문화 의식을 담은 손길을 기다리고 있는 곳이다.

관덕정 외부로 돌렸던 시선을 건물 내부로 돌리면 우리는 그곳에서 또 다른 역사문화와 만난다. 관덕정 내부의 편액 중 하나인 '탐라형승^{耽羅形勝}'이란 커다란 글씨는 목사로 재직했던 김영수^{金永綬}의 글씨라 전해진다. 뛰어난 지세나 풍경을 뜻하는 '형승'에는 군사적으로 매우 중요한 요충지라는 의미도 있다. '호남제일정^{湖南第一亭}'이라 쓴 편액은 박선양^{朴善陽} 목사의 글씨라 전한다. 호남제일정이란 편액은 제주를 포함한 호남지역을 통틀어 관덕정이 가장 웅장한 건물이라는 뜻으로 제액한 것이다.

그리고 1969년 대대적인 수리를 한 관덕정에서 특히 관심을 가져 유념해볼 만한 비지정문화재인 벽화도 있다. 관덕정의 진수 중 하나는 대들보 밑의 양면에 그려진 벽화이다. 연대와 작가는 알 수 없으나 격조 높은 작품으로 평가되고 있다. 벽화에는 두목^{杜牧}의 취과양주귤만헌^{醉過楊洲橘滿軒}, 상산사호^{常山四皓}, 적벽대첩도^{赤壁大捷圖}, 진중서성탄금도^{陣中西城彈琴圖}, 십장생도^{十長生圖}, 대수렵도^{大狩獵圖} 등이 그려져 있다. 이중 '취과양주귤만헌'에 대한 고사를 소개한다. 당나라 시인 두목이 술에 취한 채 가마를 타고 양주 고을을 지나간다는 소식을 들은 유흥가의 미녀들이 우르르 몰려와 잘생긴 두목을 향해 환호성을 지르며 귤을 던지지만, 두목은 거들떠보지도 않는다. 가마가 마을을 벗어나자 비로소 눈을 뜬 두목은 가마 안에 귤이 가득한 것을 그제야 보았다는 이야기이다.

제주의 역사문화를 기록함은 제주의 정체성을 더욱 풍성하게 경작하여 옥토를 조성하기 위함이다. 요사이 관덕정과 제주목 관아 주변은 내국인들 못지않게 중국인과 일본인들도 많이 찾는 명소가 되고 있다. 그들도 우리의 역사문화 현장방문을 통해 자신들의 정체성을 찾는 계기로 삼기도 할 것이다. 관덕정 광장에 서면 목관아의 외대문과 입구에 서 있는 '수령이하개하마^{守令以下皆下馬}'라는 하마비를 만나는 즐거움도 있다. 하마비는 수령인 목사만이 말을 타고 이곳을 지나갈 수 있음을 알리는 비석이다. 하마비가 세워진 외대문 2층에는 1834년(순조 34) 한응호^{韓應浩} 목사 때 묘련사^{妙蓮寺}라는 절에서 가져온 종이 설치되어 있었다.

관덕정 외부의 선덕대(宣德臺)

관덕정 내부의 편액 – 호남제일정(위) 탐라형승(아래)

제3장 | 탐라·고을·병담 길에 깃든 역사문화와 유물유적   113

종소리를 들으며 하루를 시작했던 당시의 제주읍성 풍경이 그려진다. 그러나 이의식^{李宜植} 목사 때 종을 부수고 화로와 무기를 만들었다 한다. 하지만 성문 개폐를 알리는 종이 필요하다고 여긴 장인식^{張寅植} 목사가 미황사^{美黃寺}에서 사들인 큰 종을 설치하였으나, 불행하게도 이 종은 일제강점기에 사라졌다.

목관아인 상아로 들어가면 외대문 2층에 걸려있는 '진해루'와 들어가는 입구에 걸려있는 '탐라포정사'라는 편액을 보게 된다. 바다를 지키는 망루라는 의미인 진해루^{鎭海樓}와 조선 8도에 1명씩 파견된 종2품인 관찰사(감사)의 관아라는 뜻인 탐라포정사^{耽羅布政司}의 의미를 되새기는 것도 과거로의 여행일 것이다. 제주목사는 다른 지방의 목사보다 품계가 높은 정3품 당상관으로서 제주지역의 관찰사 업무를 담당했기 때문에 제주목 관아에도 포정사란 편액이 걸릴 수 있었다.

관덕정 광장은 오래전부터 제주의 역사문화 광장이라 하기에 걸맞는 곳이다. 『탐라순력도』의 제주전최와 공마봉진^{貢馬封進} 등에는 제주의 관리들이 관덕정 광장에서 그동안 애민^{愛民}하고 목민^{牧民}한 실적을 평가받거나 나라에 바칠 말들을 점검하는 모습이 담겨 있다. 관덕정 광장이 지켜본 역사적 비극 중에는 1901년의 이재수 민란과 4·3의 직접적인 도화선인 1947년 삼일절 사건이 있다. 4·3의 장두 이덕구의 주검이 전시된 곳 또한 관덕정 광장이었다.

취과양주귤만헌, 관덕정 비지정문화재

하마비:수령이하개하마

제3장 | 탐라·고을·병담 길에 깃든 역사문화와 유물유적

제주읍성 돌하르방

• • •

동문 바깥쪽 옹성굽이에 있던 돌하르방 4기는 1966년 제주민속박물관으로 2기가 옮겨졌고, 나머지 2기는 당시 도청(현 제주시청)으로 옮겨졌다. 이후에 제주민속박물관에 있던 돌하르방은 다시 제주 KBS방송국으로 이설돼 오늘에 이르고 있다.

직접 마차를 이끌고서 돌하르방을 옮겼던 진성기 전 제주민속박물관장의 전언에 따르면 4기 모두 기단석을 함께 옮기지 못해서 지금의 기단석은 나중에 다시 만들어졌다고 한다.

진서루鎭西樓의 서문 밖에 있던 돌하르방은 위치 이동이 뚜렷하지 않다. 민속학자 현용준 교수의 1963년 조사에서 당시 서문로 한일상회 앞 골목에 S자형 소로의 자취가 남아있다고 전할 뿐이다. 하지만 각 성문의 앞길에 두 굽이마다 석상 2조씩 8기를 세웠던 것을 분명히 알 수 있었다고 한다. 서문지에 세웠던 진서루가 처음에는 '백호루白虎樓'라고 불렸으며 동문과 마찬가지로 1914년에 헐리고 말았다. 현재 있는 서문지의 유적 표지판과 일제강점기의 지적도(1913년·1940년) 및 1932년 제작된 제주성내 식수 지역도에 나타난 제주읍성 도면을 비교해보면 위치선정이 잘못된 것으로 보인다. 이곳 서문 밖 돌하르방 8기는 일제 말기에 4기가 이곳에서 가까운 관덕정으로 옮겨졌고, 나머지 4기는 현 탐라문화광장 근처인 옛 삼천서당과 명승호텔 앞으로 옮겨진 것으로 보인다. 이들 4기 돌하르방 가운데 삼천서당의 2기는 제주시 용담동에 있던 제주

「탐라순력도」(1702)의 정의강사 장면과 1914년도 정의현성 입구와 돌하르방 (사진 국립중앙박물관)

탐라순력도」(1702)의 대정양로 장면과 1914년도 대정현성의 돌하르방 (사진 국립중앙박물관)

대학으로 다시 옮겨졌으며, 명승호텔 앞 2기는 1963년 고춘호 씨가 삼성사재단에 기증(?)해 삼성혈 건시문 앞에 세워져 전해오고 있다.

정원루^{定遠樓}가 세워져 있던 남문지는 제주시 이도1동 일대로, 남문로터리가 크게 들어서면서 성문 앞의 옹성굽이 길목은 흔적이 거의 사라졌다. 남문 밖 돌하르방 역시 위치 이동이 뚜렷하게 나타나고 있지 않다. 그렇지만 1953년 담수계^{淡水契}가 펴낸 『증보탐라지^{增補耽羅誌}』 기록 등을 종합해 보면, 남문 밖 8기 돌하르방 가운데 4기는 삼성혈 입구 및 관덕정 앞으로 각각 2기씩 옮겨졌으며, 옛 제주여고(현 삼성혈 맞은 편)에 있던 2기는 제주공항으로 옮겨졌다가 최근 제주목 관아 경내로 다시 옮겨졌다. 관덕정 앞 2기는 제주민속자연사박물관 입구로 또 옮겨졌다. 1963년 조사 당시 허리가 부러진 채 유일하게 원래 자리에 남아있던 1기는 탐라목석원을 거쳐 현재 제주돌문화공원으로 옮겨졌다. 마지막 1기는 분실돼 행방이 묘연한 상태다.

1754년 제작된 원조 돌하르방은 제주 정체성의 상징물 중 하나이다. 성문을 지키던 돌하르방은 1910년대 일제가 시행한 '읍성철폐령'으로 제자리를 떠나 여전히 방황 중이다. 돌하르방의 방황에서 우리의 정체성 역시 방황함을 엿볼 수 있다. 이에 (사)질토래비에서는 창립과 더불어 '돌하르방 제자리 찾기' 운동을 지속적으로 전개하고 있다. 그 일환으로 제주연구원 2020년도 연구과제 외부공모에 선정된 「제주 돌문화 유산의 가치 확산과 관리·활용방안 연구-돌하르방을 중심으로」 용역을 황시권 박사((사)질토래비 전문위원)의 연구책임으로 진행한 바 있다.

제주 삼읍성 돌하르방

• • •

　제주 돌문화의 상징인 원조 돌하르방은 제주특별자치도 민속문화재로 지정되어 보호받고 있다. 1918년 김석익金錫翼이 편찬한 『탐라기년耽羅紀年』에는 1754년 김몽규 목사에 의해 처음 세워졌다고 하며, 조선시대 제주 3읍성의 성문 앞에 모두 48기가 설치된 것으로 알려져 있다. 제주읍성濟州邑城 돌하르방은 24기 가운데 1기가 분실돼 현재 23기가 남아있고, 정의현성旌義縣城 12기와 대정현성大靜縣城 12기는 그대로 남아있다. 1971년 8월 문화재로 지정될 당시, 1960년대 중반 제주읍성 동문 밖에 세워졌던 8기 중에서 서울 국립민속박물관 입구로 옮겨진 2기는 제외돼 현존하는 47기 가운데 45기만 문화재로 지정된 상태다.

　돌하르방이란 명칭은 문화재로 지정할 당시인 1971년 붙여졌으며, 돌하르방 관련 최초의 문헌 기록인 『탐라기년』에는 '옹중석翁仲石'이라 했다. 민속학자들의 현지조사 당시에는 돌하르방이란 명칭 대신에 수호석·수문장·두릉머리·동자석·우석목偶石木·벅수머리·돌영감 등으로 다양하게 불렸다. 돌하르방이란 명칭은 문화재로 지정될 당시 어린이들 사이에 애칭처럼 불리던 이름이다.

　제주읍성 돌하르방은 1754년 성문 밖 S자형 굽은 길을 따라 4기를 1조로 하여 두 군데에 8기를, 동·서·남 성문 앞에 모두 24기를 세웠다. 애석하게도 남문에 세웠던 돌하르방 8기 중 1기는 일제강점기 때 제주읍성이 헐리면서 사라지고 말았다. 현재 서귀포시 표선면 성읍민속마을에 위치한 정의현성 3문 앞에 각각 4기씩 세워진 돌하르방 12기는 성문이 복원되면서 본래 있던 자리를 찾게 되어서 원형 보존이 가장 잘 된 경우이다.

서귀포시 대정읍 안성·인성·보성리 일대에 자리한 대정현성 3문 앞에는 각각 4기씩 돌하르방 12기가 세워졌지만, 일제강점기 때부터 돌하르방 위치가 많이 옮겨져서 원형 보존이 제대로 이루어지지 못했다. 대정현성 돌하르방의 크기는 가장 작고, 그 형태 또한 다양하게 제작됐다. 원래 대정현성은 1418년(태종 18) 처음 축조할 때 제주읍성이나 정의현성과 달리 동서남북 4문을 만들었으나, 북문은 나중에 폐쇄하여 그 후로는 3문만 남아있다.

제주읍성 돌하르방은 성문지기로서의 위용을 갖추고 있으며, 조형성 또한 육지 돌장승과 견주어 손색이 없을 정도로 매우 뛰어나다는 평이다. 연상루延祥樓는 제주읍성 동문으로서 현재 제주시 일도1동 일대이며, 처음에는 제중루濟衆樓라고 불렀다. 1914년에 헐린 성문 앞의 S자형 옹성굽이 길목을 따라가다 보면 아직도 돌하르방 기단으로 보이는 큰 암석이 담벼락 아래 남아있는 것을 볼 수 있다. 1927년 전후 제주항을 건설할 때 성곽이 허물어졌음에도 불구하고 동문 밖에 세워진 8기의 돌하르방은 1960년대 중반까지 원래의 위치에 남아있었다. 동문 앞쪽 약 35m 지점에 세워진 사진 속의 돌하르방 4기 가운데 2기는 1966년 10월 서울 경복궁 수정전에 한국민속관(현 국립민속박물관)이 개관되면서 서울로 옮겨졌다. 나머지 2기는 용담동 옛 제주대학으로 옮겨졌

1914년(위), 1950년(아래)에 찍은 제주읍성 동문 밖 돌하르방
1927년 성벽이 헐리기 전부터 해방 이후까지 그대로 보전되어왔음을 알 수 있다. (사진 국립중앙박물관)

동문 밖 같은 장소에서 바라본 풍경

다가 1980년 제주대학교 아라캠퍼스가 신축돼 제주대학교 정문으로 옮겨졌으며, 최근에는 제주대학교박물관 앞으로 옮겨졌다. 특히 이곳의 4기 돌하르방 기단석에는 ㄱ, ㄷ, ● 형태의 구멍이 파여 있는데, 모두 정낭을 꽂아 넣기 위한 용도로 만들어졌다. 성문과 가까운 쪽에 세운 2쌍 돌하르방의 기단석을 뚫어서 2개의 야트막한 정낭을 걸쳐 놓은 이유는, 사람의 통행금지 목적보다는 성곽을 보호하기 위해 우마차 출입을 막으려는 의도가 반영된 결과물로 여겨진다.

이제 제주 최고의 건축물인 관덕정과 관덕정 주변에 옮겨진 돌하르방에 깃든 제주의 역사문화를, 본 여정의 질토래비로 삼아 탐라·고을·병담 길로 나서보자.

주차장으로 바뀐 제주 최초의 읍사무소

관덕정 서쪽 인근 공공주차장이 위치한 곳은 여느 주차장과는 달리, 제주의 역사문화가 깃든 매우 중요한 곳이다. 조선시대에는 목관아의 사창^{司倉}이 있었고, 제주읍의 읍사무소가 있었으며, 최초의 제주시청이 들어섰던 곳이다. 이곳의 변천 과정은 아래와 같다.

향리^{鄕吏}는 지방행정 실무를 담당했던 중간 관리층으로 실제적인 사무를 보았다. 예부터 향리들이 근무했던 기관인 주사^{州司}는 지금의 관덕정 서쪽에 있었으며, 이곳은 조선 후기에는 관아에서 거둬들인 물건을 보관하는 창고로 바뀌었다. 일제강점기를 거치며 기존의 주사 건물을 헐어 서양식 건물로 개축했고 해방 후 제주시청이 들어섰다. 그 후 일제가 지은 서양식 건물을 헐어 전통양식으로 주사 건물을 복원하거나, 기존의 서양식 건물을 공공도서관 등으로 활용하는 방안도 제시되기도 했었으나, 결국 공공주차장으로 변모되고 말았다. 이러한 역사문화가 깃든 건물을 헐어 주차장으로 만든 것에 대한 여론의 시선이 곱지 않다.

고려시대 '대촌현'이라 불리던 제주시 원도심 일대는 조선시대에는 제주목 중면의 소재지였다. 1416년(태종 16) 제주목·정의현·대정현 3읍체제가 시작되면서 대촌현이었던 제주시는 제주목으로 출발했으며, 1609년(광해 1) 제주판관 김치金緻에 의해 처음으로 도내의 방리坊里를 설정할 때부터 제주시는 제주목의 3면(좌면·중면·우면) 가운데에 있다고 해서 중면이 되었다. 1894년 갑오개혁 이후 행정구역이 개편될 때 제주면으로 개칭되었으며, 일제강점기인 1935년 제주읍으로 바뀐 후 오늘에 이른다. 공공주차장의 한구석에 보일 듯 말 듯 숨어있는 사창터의 표지석의 내용과 함께 이곳의 주요 역사문화 내용을 아래에 소개한다.

조선시대에 사창, 진휼창賑恤倉 등 주로 창고가 있었던 곳이다. 사창의 창설연대는 알 수 없고 처음에는 호남 원병援兵의 양곡을 저장 관리했으나, 1620년(광해 12)에 혁파되어 이관하고 그 뒤로는 고을의 환곡 반료領料 등을 저장했다. 또한 미곡을 상평창常平倉과 군자창軍資倉으로 옮겨 각종 급료給料의 밑천으로 삼았는데, 이는 판관判官이 주관했다. 1668년(현종 9)에는 사창 옆에 따로 진휼고를 설치하고 양곡을 저장해서 흉년에 대비했다.

위의 글은 표지석의 내용이다. 조선시대 목사가 다스렸던 제주목^{濟州牧}은 1906년 목사를 폐지, 군수를 두면서 제주군^{濟州郡}으로 바뀌었다. 1913년 중면은 제주면으로 개칭되고, 조선시대의 주사 건물은 제주면사무소로 이용되었다. 1931년 일제는 제주면사무소를 허물고 서양식 청사를 신축해 제주읍사무소를 설치하였다. 1955년 시로 승격한 제주읍에서는 건축가 박진후에게 설계를 의뢰해 1959년 10월 시청사를 완공했다. 옛 제주시 청사에 대해 주목할 것은 중앙에 출입구를 두고 좌우 대칭 형식을 갖춘, 제주 최초의 시멘트 벽돌조 근대 건축물이라는 점이다. 이 건물은 민간에게 불하^{拂下}된 뒤 오랜 기간 상업공간으로 사용되다가 2012년 12월 철거되어, 지금은 주차장으로 탈바꿈되었다.

제주읍성 서문인 진서루

• • •

옛 제주시 청사 주변에서 제주읍성 서문인 진서루가 있던 터를 찾으려 골목길을 천천히 누비며 살펴본다. 제주성 서문인 진서루^{鎭西樓} 위치는 어디일까? 진서루는 제주성문 중 서문을 가리키는 말이다. 일제강점기 초기에 헐려서 지금은 표석만 남아있다. 성문의 기둥을 지탱했던 주춧돌 하나가 근처 골목에 남아있는 것이 그나마 다행이다. 서문이 들어

성문 기단석(추정)
서문사거리 방면에서 남쪽으로 골목을 돌면 성문을 형성하는 나무 기둥이 놓였던 주춧돌이 남아있다.

옛 제주면사무소 모습. 향리들이 근무했던 기와집 건물은 제주면사무소로 이용됐다.
(사진 조선총독부 발간, 1929년 '생활상태조사 제주도')

선 초기에는, 동서남북 방위 중 서쪽을 수호하는 방위신의 이름을 딴 '백호루^{白虎樓}'라고 불리는 문루가 이곳에 세워졌다. 서문루가 언제 창건되었는지에 관한 기록은 아직 보이지 않는다. 1739년(영조 15)에 조동점^{趙東漸} 목사와 1773년(영조 49)에 박성협^{朴聖浹} 목사가 보수공사한 뒤 백호루를 진서루라고 개칭하고 친필로 편액^{扁額}을 바꾸었다.

제주읍성의 서문 자리임을 확인할 수 있는 주춧돌이 일부 남아있는 것으로 미루어보아 이곳 일대가 옹성이 설치됐던 곳임을 추정할 수 있다. 진서루 옆으로 난 동쪽 길은 예전에는 제주성곽이 놓였던 자리다. 1910년 일제의 '읍성철폐령'에 의해 성담을 헐어 낸 소롯^{小路}길은 지금은 2차선으로 확장되어 예전의 흔적을 만나기가 쉽지 않다. 이곳 주민들의 증언과 골목 형태 등의 여러 정황을 살펴보면, 진서루의 위치는 현재 표지석이 놓여있는 곳보다 남쪽인 지금의 성내교회 근처에 있었던 것으로 여겨진다. 관리기관에서는 전문가의 고증을 거쳐 좀 더 정확한 진서루의 위치를 찾아서 지정해야 할 필요성이 제기되고 있기는 하다. 이러한 바람이 전해지길 기대해 본다.

탐라국 시대의 중심지인 무근성 주변의 유물유적

무근성은 탐라국 시절의 오래된 성곽인 '묵은 성'이 있던 지역이다. 일제시대에는 여관, 요정, 상가가 발달했고 한국전쟁 이후에는 마을 유지 강만호(만호는 직책 이름으로 보인다)가 피난민들에게 자신의 토지를 내줘 형성된 피난민촌이 있었다.

제주의 성^{城}이 언제부터 존재했는지에 관해 사서를 찾아보면, 김두봉의 『제주도실기^{濟州島實記}』에 "삼별초 별장 이문경^{李文京}이 제주성에 도착했을 때 성주 고인단^{高仁旦}이 성문을 굳게 닫고 지켰다."라는 기록과, 『태종실록』중에서 1408년(태종 8)의 "제주^{濟州}에 큰비가 내려서 물이 제주성^{濟州城}에 들어와 관사^{官舍}와 민가^{民家}가 표몰^{漂沒}되고, 화곡^{禾穀}의 태반^{殆半}이 침수되었다."라는 기록과, 1411년의 "제주읍성을 보수하라는 지시가 있었다."는 기록에서도 고려 때 이미 제주에 읍성이 있었음을 알 수 있다.

그리고 『신증동국여지승람』과 『남환박물』의 "제주성 서북쪽에 고성^{古城}의 터가 남아있다."는 기록에서 '주성^{州城} 서북쪽의 옛 성터'가 구전으로 전해오는 '묵은 성' 즉 '고성^{古城}'이라 여겨진다. 더불어 『탐라증보지』에도 "고주성^{古州城}은 주성 서북에 고성기지^{古城基址}가 있으니 동명^{洞名}을 진성^{陳城}이라 칭한다."라는 기록도 참고할 수 있다. '무근성'이 있던 곳을 '진성동^{陳城洞}'이라고 표기했는데 '진^{陳}'의 뜻이 '묵은 또는 오래된'이므로 '진성^{陳城}'은 묵은 성 또는 오래된 성 즉 고성^{古城}이라고 풀이할 수 있을 것이다.

결국, 조선시대 제주읍성 축성 이전에 이미 오래된 성인 묵은 성이 있었고, 이는 최소 이문경이 제주에 입도했던 1270년(원종 11) 이전에 축조된 것이었다고 추측하여도 무리가 없는 듯하다. 그리고 묵은 성이 조선시대 제주읍성의 서북쪽에 있다고 하였으므로, 조선시대의 제주읍성은 묵은성의 동남쪽에 새로 쌓은 성이라는 것을 알 수 있다. 따라서 그 당시의 고성은 조선시대 초의 읍성보다는 규모가 작았으리라 판단된다.

무근성 동네의 초입에 들어서면 무근성임을 알리는 표지석이 세워져 있고, 마을 곳곳에도 표지석들과 안내판들이 있다. 다음은 안내의 글에 대한 내용들이다.

무근성은 옛 탐라국 시절 성담을 쌓았던 묵은 성이 있던 마을로 제주목 관아의 서쪽 울타리를 끼고 돌면 과거 여관, 요정 및 상가가 발달했으며, 한국전쟁 이후에는 마을 유지 강만호가 피난민들에게 자신의 토지를 내주어 형성된 피난민촌이 있었다. 그리고 아침밥을 짓기 위해 아낙네들이 병문천 '배고픈 다리'를 건너 선반^{仙盤}물이란 용천수를 길어오던 애환을 담은 이야기가 있다.

'배고픈 다리'는 허기가 져서 배가 쏙 들어간 것처럼 다리 한가운데가 움푹 들어갔다고 해서 붙은 이름이다. 선반물은 성 밖에서 솟는 용천수인 성 밖의 물이 시간이 흐름에 따라서 선반물로 굳어진 것으로 추정되는 지역어이다.

『탐라지(1653)』에서는 "병문천^{屛門川}은 서성^{西城} 밖에 있다. 그 하류는

벌랑포^{伐浪浦}(부러릿개)가 있다."라고 했다. 이 병문천은 제주시 아라1동과 도남동의 서쪽을 지나, 옛 제주읍성 서쪽 성 밑을 돌아 제주시 이도2동, 삼도1동과 용담1동 경계를 이루면서 북쪽으로 흘러 바다에 이르는 내이다. 병문천에는 1914년경에 교량이 건설된 후 여러 차례 보수공사를 거쳐 1995년 복개공사가 이뤄졌다. 복개된 병문천은 지금 시내에서는 좀처럼 볼 수 없는, 도로 밑에 감춰진 계곡이다. 현재 원도심 동쪽의 산지천이 옛 모습에 가깝게 복원되어 있듯이 훗날 원도심 서쪽의 병문천도 복원되어야 한다. 그나마 최근 바닷가 하류에 있는 일부가 복원된 점이 다행으로 여겨진다.

풍운뇌우단 터

섬나라 탐라는 오래전부터 바람이 많은 바다를 오가며 주변의 나라들과 교역을 해왔다. 그러나 거센 풍랑이 이는 바다는 섬사람들에게 늘 두려움의 대상이었다. 그래서 탐라선인들은 바다를 관장하는 정령들께 무사하게 항해할 수 있도록 치성^{致誠}을 드렸던 것이다. 병문천과 바다가 만나는 지점에 최근에 새롭게 복개되고 복원된 곳이 '벌랑포'이다. 그 건너 동쪽 무근성을 돌아 나오는 길가에 한 표지석이 있다. 이곳은 풍신^{風神}·운신^{雲神}·뇌신^{雷神}·우신^{雨神} 등 자연의 신들에게 제사를 지내던 제단인 풍운뇌우단^{風雲雷雨壇}이 있었던 터이다. 제주선인들은 이 제단에서 국가의 제2등급 제사인 중사^{中祀}(나라에서 지내던 대사^{大祀} 다음가는 제사)를 지냈다.

조선 말기 문신인 이유원^{李裕元}의 『임하필기^{林下筆記}』에서는 제주의 풍우뇌우단에 대해 다음과 같이 기술하였다.

숙종 45년(1719)에 목사^{牧使} 정동후^{鄭東後}가 아뢰기를, "본도^{本島}에는 본래 풍운뇌우단이 있은 지 1천 년이 넘었는데 이를 경건히 받들어 제사를 모셔 왔습니다. 그런데 임오년에 이를 철파^{撤罷}한 이후로 바람과 구름이 뒤틀리어 정상에서 벗어나는 우환이 쉴 새 없이 일어나고 있으니 응당 예전대로 다시 복구하여야 하겠습니다." 하였다.

이에 김창집^{金昌集}이 의논 드리기를, "제주는 바로 옛날의 탐라국입니다. 그러므로 이곳에 단을 설치하고 제향을 올린 것은 아마도 이때에 비롯된 듯합니다. 그런데 당^{唐}나라가 천보^{天寶} 4년(745, 신라 경덕왕 4)에 조칙을 내려서 풍백^{風伯}과 우사^{雨師}를 모두 중사^{中祀}로 격을 높이고 이어서 여러 고을에 영을 내려 각각 이에 대한 단을 하나씩 설치하여 제사^{祭社}의 예에 준해서 제향을 올리도록 한 일이 있으니, 이것을 전거로 삼을 수가 있을 것입니다." 하니, 이를 따랐다.

풍운뇌우제는 1702년(숙종 28) 이형상^{李衡祥} 목사의 건의로 일시적으로 중지되기도 했었다. 그러나 그가 목사직을 떠난 뒤, 배가 침몰하고 흉년이 들며 역병이 유행하는 등 각종 재앙이 발생하니 후임 목사가 복설^{復設}을 요청했다. 이를 정부에서 허가하여 풍우뇌우제를 회복시켰는데, 사직대제(社稷大祭: 토지와 곡식을 주관하는 농신에게 올리는 제사)와는 분리되어 독자적인 제사로 확립하였다. 위의 글에도 나왔듯이 이미

「탐라순력도」 제주조점에 표시된 여단.

제3장 | 탐라·고을·병담 길에 깃든 역사문화와 유물유적

탐라국 시대부터 풍운뇌우제를 지냈을 뿐만 아니라 고려 숙종 때 군현제에 편입된 이후에도 이형상 목사 재직 전까지 명맥을 계속 유지하였다는 것을 알 수 있다. 이곳에 세운 표지석의 내용은 아래와 같다.

(이곳은) 풍운뇌우제를 지내던 제단 터이다. 풍운뇌우단은 처음 주성 남쪽 3리 사직단 북쪽에 있었으며 1702년 목사 이형상이 헐었으나, 1719년(숙종 45) 목사 정석빈이 주민의 소청을 들어 이 자리에 옮겨 세웠다. 이곳에서는 음력 2월과 8월 바람 구름 우레 비의 신에게 무사태평을 비는 제사를 봉행했다.

다음은 풍운뇌우제단 근처에 있었던 사직단社稷壇에 대한 설명이다.

제주 고을의 사직단 터로 처음에는 남문 밖에 있었으나, 1719년(숙종 45) 정석빈鄭碩賓 목사가 묵은 성 서쪽의 '사직이' 안으로 옮겼다. 사직단은 종묘宗廟와 함께 나라의 신과 곡식의 풍요를 관장하는 신에게 제사를 지내는 곳이다. 사직단은 왕이 있는 한성부에만 설치된 것이 아니라 각 지방마다 설치해 정기적으로 제사를 지내었다. 사社는 토지의 신神을, 직稷은 곡식의 신을 가리키며, 사직에 대한 제사는 곧 농업 국가로서 국가 경제의 기초를 지켜주는 신에 대한 제사라는 의미를 지니고 있었다. 이 제사는 중앙정부 차원에서는 물론 지방 주현 수준에서도 함께 시행하도록 되어 있었다.

『탐라순력도』에서는 여단의 위치를 제주성 바로 서쪽 바닷가로 표시하고 있는데, 지금의 풍운뇌우단 근처로 여겨진다. 여제厲祭란 돌아가 쉴 곳이 없는 귀신인 여귀를 달래는 제사이고, 그 제단이 여단厲壇이다. 외로운 혼령을 국가에서 제사를 지내 주었던 여제는 성황신이 여귀를 불러 모으는 능력이 있다고 믿고 성황신에게 제사를 지내고 난 사흘 후 지냈다.

복신미륵 석상 서자복

제주시 용담동 용화사 내에 있는 석불입상인 서자복에게 무사안녕을 빌고 돌아 나오면 용연과 용두암을 만난다. 이번 길은 용화사라는 절에 숨은 듯 있는 서자복을 찾아보고 이어 한두기, 용연, 용두암 등을 돌아보는 여정이다.

서자복 미륵상은 돌하르방과 함께 제주도 민속문화재로 지정되어 있다. 제주도 민속문화재인 서자복 미륵에게 해상어업의 안전과 풍어, 출타한 가족의 행운을 빌면 효험이 있다 하여 불교신앙과 미륵신앙이 결합한 자복 미륵상에게 치성으로 제를 지냈다. 다음은 서자복에 대한 표지판의 내용이다.

제주의 복신미륵(福神彌勒)은 개인의 수명과 행복을 관장하는 신으로 미륵불, 자복신, 자복미륵, 큰어른 등으로 불린다. 제주성을 중심으로 동서쪽에 각각 1기씩 존재하며, 서쪽에 위치하고 있는 미륵을 서자복, 동쪽에 위치하고 있는 미륵을 동자복이라고 한다. 세미륵이라 불리는 서자복은 해륜사 옛터에 들어선 용화사 경내에 현무암으로 만들어진 석불입상으로, 신장은 약 273㎝이다. 제작 시기는 정확히 알 수 없지만 고려 후기의 불상이 토속적으로 변모하는 과정 중에 세워진 것으로 추정하고 있다.

1990년대 말까지 서자복을 보호하기 위한 용왕각龍王閣이 있었던 점으로 보아 해상어업의 안전과 풍어를 비는 대상물이었으리라 짐작할 수도 있다. 또한 토속적 불교신앙의 힘으로 역병疫病과 같은 질병을 이겨 내고자 했고, 동시에 아들을 낳고자 하는 기자의례祈子儀禮가 결합된 민간신앙의 대상물로도 알려져 오늘날에도 많은 사람들이 찾고 있다.

다행스럽게도 서자복은 원형 그대로 보존되어, 용담1동 병문천과 한천(漢川 또는 大川) 사이에 위치한 해륜사海輪寺 옛터에 자리하고 있다. 서자복은 제주시 건입동에 있는 만수사지萬壽寺址의 미륵불(동자복)과 마주보고 있는데 성 안을 보호하던 석불로 보인다. 해륜사는 고려시대에 창건되고 19세기 중기에 폐사廢寺된 것으로 추정되며 일명 '서자복사西資福寺'라고도 전한다. 이곳에는 1910년경에 '용화사龍華寺'라는 사찰이 지어져 오늘에 이르고 있으며 서자복도 관리하고 있다.

서자복이 들어서게 된 역사적 배경은 '제1부 동성·돌하르방 길의 동자복 편'을 참고하기 바라면서 서자복이 위치한 용화사 뒷길을 오른다. 이곳 주민들은 이 동산을 절동산이라 불러왔다 한다. 그리고 서자복 미륵석상도 어느 시점에서는 절동산에 있었으리라 하고 추측하기도 한다. 제주의 풀어야 할 수수께끼 같은 역사문화가 이곳에서도 있음을

해륜사 옛 터에 있는 비 맞은 서자복

실감하며, 저 푸르고 거친 바다를 지키는 해신을 경배하고 의지하며 오 가던 선인들의 후손임을 자랑스럽게 여기며 길을 나선다.

취병담인 용연 그리고 용두암

• • •

서자복을 둘러보고 해륜사 옛 터에 있는 용화사를 나서면 이내 가슴 트이게 하는 바다와 내륙으로 들어온 협곡을 만난다. 이곳이 용이 살았다는 전설을 지닌 용연^{龍淵}이다. 이 근처 바닷가에서는 용두암도 만날 수 있다. 『탐라순력도』에도 등장하는 용연과 용두암이 있는 이 지역은, 약 10만 년 전 점성이 높은 현무암질 용암이 흐르다가 굳어진 침식지형이다. 용연은 제주 시내를 관통하며 흐르는 '한천'이 바다와 만나는 깊은 계곡이다. 옛 선인들은 용연에서 조각배에 몸을 싣고 시를 읊으며 풍류를 즐기기도 하고, 용연 병풍바위에 글을 새기며 유유자적한 삶을 즐기기도 했으리라.

마애각석^{磨崖刻石}이라고도 하는 마애명은 절벽이나 단애^{斷崖}에 글을 새긴다는 뜻이다. 산천경승^{山川景勝}에 대한 감탄을 금석문으로 남긴 선인들의 마애명에 대하여 살펴본다. 금석문^{金石文}은 쇠붙이에 새긴 금문과 돌이나 암석에 새긴 석문을 일컫는 말이다. 금석문은 특정한 역사적 사실과 관련된 현장성으로 인해 과거에 있었던 사실을 고증하는데 중요한 사료적 가치를 가진다. 그리고 그것을 새기는 과정에서 여러 기술을 적용한 서체와 조형성 등이 나타나기 때문에 높은 예술성도 지니고 있다.

2001년 제주도기념물로 지정된 용연은 취병담^{翠屛潭} 또는 선유담^{仙遊潭}으로도 불린다. 영주12경 중 하나인 '용연야범^{龍淵夜泛}'의 현장이기도 한 이곳은, 제주에 부임한 목사를 비롯한 관리들이 밤에 뱃놀이를 즐기기도 했던 곳이다. 『신증동국여지승람』에서는 "가물면 마르고 비가 오면 넘친다. 물이 우묵한 곳에 이르러서는 저수지가 되어 그 깊이를 알 수 없다. 이곳을 이름하여 '용추^{龍湫}'라 한다. 가뭄 때는 이곳에서 기도를 올린다."라고 쓰여 있다. 용추는 오늘날의 용연으로 그 길이가 1백 보 내외이며, 용추의 양쪽에 높이 7~8m의 기이한 바위들이 병풍처럼 서 있는 것이 또한 장관이다.

용연의 지근거리에 위치한 용두암은 점성이 높은 용암이 바다 쪽으로 흘러나가 굳은 것으로 파도의 침식작용에 의해 깎이면서 용의 머리 모양으로 만들어진 바위이다. 옆에서 보면 용의 머리 모습이지만 위에서 보면 얇은 판을 길게 세워놓은 것처럼 보인다. 2001년에 제주도기념물로 지정되었다.

한두기 고시락당과 기우제

• • •

용연의 동쪽 병풍바위 한구석에는 '고시락할망당'이 자리하고 있다. 오래된 팽나무에 물색천이 걸려있으나 잡목들이 우거져서 가까이 가지 않으면 당의 실체를 보기가 어렵다. 동네 사람들이 음력 2월 영등절에 요왕(용왕)에게 제사를 올리며 무사안녕을 빌기도, 가물 때는 기우제를 지내기도 했다. 다음은 제주무가^{巫歌} 중 고시락당에 관한 내용 중 일부이다.

> 고시락당 용해국^{龍海國} 대부인은
> 달 밝은 밤 용연에서
> 떼뱃놀이^{樺船遊} 할 때
> 제주목사에게서
> 뱃고사를 받아먹고
> 많은 단골에
> 재수 좋게 하여주는 용왕국 셋째 딸아기….

위 시에서 보듯 민간전래 종교의식이 다양한 형식으로 행해졌던 고시락 할망당에는 자연석 위에다 시멘트를 발라서 단장했고 제물을 올리는 제단도 마련되어 있다.

예로부터 용연 인근 주민들의 신앙의 성소였던 이곳은, 본래 한두기

팽나무에 물색천이 걸려있는 고시락당

본향당으로 알려진 곳이다. 이곳에 좌정한 신은 '용왕의 말젯똘애기'로 불리는 여신으로, 어부나 해녀들의 해상안전과 풍어를 가져다주는 신이기도 하다. 2000년대 들어 태풍으로 인해 이곳에 있던 신목이 잘려나가면서 현재는 그 형태만 남아 있다. 제주어로 'ᄀ시락'이란 말은 '보리 ᄀ시락' 등의 어휘에서 보듯 표준어로는 까끄라기이다. 그 속성이 까끌까끌해서 손에 잘 걸린다. 아마도 제주목사 등이 떼뱃놀이 하면서 던져주는 음식물들을 건져 올려 먹는다는 의미로 ᄀ시락이란 말이 신당의 이름으로 정착된 듯하다. 과거에 이 당은 대단한 효험을 발휘하여 단골들이 발 들여놓을 틈이 없을 정도로 찾는 이가 많았다 한다.

이곳 용연은 용소(龍沼)라 불리기도 하는 소(沼)이다. 병풍석이 양쪽에 들렸고 청정한 물이 언제나 깊어 역대 목사들이 달밤에 뱃놀이를 즐겼던 곳이기도 하다. 예로부터 동해의 용왕이 이곳에 와서 풍경을 즐겼다고 하여 용소라는 이름이 붙었다. 이곳에서는 기우제를 올리면 효험이 있다 전한다. 다음은 현행복 교수의 『취병담』(2006)에서 인용하였다.

수백 년 전 큰 가뭄이 들어 제주 백성이 다 굶어 죽게 될 때가 있었다. 목사가 기우제를 몇 차례 올렸지만 비는 오지 않았다. 이즈음 무근성에 유명한 고씨 심방이 살고 있었다. 어느 날 주막에서 지나가는 소리로 "용소에서 기우제를 지내면 비가 올 것을"하고, 괜한 짓 한다는 투로 말했다. 이 말을 전해 들은 목사가 그를 동헌으로 불렀다. 그리고 목숨 걸고 기우제를 올려 비를 오게 하라고 엄명을 내렸다. 이렛 동안 목욕재계하여 몸 정성하고 쉰댓 자 용을 짚으로 만들었다. 그리고 용소 바로 옆 당팟에 제단을 꾸렸다. 쉰댓 자 용의 꼬리는 용소 물에 담그고 머리는 제단 위에 걸쳐 놓아 이레 동안 굿을 했다. 고씨 심방은 천상천하의 모든 신들을 청해 들이고 이레 동안 단비를 내려주도록 빌었다. 굿을 마쳐 모든 신들을 돌려보내어도 하늘은 쾌청하게 맑아 비는 내릴 기색조차 보이지 않았다. 격한 심정으로 "모든 신들은 상을 받고 고이 들어섰건마는, 이내 몸은 오늘 동헌 마당에 가면 목을 베어 죽게 됩니다. 명천 같은 하늘님아! 이리 무심하옵니까?" 하고 고씨 심방은 눈물을 흘리며 신들을 환송하였다. 이 말이 마쳐져 갈 즈음 동쪽 사라봉 위로 나타난 검은 구름떼가 삽시간에 하늘을 덮고 억수 같은 비가 쏟아지기 시작했다. 굿을 하던 심방들은 쉰댓 자 용을 어깨에 메고는 비를 맞으며 성 안으로 들어갔다. 성안 사람들이 모두 나와 모다들엉 용을 메고 풍악소리에 맞춰 춤을 덩실덩실 추었다. 심방 일행이 동헌 마당에 들어가니 목사 이하 이방, 형방 등 모든 관속들이 나와 용에게 4배^{四拜}하고 고을 사람들과 더불어 큰 놀이를 베풀었다. 그로부터 용소는 기우제에 효험이 있다 하여 가물 적마다 여기에서 기우제를 지내게 되었다 전한다.

용연의 또 다른 이름 취병담과 선유담

⋯

1995년부터 선상음악회가 열리고 있는 용연에는 80여 마애명이 조사되고 있다. 비췻빛 병풍의 암벽으로 둘러싸인 연못이란 뜻을 지닌 취병담은 용연의 고어이다. 1578년 이곳을 찾았던 백호 임제는 그의 책 『남명소승^{南溟小乘}』에서 "바위에 세 글자만 남아있고, 용은 천 년 동안 잠겨 있다(岩留三字 龍臥千秋)."라 했다. 이로 미루어본다면 임제가 제주에 와서 용연을 찾았을 때에도 이미 취병담이란 세 글자가 바위에 새겨져 있었던 셈이다. 용연을 취병담이라 칭하기 시작한 것은 16세기 훨씬 이전으로 거슬러 올라간다. 용연을 소재로 쓴 한시 작품으로 현재까지는 위에서 소개한 임제의 시가 가장 오래되었다. (사)질토래비에서 전설 깃든 용연보다는, 짙은 녹음 우거진 벼랑의 뜻인 사실적인 단어인 취병담을 취해 '탐라·고을·병담 길'로 선정하게 된 이면이기도 하다. 문화는 전설보다 역사에 근거하여 형성되길 바라는 마음이기도 하다.

신선이 노니는 못이라는 의미인 선유담^{仙遊潭}은 용연의 또 다른 별칭이다. 용연 서안 암벽에 선유담 마애명은 언제 누구에 의해 명명되었는지 아직은 알 수 없다. 흥미로운 것은 선유담의 배경에는 신선사상^{神仙思想}이 있다는 점이다. 절경인 방선문^{訪仙門}, 환선대^{喚仙臺}, 우선대^{遇仙臺} 등의 명칭에서도 이를 유추할 수 있을 것이다. 박석홍선사록이란 마애명도 특이하여 소개한다. 박석홍^{珀石泓}이란, 호박과 같은 돌이 움푹 패어 물이 고인 곳을 이르는 말이다. 결국 박석홍은 취병담에 이어 새롭게 붙여진 용연의 별칭인 셈이다. 선사록^{仙査錄}은 신선을 찾았던 기록의 의미이다. 1662년(현종 3) 제주목사로 부임한 이익한 목사 일행은 용연을 찾아와 자신들의 이름을 새겨놓은 맨 앞에 '박석홍선사록'이라는 특이한 말을 제명한 것으로 보인다.

용연 구름다리와 서한두기 물통

• • •

　용연에는 동·서 한두기 두 마을을 연결하는 구름다리가 근대화와 관광산업이 본격화되던 1967년에 만들어졌다. 처음에는 공포의 흔들다리라 불릴 만큼 발걸음을 떼는 매 순간 아찔할 정도로 다리가 흔들리곤 했다. 시간이 흐르면서 낡고 안전상의 이유로 1986년 철거되었다가 지금의 현수교로 2005년 복원되었다. 다리 규모는 길이 50m, 폭 2.2m, 높이 10~11m이다.

　용연을 가로지르는 다리를 건너서 만나는 마을이 서한두기이다. 이곳에는 통물·머구낭물·엉물·수액이물 등의 용천수가 풍부했다. 19세기 초 통물과 머구낭물 주변에 들어선 마을이 규모가 커지면서 서한두기 마을이 형성되어 오늘에 이른다. 그 가운데에 용연에서 보이는 서한두기 용천수가 있었다. 서한두기 물통은 상수도가 보급되기 이전 마을주민들의 식수, 생활용수, 허드렛물 등으로 이용되었다. 인근 마을인 먹돌세기와 중대골(지금의 월성마을과 명신마을)의 주민들까지 우마차를 이용해 이 물을 길어갈 정도로 지역주민들의 삶에 중요한 위치를 차지하였던 용천수가 바로 이곳이다. 한천 하류에 위치한 서한두기 물통 주변의 바다는 민물과 바닷물이 합류하는 지역적인 특성 때문에 숭어·민물장어·새우·바다참게·은어·도다리·복어·미역치·멸치 등 다양한 어종들이 서식했다. 마을주민들이 이용했던 용천수 물통은 태풍 사라(1959)·나리(2007)·차바(2016) 등으로 인해 유실되었다가, 옛 사진과 마을주민과 전문가의 고증을 거쳐 2018년 현재의 모습으로 복원됐다. 하지만 아쉽게도 복원된 물통의 외벽담은 기존의 바닷가 돌과는 사뭇 다른 모습이다.

마애명공원과 취병담 석벽에 명시를 남긴 사람들
• • •

 용연의 다른 이름인 취병담과 선유담이 말하듯 이곳에는 비췻빛 벼랑과 계곡이 있고 오래된 마애명들이 있다. 용연의 병풍바위에 새겨져 있는 마애명은 세월이 무게를 이기지 못해 거의 마모가 되어 읽기가 어렵다. 이를 기억하기 위해 마애명공원이 용연 동쪽 동한두기 마을 동산에 조성되어 있다. 다음의 글은 마애명공원 안내판 제목인 '비췻빛 벼랑에 새겨진 옛 시'의 내용이다.

 한라산 백록담에서 발원한 한천이 바다로 흘러드는 이 냇골을 선인들은 예로부터 용담 또는 용연이라 불렀다. 가까운 곳에 용의 형상을 한 용두암이 있는 데다, 길이를 가늠키 어려운 이곳의 물속에 용이 잠겨있다 여긴 옛 사람들이 이를 신성시하여 생겨난 이름이다. 병풍을 두른 듯한 양쪽 벼랑 위에는 여러 종류의 나무가 무성하고, 절벽의 돌무늬와 이끼가 고운 꽃잎과 기이한 풀과 파도 소리와 어울려 운치를 더한다. 이처럼 산과 물의 경치가 하나로 어우러져 지금까지도 옛 제주성 주변 경관 중 제일가는 곳으로 꼽고 있다. 이런 경치로 인해 조선시대 제

용연(龍淵)
용연은 제주 시내를 관통하며 흐르는 한천이 바다와 만나는 곳에 위치한 계곡(취병담)이다.

용연 동산 동쪽 위에 조성된 마애명 공원의 모습.

주에 도임^{到任}한 목사들은 물론 문인과 묵객들이 자주 찾아와 노닐게 되면서 '푸른 절벽이 병풍처럼 둘러싸인 못인 취병담^{翠屛潭}'이라는 멋스러운 이름을 붙여 이곳의 절벽에 새겼다. 또한 그들의 이름을 새기기도 하고 시를 지어 새기기도 하였다. 새겨져 전해지는 시들은 이곳을 찾는 이들의 흥취를 돋우기도 하고, 옛 정취에 빠져들게 하기도 하고, 신선놀이의 멋을 흉내 내어 보기도 하고, 제주의 옛 사람들의 발자취를 더듬어 보게 하는 자료가 되기도 한다.

경치가 좋은 곳을 만나면, 그곳의 풍광을 찬미하거나 논평하는 글을 짓는 것이 선인들의 삶의 모습이자 멋부림이었을 것이다. 그러한 멋부림이 새겨 있는 흔적들을 원문과 함께 소개한다.

취병담^{翠屛潭}과 백호 임제의 시

용연에 새겨진 마애석각 중 가장 오래된 이 글은 누가·언제 새겼는지는 알 수 없다. 1578년 제주에 왔던 제주목사 임진의 아들 백호 임제가 용연에 들렸다가 이 석각을 보고 남긴 시가 『남명소승^{南溟小乘}』에 전한다. 오언율시로 취병담을 노래한 임제의 시는 아래와 같다. 그의 시 제목은 '岩留三字 龍臥千秋(암유삼자 용와천추: 바위에 세 글자만 남아있고 용은 천년토록 잠겨있다)'이다.

城南只數里 (성남지수리) 제주성의 남문으로 몇 리 밖에 나가니
有峽淸而寄 (유협청이기) 협곡 하나 청아하고 기이하다
石爲白玉屛 (석위백옥병) 바위는 둘러 백옥 병풍 같고

潭作靑琉璃 (담작청유리) 못은 파란 유리잔 같고
岸上幾叢竹 (안상기총죽) 언덕 위의 몇 무더기 대숲
蕭蕭海風吟 (소소해풍음) 해풍이 불어 맑은 바람 불어오는데
扁舟倚桂棹 (편주의계도) 일엽편주 노에 기대어
吟玩歸遲遲 (음완귀지지) 노래하며 즐기다 천천히 돌아가네

풍류남아 백호 임제(1549-1587)는 부친인 임진이 제주목사로 재임 당시 과거에 급제한 사실을 아버지에게 알리기 위하여 제주에 들어와 약 4개월간 머물렀다. 이때 임제가 제주도의 명승지와 유적지를 돌아다니며 쓴 일기체 기행문이 『남명소승』이다. 『남명소승』은 1577년(선조 10) 11월 출발에서 이듬해 3월 귀경까지의 기행문으로, 존자암(영실 근처에 있는 곳으로 제주 최초의 절이라는 설이 있음)의 실체와 특산물 등 그 당시 제주도의 상황을 알려주는 귀중한 자료이다. 제주의 옛 문헌에도 '소승小乘에 이르되'라고 인용되고 있는 경우는 『남명소승』을 일컫는 말이다.

임관주의 제주 유배와 시

1756년(영조 32) 과거에 급제한 임관주는 1767년 정언正言으로 재임 중 언론의 중요성, 재상의 잦은 교체, 서울과 지방 관원들의 비리, 무장들의 권위 존중 등 10여 가지에 달하는 조목을 지적하고 비판하는 상소를 올렸다 하여 서귀포시 안덕면 창천리에 유배되었다. 유배 두 달이

지나자 대신들이 바른 말을 하는 관리를 섬에 계속 가둘 수 없다고 건의하자 두 달 만에 특별히 석방되었다. 해배된 그는 제주 명승지를 찾아다니며 많은 시를 남겼다. 다음은 『조선왕조실록』에도 실려있는 그의 상소문 중 제주와 관련된 부분이다.

언로는 국가에 있어서 사람에게 이목^{耳目}이 있는 것과 같습니다. 진실로 귀가 듣는 구실을 하지 못하고, 눈이 보는 구실을 하지 못한다면 사람이 될 수 있겠습니까? (중략) 이명운은 제주목사로 있을 때에 오로지 수탈만 일삼고 단지 윗사람만 잘 섬기려고 애쓰면서 7천 명의 굶주린 백성들이 죽어가는 것을 보고만 있었습니다. 만약 나라에 기강이 있다면 마땅히 팽아^{烹阿}의 법을 시행해야 할 것입니다. 그런데 전형의 관원이 어찌 감히 그를 총관^{摠管}의 의망에다 넣을 수 있단 말입니까? 신은 이명운을 영원히 금고^{禁錮}시키고 그 전형의 관원에게 빨리 파직의 법을 시행해야 한다고 여깁니다.

이렇듯 거침없이 상소로 직언하였던 임관주는 1767년 가을 유배가 풀려 돌아가기 직전 이곳 취병담을 방문하였다. 다음은 그가 남긴 시이다.

　　白鹿潭流水 (백록담유수) 백록담에서 흘러내리는 물
　　爲淵大海潯 (위연대해심) 못이 되어 바다로 흘러가네
　　兩涯皆翠壁 (양애개취벽) 양쪽 물가에는 모두 푸른 절벽인데
　　歸客片舟尋 (귀객편주심) 돌아갈 나그네 쪽배 찾아 나선다

제주목사 김영수의 시

　목사 김영수의 시는 용연 마애명 중 가장 긴 오언율시이기도 하여 그 중 일부를 소개한다.

　　高名何太古 (고명하태고) 그 이름 지어진 지 언제인가
　　雲鎖九龍淵 (운쇄구룡연) 구름에 잠긴 용이 산다는 깊은 못
　　居五須居九 (거오수거구) 하늘을 날면서 조화 부리는구나
　　在天怯在田 (재천겁재전) 그때를 뉘우쳐 뭍에 있으니
　　行藏得中惑 (행장득중혹) 나오고 숨은 데에 적합한 곳이구나
　　標顯體方圓 (표현체방원) 모가 난 곳도 둥근 곳도 다 들어맞으니
　　一理明無昧 (일리명무매) 환하고 어둡고 한 곳도 다 하나이니
　　物弦象亦然 (물현상역연) 용연이 그러하고 나도 그러하고

윤진오의 시

　김영수 목사의 일행으로 보이는 윤진오의 시에는 취병담의 정취가 짙게 묻어나기에 함께 소개한다.

　　回回蒼壁轉 (회회창벽전) 빙빙 푸른 벽 돌아가면
　　怳與武陵通 (황여무릉통) 어지럽고 황홀하여 무릉도원과 통하니
　　忽看片舟至 (홀간편주지) 홀연히 보이는 배가
　　却疑漁子蓬 (각의어자봉) 어부가 도화원 찾아가는 듯 하구나

이밖에도 적지 않은 시와 이름들이 용연 바위에 새겨져 있으나 지금은 거의 마모된 상태라 아쉬움이 크다. 용연 동남쪽에 조성된 마애명 공원을 찾는다면 관련 시들을 감상할 기회를 또한 얻게 될 것이다.

제주사대부고 교정에 있는 유물유적

제주시 용담동(골)에 위치한 제주대학교사범대학부설고등학교에는 고인돌과 할망당 등 우리가 관심을 가지고 보존해야 할 역사문화 유적 유물들이 더러 있다. 이에 (사)질토래비는 제주의 역사문화가 깃든 길을 더 많은 사람들과 공유하기 위해 관련 학교와 협약을 맺었고, 학교에서는 공간을 개방하기로 했다.

다끄네 본향당인 궁당

바위나 구멍에 나타난 혈신^{穴神}을 모시는 당을 '궁당'이라고 하는데, 이 당에는 '다끄네와 정뜨르' 마을 주민들이 정월에 택일하여 다닌다고 한다. 제주사대부고 다목적 강당 바로 위쪽, 나무가 울창한 동산에는 오래전부터 궁당 신위^{神位}가 자리하고 있다. 바닥과 제단이 시멘트로 단장됐고 주변이 잘 정비되어 있는 편이다. 팽나무를 신체^{神體}로 모시며 지전^{紙錢}과 물색^{物色}이 걸려있다. 궁당은 제주시 용담3동(일명 다끄네: 修根洞)의 수호신을 모신 신당으로, 모시고 있는 신은 '상조대왕·중전대부인·정절상군농'이다. 이 신들은 본래 제주시 용담2동 한내^{漢川}에 있다가, 1882년(고종 19)에 훼손된 '내왓당^{川外祠}' 신들이라 전해진다. 다음은 궁당에 얽힌 설화이다.

여자는 임신을 하면 육식을 먹고 싶어 하는데, 이 당의 큰부인 중전대부인은 돼지고기를 금하고 있다. 큰부인은 임신 중 돼지고기를 먹은 작은부인을 부정한 여인이라 해 멀리한다. 그래서 큰부인인 중전대부인은 궁당 안자리에 좌정하고 작은부인 정절상군농은 바깥에 좌정한다. 이후로 제를 지낼 때 작은부인인 정절상군농 제단에는 돼지고기를 올리고, 큰부인인 중전대부인 제단에는 돼지고기를 올리지 않는다.

교정에 있는 고인돌

현 제주사대부고 운동장 바로 서남쪽에는 오래전부터 고인돌 1기가 위치하고 있다. 이 지석묘는 잘 다듬은 판석상 지석으로 석실 자체를 구성하는 지상위석식 고인돌로 분류된다. 석실의 크기는 길이 210㎝, 폭 160㎝, 높이 60㎝이다.

기원전 3세기 탐라형성기 무렵 제주 곳곳에는 청동기시대보다 현저히 커진 대규모 마을들이 등장한다. 제주도에서 관찰되는 선사 시대 무덤 유적으로는 고인돌과 옹관묘, 석곽묘, 토광묘가 있다. 제주시 삼화지구 유적에서 발견한 옹관묘(독널무덤)는 제주에서 발견된 옹관묘 중 가장 오래전에 만들어진 것이라 한다. 용담동 무덤에서는 철제 무기를 부장품으로 넣은 석곽묘(돌덧널무덤)도 같이 발견되어 과거 제주의 장례풍습을 엿볼 수 있다. 옹관묘의 부장품은 타 지역 주민들과 동일한 장례법과 사후 세계관을 공유했음을 보여주는 증거이기도 하다.

지금까지 확인된 지석묘는 100여 기로 제주도 전역에 분포하고 있다. 제주도 고인돌의 석재 자체가 깨지기 쉬운 현무암이고 대부분 촌락이 있는 곳에 자리했기 때문에 상당수가 훼손되었을 터여서 원래 있던 고인돌의 숫자는 이보다 많을 것으로 추정된다. 대부분 제주시를 비롯한 서북과 서남지역에 주로 분포하고 동남과 동북 지역에는 매우 드물게 확인된다.

우리나라 고인돌의 형식은 북방식·남방식·개석식 고인돌로 분류되어왔는데 제주의 고인돌은 시기적으로나 형식적으로나 한반도의 것과는 차이가 있다고 한다. 본교 교정에서 보는 판석모양 지석을 가진 지상형은 제주도에서만 볼 수 있는데 특히 제주시 한천 변과 외도천 변에 국한되어 분포한다. 이곳의 고인돌은 제주도 다른 지역의 고인돌보다 많은 인원이 동원되어 축조된 것으로 보인다. 이 고인돌의 피장자는 보다 우월한 지위에 있는 사람이며, 이러한 형식의 고인돌이 분포된 지역은 당시 가장 번창했던 마을로 추정된다.

'탐라·고을·병담 길'을 열며 할망당에 제를 올리는 질토래비 답사팀

제주사대부고 다목적 강당 위쪽 동산에 있는 할망당인 굼당

제주사대부고 운동장 서남쪽에 위치한 지석묘

제3장 | 탐라·고을·병담 길에 깃든 역사문화와 유물유적   153

제주대학교 요람인 용담캠퍼스

제주대학교의 전신은 1952년 8월 개교한 제주초급대학이다. 정부 정책에 따라 당시 제주향교 명륜당에 설립한 제주대학원을 모체로 하여 국문과·영문과·법학과·축산과 등 4개 학과가 개설된 제주초급대학이 인가되었다. 이어 1955년에는 도립 4년제 대학으로 승격되고, 1962년 국립대학으로, 1982년 종합대학으로 승격돼 오늘에 이른다.

제주대학교사범대학부설고등학교 교정에는 제주대학의 초창기 시절 학장을 지낸 길성운 전 도지사의 공덕비가 보존되어 있다. 옛 제주대학교 용담캠퍼스는 지금의 제주국제공항과 바다가 가까워 시설을 확장하기가 곤란한 입지였다. 그런 상황에서 국립 제주대학교 초대 학장이던 문종철 선생이 본관 신축을 추진했다. 당시 용담캠퍼스 본관은 유명한 건축가 김중업 선생에 의해 설계됐고, 1964년 정부 예산으로 신축 공사가 2년 공기로 착공됐는데 예산 부족으로 공사가 지체되다가 1970년 완공되었다.

사진에서 보듯 조개껍질을 펼쳐놓은 듯한 현관, 2층과 3층으로 연결되는 후면 경사로의 기하학적 곡선은 해초류를 연상하게 한다. 교수 연구실로 사용했던 3층은 마치 날아갈 듯한 비행기 또는 바다 위에 떠 있는 선박을 떠올리게 하는 등 지역 풍토를 배려한 강렬한 조형적 이미지를 전달하고자 했다. 제주대학교 옛 본관 터는 바다와 인접한 들판이

아름다운 곡선 형태를 하고 있는 제주대학교 옛 용담캠퍼스 구 본관의 현관(사진 위쪽)과 후면 모습 (사진 김숭업박물관)

없고 한때는 비행장으로 사용했던 곳이다. 제주대학교 옛 본관은 방수 공사 진행 과정에서 붕괴 위험이 있는 것으로 판단돼 1994년 대한건축학회의 의뢰로 건물구조 안전진단조사를 벌인 결과 보수와 보강이 불가능하다는 결론이 나서 1995년 철거됐다. 이 건물은 1993년 한국 건축계와 지역 문화계가 힘을 모아 보존 운동을 벌였던 일로 화제가 되기도 했다. 서울에서 원로 건축가 80여 명이 제주의 문화예술계 원로들과 "용담동 본관은 한국 현대 건축사의 중요 자료이고 제주도의 문화유산"이므로 재생돼야 한다는 공동성명을 채택하기도 했다.

고인돌과 할망당이 원형으로 있는 학교를 뒤로 하고 근방에 있는 용담동 제사유적지로 가기 위해 다시 한천을 건넌다. 한천 다리에서 보는 한천계곡의 기기묘묘한 바위군과 한라영봉이 눈에 들어온다. 한천 계곡을 가로지르는 다리 위는 더할 나위 없이 아름다운 풍광을 감상할 수 있는 곳이다. 선인들도 이러한 풍경을 바다를 관장하는 용왕신에게도 보여드리려는 절절한 마음으로 이 주변 높은 곳에서 제사를 올렸을 것이다.

탐라 해상교역의 증거인 용담동 제사유적지

• • •

1928년 산지항 축조공사현장에서 출토된 기원전 1세기 중국 화폐인

오수전^{五銖錢}, 대천오십^{大泉五十}과 용담동 유적지에서 출토된 검^{劍}, 경^{鏡}, 옥^{玉} 유물은 한대^{漢代}(기원전 202년~기원후 220년) 당시 이미 활발한 해양교역이 이뤄졌음을 반영하는 자료들이다. 3세기 기록인 『삼국지^{三國志}』 「위지동이전^{魏志東夷傳}」에는 "주호(州胡: 제주의 옛 이름)가 마한 서쪽 바다 큰 섬에 있어 중한^{中韓}과 배를 타고 교역 했다."라는 기록이 있다. 『삼국사기』, 『수서^{隋書}』, 『당서^{唐書}』, 『일본서기^{日本書紀}』, 『신당서^{新唐書}』, 『구당서^{舊唐書}』, 『당회요^{唐會要}』 등의 문헌에도 탐라는 5~7세기에 백제와, 7세기 중엽 신라가 삼국을 통일한 후에는 통일신라와 외교관계를 맺고, 일본과 당에 사신을 파견했다는 기록이 있다. 이러한 자료로 미루어볼 때 주변국에 비해 세력이 약했던 탐라가 독자적인 노선을 가지고 해상외교를 통해 국운 개척의 활로를 열어가려 했음을 보여주고 있다 하겠다. 이를 뒷받침하는 유적이 바로 용담동 제사유적이다. 대표적인 유물로는 자체적으로 생산했던 적갈색 심발형^{深鉢形}의 고내리식 토기와, 같이 출토된 수입된 회색도기^{灰色陶器}가 있다.

제주시 용담동 제사유적은 제주향교 서북쪽 담장 너머에 있다. 1992년 제주시 의뢰를 받아 이 지역 100여 평에 대한 발굴조사에 임했던 제주대박물관(당시 관장 이청규 교수) 조사팀은 이곳에서 수백 점의 통일신라시대 회색도기 파편을 비롯한 옥 제품, 금동혁대, 산산조각 난 중국 당나라 시대의 청자(주전자) 등을 발견했다. 이러한 유물들은 당시 제주에서는 자체 생산되지 않는 전량 수입에 의존하는 고급품이었다. 한천과 병문천이 바다로 이어지는 해안 저지대에 위치한 이곳은 비교적 높은 언덕에 위치한다. 고대 제주도의 관문이었던 산지천은 물론 한천과 병문천 포구로 들어오고 나가는 배의 동향을 한눈에 볼 수 있는 곳이다.

이곳에서는 7~10세기경 통일신라의 회색도기와 항아리가 주로 발견됐다. 이 유물들은 깨어지거나 폐기된 상태로 출토됐으며, 회색토기는 철기 등의 생활필수품과 함께 해외교역을 통해서 들여왔던 귀중품이었다. 특이한 점은 이 유적에서 출토된 나팔관의 목 긴병·금동제 허리띠 장식·유리구슬 등이 모두 고급유물이었다는 점이다. 이처럼 흔치 않은 고급물품들이 일정 지점에서 집중적으로 발견된 반면 생활용품은 거의 출토되지 않은 것으로 보아 8세기 이후 배가 출항할 때마다 항해의 무사와 안녕을 비는 제사행위가 이곳에서 행해졌음을 보여주는 고고학적 증거라 하겠다. 원거리 항해를 위해 떠나는 출발지와 가까운 곳에서 바다를 조망할 수 있다는 점과 출토된 유물이 서민의 생활유적에서는 발견하기 어려운 고급유물이기 때문이다. 당시 유적발굴에 나섰던 이청규 관장은 용담동 유적을 원거리 항해의 안전을 기원하는 제사유적으로 진단했다.

이렇듯 탐라의 실체를 엿볼 수 있는 이곳에 그동안 이를 안내하는 글이 없음을 안타깝게 여긴 (사)질토래비에서는 당시 안동우 제주시장에게 공문발송 및 접견을 통해 건의하여, 사진에서 보이는 안내판이 2021년 말에 세워지기도 했다.

제주향교와 이웃한 용담동 제사유적이 있는 경내에는 또한 아담한

용담동 제사유적 출토현장 (사진 제주고고학연구소 제공)

제주시 용담동 제주향교 서북쪽 담장 너머에 있는 제사유적지 안내판

용담동 포제단도 마련되어 있다. 포제단은 사람과 사물에게 재해를 주는 포신^{酺神}에게 액을 막고 복을 줄 것을 비는 제단이다. 조선중기 이후 유교제법^{儒敎祭法}이 보급됨에 따라 여성들은 전통 민속무속 종교인 당굿에 참여하고 남성들은 당굿에 참여하지 않은 대신 포제를 지내온다. 요사이는 포제가 대동제로서의 의미가 확대되어 마을의 주요 행사로 이어지고 있다.

조선에서 가장 먼저 개교한 제주향교

오늘날의 학교에 해당되는 향교와 서원은 인재 양성과 유교 이념 보급을 목적으로 설립되었으며, 당시에는 토호세력들의 정치·사회적 활동을 보장해 주던 근거지이기도 했다.

"제주에는 학교가 없어 토관들이 글을 모르고 법제를 알지 못하여 대개 어리석고 방자하여 작폐가 심하므로 교수관을 두어 10세 이상의 토관 자제를 교육해야 한다."라는 공론이 있어, 조선의 개국 원년인 1392년 제주목에 일찌감치 향교가 세워졌다. 이후 조선의 중앙집권체제가 강화되면서 정의현과 대정현이 설치되고, 1읍 1교의 원칙에 따라 현에도 향교가 설립되었다.

제주향교는 지금의 중앙로인 교동에서 창건되었으나 5회 옮기다가

1920년경 제주향교 대성전의 모습. (사진 사진으로 보는 제주역사 2, 제주특별자치도, 2009)

현 제주향교

지금의 용담동 현 위치에 이른다. 대정향교는 1420년(세종 2) 성안에 세웠다가 1653년(효종 4) 지금의 단산 자락으로 옮겨졌고, 정의향교는 1420년 성산읍 고성에서 문을 열었다가 읍성이 1423년 성읍으로 옮기면서 향교도 옮겨졌다.

향교의 학생 수는 제주목에 90인, 대정현과 정의현에 각각 30인을 두도록 하였으나, 대개 그 수를 초과했다. 초과 됐던 이유 중 하나로는 학생으로 등록되면 군역을 면제받을 수 있었기 때문이다. 수령은 달마다 시험을 실시해 성적이 좋은 자에게는 역을 감해주기도 했다. 제주에서는 향교에 출입한다는 자체가 특권의 상징이었으며 향직을 유지하는 수단이 됐다.

향교에서의 교육은 제주목에는 교수관을, 대정과 정의에는 훈도를 두어 실시했고, 운영 경비는 국가에서 지급한 토지로 충당했으며, 노비들도 하사받았다. 향교의 배치 구조는 공자를 모시는 대성전과, 선현의 문묘를 모시는 동·서무, 그리고 공부방인 명륜당, 기숙사인 동·서재로 되어 있다.

제주도와 국가의 유형문화재로 지정된 제주향교에서는 봄·가을에 석전(釋奠: 공자 등 성인에게 지내는 제사)을 봉행하며 초하루·보름에 분향을 하고 있다.

제주에 정착한 유배인들이 세운 서당과 함께 제주에 부임한 목사들에 의해 서원과 서당이 설립되기도 했다. 다른 지방에서는 서원과 서당이 그 지역의 유지들에 의해 주로 설립된 것에 비해 제주지역에는 거의

(巨儒: 유림인물)가 없었기 때문이기도 하다. 서당으로 조선전기에는 향학당·김녕정사·월계정사 등이 있었다. 후기에는 삼천서당·정의서당·대정서당·삼성서원 등이 세워졌다. 군역을 면제받기 위해 서당 출입이 많아지자 서당을 폐쇄하는 경우도 있었다.

서문한질 비룡못에 관한 설화

제주향교 후문을 나서 1946년 개교한 제주중학교를 일견하고 나오면 서문한질에 들어서신다. 한질을 가다 보면 맞은편에 서문시장이 나오고, '비룡못'이라는 간판도 볼 수 있다. 비록 지금은 메워져 없어지고 어린이 놀이터가 생겼지만 여기에는 제주민중의 여러 설화가 전해 내려오고 있다. 다음은 2001년 편찬한 『용담동지』에서 발췌한 내용이다.

'옛날 비룡못터에 김해유라는 사람이 살고 있었다. 집에는 큰 연못도 있었고, 제주향교 주변에 넓은 농토도 갖고 있었다. 그는 갑부이면서 행세깨나 하는 권세가였다. 제주목사도 김해유에게는 함부로 대하지 못했다. 눈엣가시와 같은 존재였다. 그런데 제주시 이호동에서 살인사건이 났다. 김해유가 살인교사 혐의로 조사를 받게 되었다. 김해유는 완강히 부인했다. 강희방이란 관리가 이 사건에 대한 진상 조사에 나섰다. 김해유는 안도의 숨을 내쉬었다. 강희방과는 막역한 사이였기 때문이었다. 그러면서도 내심으로는 불안했다. 강희방은 강직하기로 유명한 인물이었기 때문이다. 이호 현장에 가서 조사를 마친 강희방은 김해유가 배후 인물이라는 사실을 확인했다. 돌아오는 길에 김해유 집에 들렀다. 주안상이 나왔다. 술에 독약이 들어있음을 눈치챈 강희방은 그대로 나왔다. 성안으로 돌아오는데, 등 뒤에서 화살이 날아와 강희방의 말안장에 꽂혔다. 그 화살의 주인을 확인해 보니, 김해유 전용 화살임이 밝혀졌다. 김해유는 마침내 감옥에 갇혔다. 그는 망명도생亡命圖生의 기회를 만들기 위해 감옥지기를 매수하여 "내 비록 못이 될지언정(못에 빠져 죽을 운명이지만) 달구경이나 할 수 있게 해 달라" 하면서 뇌물 공세를 폈다. 많은 재물이 옥지기한테 넘어갔다. 그러나 김해유는 끝내 목숨을 구하지 못했다. 실제 김해유가 범인이었는지, 그의 권세 때문에 살인 누명을 씌워 죽인 것인지는 확실하지 않다.'

바로 여기서 '내 비록 못이 될지언정'이란 말에서 비룡못이 비롯되었다 전한다. 여기서 우리의 관심을 끄는 것은 큰 도적이 살던 집은 다시는 그 후손들이 발복하지 못하도록 연못을 만들었다는 점이다. 이를 증명하듯 다음의 설화도 전해진다. 다음의 이야기는 제주민속학자인 진성기 님이 1970-80년대 채집한 비룡못에 관한 설화로, 용담동 주민인 송문헌 님으로부터 들은 것을 기반으로 하여 재구성한 것이다.

비룡못은 제주중학교 동쪽에 있었던 연못으로, 지금은 메워져 어린이 놀이터로 변해있다. 오래전부터 제주에서는 큰 도둑놈이 살던 데는 파내어 연못을 만들어버리는 풍습이 있었다. 원래 비룡못 자리는 나라의 쌀을 도적질한 '고리방'이라는 사람의 집터였다. 사라봉을 바라보는 위치이자, 성밖내(선반내)와 가까이 있는 경관 좋은 이 집터는 제주 일등 명당으로 소문이 났던 곳이다. 집터가 발복한 덕으로 고리방은 매해 농사가 잘 되어 큰 부자가 되었다. 하지만 고리방은 이방이라는 아전 신분을 면치 못했다. 직분에 불만인 고리방이 사또에게 알랑거리고 상납하더니, 드디어 기회가 왔다. 사또가 임기가 차서 육지로 갈 때 고리방에게 유리牖

理를 시켜 주었다. 유리란 묵은 사또가 가고, 새 사또가 오지 아니한 사이에 좌수나 이방이 관청의 문서를 맡아 보는 일을 일컫는 말이다. 고리방이 관청문서를 살펴보니 창고마다 군량미가 들어차 있었다. 이에 견물생심이 난 고리방은 수백석의 쌀 중 일부가 없어져도 모르겠지 하는 마음이 저절로 생겼다. 머슴을 시켜 가마니에 흙을 담아서 쌀가마니와 바꿔치기를 하였던 것이다. 이어 건입포 근방에 사는 현씨 성을 가진 사공에게 쌀을 육지에 가서 팔고 오면 반을 나눠주겠다고 했다. 욕심이 생긴 현씨는 바꾼 쌀을 배에 실어 육지로 향했다. 마침 태풍이 불어 배를 청산도에 대피하고 있는데, 그곳에서 새로 부임하는 신관사또와 조우하였던 것이다. 신관사또는 제주에서 온 배에 가득 실은 것이 쌀이라는 말을 듣고는, '제주에는 논이 적고 쌀이 귀하다는 소문이 있는 데 어떠한 쌀이기에 육지에 팔러 왔는가?'라는 생각이 들었다. 그리고 제주 관아에 도착하는 즉시 여러 창고에 있는 곡식을 점검하였더니, 쌀가마니에 흙이 들어간 게 아닌가. 이리하여 법으로 다스려 진 고리방은 관노가 되었다. 그리고 그의 재산은 몰수가 되고, 그가 살던 집터는 파내어 못을 만들어버리니, 이 못이 바로 비룡못이란다. 태풍이 자주 오는 제주에서는 쌀을 육지에서 사서와도 부족한데, 제주에서 쌀을 팔러 육지로 나갔으니, 이는 도둑놈의 심보가 아니던가. 이후 제주사람들은 고리방의 패가망신한 것을 보고 '잘코사니여(잘 되었다 라는 제주어)' 하고 말하더란다.

탐라 최고의 유적 칠성대 옛터

서문한질이 병문천과 만나 생긴 십자로에서 횡단보도를 건너 서문으로 들어선다. 하지만 일제강점기에 헐린 서문인 진서루는 여태껏 복원되지 않았고, 성문을 지키던 돌하르방들도 여전히 유랑하고 있다. 서문이 있었던 근방에는 기단석 하나가 그나마 골목길에 놓여 있어 이곳의 역사를 외롭게 대변하고 있다. 골목을 돌아 나오면 이내 현무암으로 지어진 2층 건물이 퍽 인상적인 성내城內 교회를 만난다. 제주 최초의 교회로 알려진 성내교회는, 오래전 관아건물인 출신청出身廳이 있었던 곳이다. 1907년 조선예수교 장로회에서 제주지역 최초의 선교사로 파견한 이기풍李基豊 목사는 그의 부인과 함께 1908년부터 제주에서 본격적인 포교 활동을 전개했다. 산지천변 산지목골 안쪽의 초가 6칸을 사들여 교회당으로 사용하다 제주에 유배 온 박영효朴泳孝의 헌금 100원으로 제주시 관덕정 맞은편 출신청 건물을 매입해 1910년 성내교회를 열었다. 출신청은 조선시대 병사들이 활을 쏘고 무예를 연마하던 훈련청이었으나, 후에는 무과 급제자들이 근무하는 관아로 사용하기도 했다.

성내교회 앞에는 '목안-모간' 주차장이 있는데, 그곳 동쪽에는 지금도 제주목 읍성 성담이 묻혀있는 것을 확인할 수 있다. 목안이 모간으로 표시된 주차장을 나오면 이내 골목길로 접어든다. 이곳에는 1911년 마지막 유배인 이승훈李昇薰 적거터를 알리는 표지석이 놓여있고, 지근거리에 있는 칠성대 7개 중 하나가 우리를 반긴다.

칠성대는 탐라의 안녕과 번영을 기원하기 위하여 북두칠성 모양으로 일곱 군데에 쌓은 제단이다. 『탐라지』 등 여러 고서에는 "칠성대는 주성 안에 있는데 석축의 자취가 남아있다. 삼성이 처음 출현해서 탐라를 삼도로 나누어 차지하고 북두성 모양을 본뜨고 축대를 쌓고 나누어 살았기에 칠성도라 불렀다."라고 기록하고 있다. 오래전 주성 안 7개소에 쌓은 석축 제단들은 일제강점기와 산업화를 거치며 사라지고 옛터로 남았는데, 지금도 그 중심지에 칠성동이란 지명이 남아있다. 다음은 1735년 제주목사로 부임하여 1737년 제주에서 순직한 노봉 김정이 지은 월대칠성도月臺七星圖라는 시이다.

故都遺蹟日荒凉 (고도유적일황량) 옛 도읍지의 유적이 날로 황량해지고
着處人爲摠毁傷 (착처인위총훼상) 이곳저곳 사람들이 정착하면서 허물어졌다네
往復平坡昭一理 (왕복평파소일리) 오가다보면 언덕이 평평해지는 것은 분명한 이치
滿城星月復先光 (만성성월복선광) 북적이는 성안 칠성도, 다시 빛 볼 날 있기를

칠성대는 탐라시대부터 전해내려 온 최고의 유적으로 탐라사회의 결속과 번영을 기원하기 위한 문화상징이었으며, 탐라왕의 호칭인 성주도 여기에서 유래한 것으로 추정된다. 칠성대는 북두칠성을 항로지표로 삼아 동아시아 해를 누비며 주변국과의 교역을 통해 삶을 영위했던 해상왕국 탐라의 역사와 문화를 반영하고 있다고 여겨진다. 이로 미루어 볼 때 탐라는 '별의 나라'였다고 할 수 있다.

북두칠성 닮은 7개의 옛터에 칠성대가 복원된 곳은 아직은 없다. 노

봉 김정 목사가 읊은 것처럼 다시 칠성대가 빛날 날이 오길 기대하며 주변을 기웃거리다, 적산가옥敵産家屋도 보이는 아담한 골목길을 바라보며 이내 향사당 주변에 들어선다. 향사당 주변 어딘가에 칠성대가 있었으나 정확한 위치를 모르듯, 조선 15대 임금 광해도 1637년 제주에 유배온 후 이 근방 어딘가에서 4년간 위리안치 당하였던 기록은 있으나 명확한 장소 찾기는 여전히 안개 속을 거니는 듯하다.

제주도에서 붕어한 유일한 임금 광해

조선 15대 임금 광해군을 광해임금으로 적는다. 임금 광해는 1637년 입도하여 4년여 적거하다 1641년 제주에서 붕어했다. 광해임금의 적거터 안내 표지석은 현재 중앙로 서쪽 옛 국민은행 입구 한편에 놓여있다. 하지만 1653년 제주섬에 표착한 하멜은 표류기에서 생존자 30여 명이 거주했던 곳은 서성 안 임금(인조) 숙부(광해)의 적소였다고, 이형상 목사의 『남환박물』(1704)에도 "(안치소는) 제주목 서성 안에 있다. 정축년(1637) 6월 6일 어등개(구좌읍 행원리)에 정박하고 다음 날 제주성에 들어와 위리되어 30명이 윤번으로 지켰다."라고 쓰여 있다. 이로 본다면 광해임금의 적소터는 관덕정 서남쪽 근처가 유력해 보인다.

광해임금은 서인들이 일으킨 인조반정에 의해 왕위를 빼앗기고 유배길에 올랐다. 첫 유배지로 강화도 교동을 시작으로 유배지를 몇 차례 옮겨 다니다가 1637년(인조 15) 제주로 왔다. 당시의 제주 관문은 조천 포구나 화북포구이지만 날씨 탓에 어등포^{魚御登浦}(현재의 구좌읍 행원 포구)를 통해서 입도한 광해임금은 제주에서 4년 동안 적거하다 1641 년 운명하였다. 임금의 귀양살이로 제주선인들은 경험하지 못한 왕족의 예절과 생활양식의 단면을 보기도 했을 것이다.

조선 15대 임금 광해가 제주목 서성^{西城} 안에서 돌아가신 날 가뭄 끝에 단비가 내렸다. 그 후 제주선인들은 이즈음 내리는 비를 광해우^{光海雨}라 칭하곤, "칠월이라 초하룻날, 대왕 임금 붕어하신 날, 가물당도 비 오람서라…" 노래하며 광해의 넋을 달랬다. 제주선인들도 호칭한 대왕 광해를 어째서 역사는 광해군이라 칭하는가? 묘호를 얻지 못해 종묘에 들지 못해서? 인조반정으로 광해 편의 북인이 역사의 무대에서 사라져서? 역사는 승자의 기록이라서?

『광해군일기』에 실린 폐위 죄목에는 형 임해군과 아우 영창대군를 죽이고 계모 인목대비를 가둔 폐모살제^{廢母殺弟} 외에도 다음의 내용도 들어있다.

> …선왕 선조는 40년 동안 지성으로 사대하여 평생 등을 서쪽(중국 쪽)으로 대고 앉으신 적이 없도다. 광해군은 배은망덕하여 … .

위의 글에서 보듯 명나라를 지극정성으로 섬긴 선조(14대) 임금은 임진왜란과 정유재란을 당했다. 특히 명에 사대하고 청을 배척했던 인조 (16대) 임금은 즉위 초 제주목사를 지내기도 한 이괄이 일으킨 난(1624) 을 당하여 공주로 피난 가기도, 1627년 정묘호란을 당하여 청과 형제 의 맹약을, 1636년 병자호란을 당하여 가장 치욕적인 군신관계를 맺어 야 했다. 또한 인조는 숙부 인성군과 아들 소현세자와 며느리를 죽게 하고, 선조의 아들인 인성군의 처자식들과 소현세자의 아들들을 제주 에 유배시켰다. 반면 임진왜란 시 세자로 등극한 광해는, 의주로 피난 (몽진) 간 아버지 선조를 대신하여 전시의 조정인 분조^{分朝}를 이끌고 전 쟁터를 누비며, 관민들을 격려하고 명군 지원업무 등을 총괄했다. 1608 년 어렵게 왕위에 오른 광해는 불타버린 경복궁을 증개축했고, 포도청 의 상시설치와 대동법실시 등으로 민생을 구제하려 했다. 허준의 『동의 보감』등을 간행했으며, 국교를 재개하여 일본에 끌려간 조선인들을 귀 국케 했으며, 조총과 장검 등을 수입하여 후금의 침략에 대비케 했다. 그러나 왕권강화를 명목으로 인목대비를 폐위하라는 대북파의 집요한 요청에 광해는, "하늘이여 도대체 내가 무슨 죄를 지었기에 이다지도 혹독한 형벌을 내린단 말인가. 차라리 인간세상을 벗어나 바닷가에 살 며 여생을 마치고 싶구나."라고 넋두리하기도 했다. 이 말이 씨가 되었 는지 광해는 강화도·태안반도·교동도를 거쳐 1637년 어등포(구좌읍 행 원포구)로 입도, 1641년 위리안치된 곳에서 한 서린 삶을 마감했다. 광 해가 숨을 거두자, 왕자에 준하는 장례가 관덕정에서 치러지기도 했다.

향사당과 제주 최초의 여학교

...

광해임금이 귀양살이한 적거터와 칠성대 옛터로 추정되는 근처를 거닐다보면, 기와로 지어진 자그마한 오래된 건물을 만난다. 바로 향청인 향사당이다. 1975년 지방유형문화재로 지정된 향사당(鄕社堂)은 제주시 삼도2동에 자리 잡고 있다. 봄·가을에 온 고을을 대표하는 사람들이 모여 예악덕행(禮樂德行)과 향사음례(鄕射飮禮) 주연(酒宴)과 함께 활쏘기를 하던 곳이다. 당초 가락천 서쪽에 있었던 향사당(鄕射堂)은 1691년(숙종 17) 김속(金涑) 판관이 찰미헌(察眉軒) 서북쪽인 지금의 위치로 옮겨졌고, 1797년(정조 21)에 유사모(柳師模) 목사가 건물의 명칭을 향사당(鄕社堂)이라 편액(扁額)했다. 임원으로는 좌수(座首) 1인과 별감(別監) 3인이 있었는데, 이후 지방의 자치기관인 향청(鄕廳)의 기능을 갖게 되면서 민심의 동향을 살피고 주민의 다양한 일들을 의논해 처리하기도 했다. 찰미헌은 '눈썹을 살핀다' 즉, 백성의 삶을 살핀다는 뜻으로, 판관의 집무처인 이아를 뜻한다.

향사당은 고려 말과 조선 초 향리의 유력인사들이 자발적으로 조직한 자치기구인 유향소(留鄕所)에서 유래한다. 벼슬에서 은퇴한 관료들이 고향으로 돌아와 관아의 행정을 조언하고 향촌을 위해 세운 자치기구였다. 조선 초기 전국의 향사당은 관아에서 멀리 떨어진 곳에 설치됐으나, 후기 들어 관아 부근으로 옮겨지기도 했다.

제주 향사당 역시 같은 상황이었다. 처음에는 수령을 견제하던 기능에서 점차 수령을 보좌하는 역할로 변해 향청의 기능이 격하됐다. 조선 후기에는 향청의 우두머리인 좌수^{座首}의 거처로 사용되기도 했다.

1981년 고쳐 지을 때, 길가에 인접한 관계로 동남향이던 것을 북동향으로 자리를 바꾸었고, 건물 양식은 한식 일자^{一字} 팔작지붕이며 기둥은 각주 밑흘림, 기단은 현무암 자연석을 이용하고 있다.

제주 최초의 여성 교육기관인 신성여학교는 이곳에서 개교했다. 1909년 10월 프랑스 파리외방전교회 마르셀 라쿠루(한국명 구마슬, 具瑪瑟) 신부는 향사당을 구입해 제주 최초의 근대식 여자 교육기관인 제주사립신성여학교를 설립했다. 그는 신성여학교의 운영을 위해 성바오로 수녀회 소속 한국인 수녀 2명을 초빙했다. 1914년 1회 졸업생 6명, 2회 6명, 3회 16명을 배출했다. 포교활동의 일환으로 교육사업에 뛰어든 창립자 라크루 신부가 전주성당으로 전출되자 학교는 재정난에 봉착했다. 1916년 7월 학생 150여 명이 재학하고 있던 신성여학교는 설립 7년 만에 휴교를 맞아야 했다. 일제는 학교 건물을 강제로 빼앗아 '혼간지'라는 일본 절을 세워 일본인 거류 사망자들의 유골 안치소로 이용했다.

광복 이후 1회 졸업생인 최정숙을 중심으로 학교 재건을 추진한 결과 1946년 신성여자중학원이 향사당에서 다시 개교했다. 미 군정기 때 처음 등장한 중학원은 정식 인가된 중학교가 아니라 중학 과정을 배우는 신고제 학교였다. 향사당에 학교가 들어섰지만, 미군정은 일본인 소유의 적산 건물로 취급했다. 신성학원은 법정 투쟁에도 환수를 못 하였으나 졸업생들과 후원회 성금으로 건물과 부지를 되찾을 수 있었다.

향사당(鄕社堂)
향사당은 활을 쏠 만큼 넓은 터에서 예악덕행禮樂德行 하던 향청이었으나 일제강점기와 산업화를 거치며 규모가 작아져서 지금은 건물과 진입로만 남아있다.

그러한 과정을 거쳐 1949년 제주 신성여자초급중학교로 정식인가를 받아 최정숙이 교장으로 취임했다. 그리고 1964년 교육자치 원년을 맞아 대한민국 최초의 여성 교육감이자 제주도교육감으로 최정숙이 취임했다.

향교와 책판고

제주의 원도심을 거닐다보면 두어 곳에서 책판고에 대한 안내판을 보게 된다. 책판고^{冊板庫}는 창고이자 책방이었다. 조선의 성리학 체제의 이해를 위한 도서보급 정책의 하나로, 세종대에는 유교 정치와 유학의 진흥을 위해 사서오경^{四書五經}을 적극적으로 보급하였고, 지방에서도 유학 서적을 활발히 간행하였다. 이와 관련하여 제주에는 1435년(세종 17) 향교에 『대학』, 『중용』, 『논어』, 『맹자』, 『시경』, 『예기』, 『역경』, 『춘추』, 『성리대전』 등 각각 2권, 그리고 『소학』 10권이 하사되었다.

1493년(성종 24) "제주에는 서적이 거의 없다."라는 유자광^{柳子光}의 상계에 따라 제주판관 김익겸^{金益謙}에게 서책을 보내며 이종윤^{李從允} 목사에게 교육 장려를 위한 다음의 글을 내렸다. "본주와 정의, 대정 등 3읍은 멀리 해중에 있어서 학문에 힘쓰는 이가 거의 적은 것은 의도하는 방도가 없는 것만이 아니라 서책 역시 얻기가 쉽지 않은 까닭이다." 이러한 원거리라는 지리적 소외가 학문의 파급에 상당한 장애로 작용했

제주향교 정문

기 때문에 조정에서의 서책 보급은 제주의 흥학(興學)에 일정한 도움을 줄 수 있었다.

그러나 당시 제주의 책판고의 책판과 서적은 제주향교 내 명륜당 혹은 기숙사인 동재(東齋)에 보관되었다. 소장도서가 부족하고 책판고의 관리가 안 되어 책판 상태도 훼손이 심한 편이었다. 그리고 여러 번의 화재로 책판고를 다시 설치하는 과정을 겪었다. 15세기 제주는 1435년에 사서와 같은 유학 서적을 중앙정부로부터 보급받은 후 16~17세기에도 유학 서적을 꾸준히 보급 받았다. 관찬과 읍지류의 사료를 통해서는 16~19세기에 걸쳐 다수의 유학 관련 책판을 소장하고 있었음을 알 수 있다. 제주에서 간행된 책판은 총 93종이다. 이중 제주에서 개간한 서적 중 현전본은 23종이다. 『탐라지』는 1653년(효종 4) 제주목사 이원진(李元鎭)이 간행했는데, 그 과정에 대해서는 도내 장인을 모아 책판을 판각하게 하고 감독 및 교정은 제주목 교수인 고홍진(高弘進)이 맡았다. 이 책이 제주에서 발간한 점으로 미루어보아 제주의 인쇄술의 수준이 상당히 뛰어났다는 것을 알 수 있다. 종이 원료인 닥나무는 제주 도처에서 재배되어 왔다. 한경면 저지는 닥나무와 관련이 깊은 마을이다. 이러한 점으로 유추해 보면 제주에서도 종이가 생산되니 또한 책도 발간되었으리라 여겨진다.

탐라국의 궁궐 성주청

• • •

성주청(星主廳)은 성주가 탐라국을 다스리며 집무했던 궁궐이다. 성주는 탐라국 왕의 칭호로 『탐라지』에 의하면 통일신라 때 제주의 고후(高厚)와 고청(高淸) 그리고 셋째가 바다 건너가서 왕에게 조공을 바치자 왕은 고후에게 성주(星主), 고청에게는 왕자(王子), 셋째에게는 도내(徒內)라는 관직을 주었다. 이후 존속되다가 1403년(태종 3) 본도에 좌우도지관(左右都知管)이 설치되어 성주제가 폐지될 때까지 약 500여 년 동안이나 계속하여 쓰여져 왔다.

지금의 제주목 관아 주변과 옛 제주우체국 주변이 탐라국의 성주청 터로 추정되고 있다. 우편국 입구에 세워진 성주청 터임을 알리는 표지석에는 다음의 내용이 적혀 있다.

제주도에는 삼국시대에 탐라(耽羅)라는 고대 국가가 자리하고 있었다. 탐라의 왕후에게 성주(星主)와 왕자(王子)의 봉작이 세습되어 고려시대까지 이어졌고 1403년(태종 3) 성주제도가 폐지되어 성주청은 조선시대에는 진무청으로 존속했으며, 1910년 이곳에 제주우편수급소가 생기고 1927년 제주우편국 청사가 들어섰다.

탐라의 성주청은 1105년 탐라군으로 고려에 복속된 이후 건물만 남았다가, 1403년(태종 3) 성주청 본관을 제외한 탐라국 궁궐 전역이 모두 훼손되어 철거된 것으로 여겨진다. 이후 유일하게 남아있던 탐라국 궁궐의 건물인 성주청에 진무청이 들어섰다. 숙종 대에도 성주청 건물이 유지된 것으로 추정된다. 『탐라순력도』의 '제주전최' 그림 속 좌측에 2층 건물이 남아있는 것을 그 근거로 삼을 수 있다. 현재까지 유일하게 성주청의 건물로 추정되는 그림은 『탐라순력도』의 '제주전최' 속 좌측의 2층 건물이기에 『탐라순력도』가 더욱 소중하게 다가오는 여정이다.

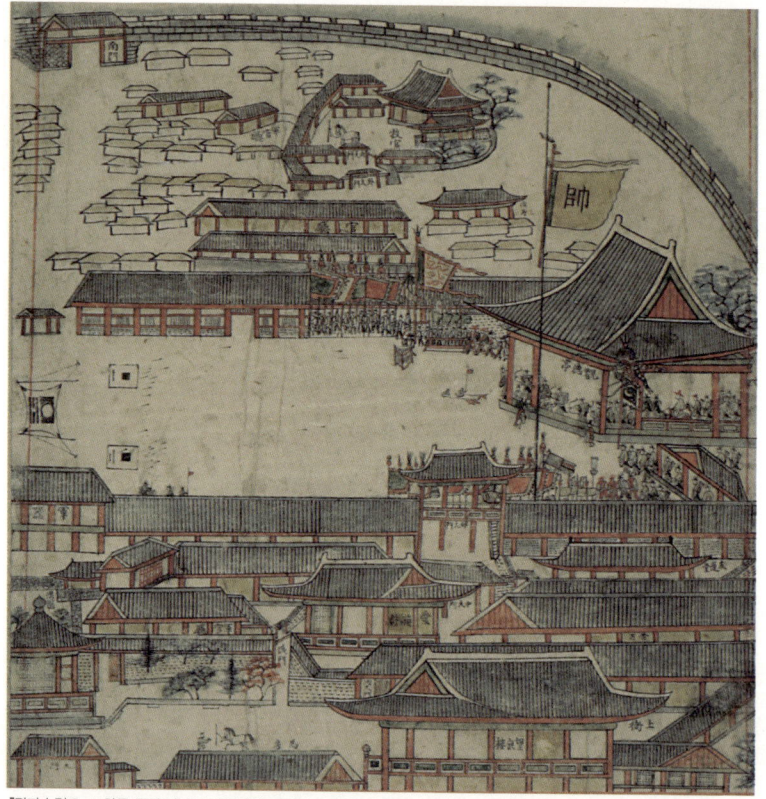

『탐라순력도』 41화폭 중의 하나인 제주전최로, 관리의 치적을 심사하는 자리이다. 목관아와 이아, 특히 제주성지를 확인할 수 있는 중요한 역사적 자료이다.

탐라·고을·병담 길
여정을 마치며

　(사)질토래비가 관덕정과 지금의 중앙로를 중심으로 하여 서쪽에 개설한 길이 탐라·고을·병담 길이다. 이 길은 탐라국의 실체를 그려볼 수 있는 여정이다. 당시 탐라선인들은 조선술과 항해술이 뛰어났기에 덕판배를 타고 한반도는 물론 당나라, 송나라, 일본, 유구 등과 교역을 할 수 있었다.
　'말을 키우려면 제주로, 사람을 키우려면 서울로'라는 고어古語는 '말도 제주로, 사람도 제주로'로 바뀌고 있는 요즈음이다. 해방 후 30만이던 제주도민이 70만에 가까워지고 있고, 김포와 제주 비행 노선은 세계에서 가장 빈번하게 비행기가 이착륙할 정도로 수많은 사람을 실어 나르고 있다.
　중국에 사대하던 조선왕조는 무너졌고, 정체성을 바르게 찾아가는 대한민국은 세계로 웅비 중이다. 역사는 승자의 기록이라는 사관에서 벗어나, 사실적 가치가 역사의 판단 기준이 되는, 국민이 주인 되는 시대를 맞으려 함이다.
　30여 년 전만 해도 제주의 중심이라 하면 제주목 관아와 관덕정이 있는 삼도2동을 비롯해 건입동, 일도1동 일대였다. 중앙로 지하상가는 경제활동의 메카로 활성화 되었고, 젊은이들은 관덕정 주변에서 청년문화를 꽃피우곤 했을 정도로 새로운 문화는 이곳에서부터 시작했다고 해도 과언이 아니었다. 탐라시대부터 제주의 중심을 이뤘던 이곳을 제주사람들은 원도심 혹은 구도심이라 부른다. 일제강점기와 서양문물이 들어오는 시대를 거치면서 소중한 문화유산들은 대부분 기록의 역사 속으로 사라지고 있지만, 그나마 옛 흔적을 간직한 곳들이 일부 남아있어서 다행이다. 현존하는 제주 최고의 건물인 관덕정을 중심으로 한 이 일대의 한 부분을 '탐라·고을·병담 길' 여정으로 명명·기획하고, 제주 역사문화의 가치를 되새기며 돌아보았다.

탐라국의 도읍지였고, 고려와 조선시대에 와서도 정치·경제·문화의 중심부였던 원도심은 2,000년의 역사를 가진 곳이라고 할 수 있겠다. 아쉽게도 일제강점기와 산업화를 거치면서 긴 역사를 느낄 수 있는 옛 건축물과 정취는 대부분 사라지고 지금은 일부 복원을 통해 그 명맥을 이어가고 있지만. 제주민의 삶이 농축된 소중한 유산들이 훼손되거나 사라진 것이 적지 않아 더욱 안타깝다. 지금 눈으로 확인할 수 있는 유산들은 제주 최고의 건축물인 관덕정을 비롯하여 제주향교, 제주성을 중심으로 동·서 방향의 두 복신미륵, 그리고 20여 년 전 복원된 제주목 관아 정도이다.

　수천 년의 역사를 간직하고 있는 제주의 원도심 길을 걸으며 희미하게나마 투영되는 제주의 과거를 만나보는 시간이 되었기를 바라는 소원 하나 가져본다. 이제 탐라국의 성주청을 그려보며 탐라·고을·병담 길에 깃든 역사문화에 대한 소개를 마친다. 걷는 만큼 역사가 보인다는 말을 새기며….

제3부

제주목성밖
동녘길

제주목 성밖 동녘길을 열며

제3부에서는 옛 제주목의 읍성 밖에 위치한 마을들에 숨겨진 역사문화를 찾아 길을 나선다. 성곽으로 둘러싸였던 원도심을 동문으로 나오면 만나는 동문한질을 시작으로 하여, 여러 갈래로 길들을 연결하는 도련^{道連} 마을에서 여정을 마무리할 예정이다. 일제강점기를 통하여 사라진 성곽이고 동문이지만, 언젠가 복원되어야 할 우리의 정체^{正體}이기에 기록으로나마 먼저 복원하려 한다.

제주목은 동쪽으로는 지금의 조천읍과 구좌읍, 서쪽으로는 애월읍과 한림읍, 그리고 한경면 일부를 포함하는, 제주에서 가장 넓은 행정구역이었다. 조선조정은 1609년(광해 1) 제주목을 좌면·우면·중면으로 나눈다. 이후 인구가 늘어나면서 제주목 서쪽은 1786년부터 신우면(애월)과 구우면(한림)으로, 제주목 동쪽은 1874년부터 신좌면(신촌·함덕)과 구좌면(김녕·세화)으로 개편된다. 1935년 일제는 1609년부터 이어져 온 좌면·중면·우면 중심의 면의 이름을 면 소재지의 마을 이름으로 바꾸도록 강제하였다. 그리하여 신우면은 애월면으로, 구우면은 한림면으로, 신좌면은 조천면으로 개칭되나, 구좌면은 유일하게 옛 이름을 지금도 간직하고 있다. 물론 구좌면에서 구좌읍으로 승격되었다.

이러한 역사가 깃든 광활한 성밖 동녘길을 다 둘러본다는 것은 제주를 온통 다 안다는 의미이기도 하다. 언젠가는 찾아가 거닐고 싶은 길이기에 우선 원도심과 가까운 지역에 위치한 화북동과 삼양동 그리고 도련동을 중심으로 하여 거닐고자 한다. 이후 성밖 동녘길을 연차적으로 답사하여 그 길에 깃든 역사문화 역시 차곡차곡 기록하려 한다.

제주동중 학생들과 불탑사 오층석탑 앞에 서다

제주목 성밖 동녘길의 여정

이제 제주읍성의 동문인 연상루를 나서
'제주목 성밖 동녘길'을 따라 여행을 떠나보자.
연상루를 나서 처음으로 만나는 풍경은 동문한질과 고마장 풍광이다.
동문한질은 지금의 국립제주박물관 주변을 거쳐
화북포구 또는 조천포구로 향하는 길과 이어지는 한질인 큰길이다.
제주목 성밖 동녘길의 탐방코스를 간추려 소개하면 다음과 같다.

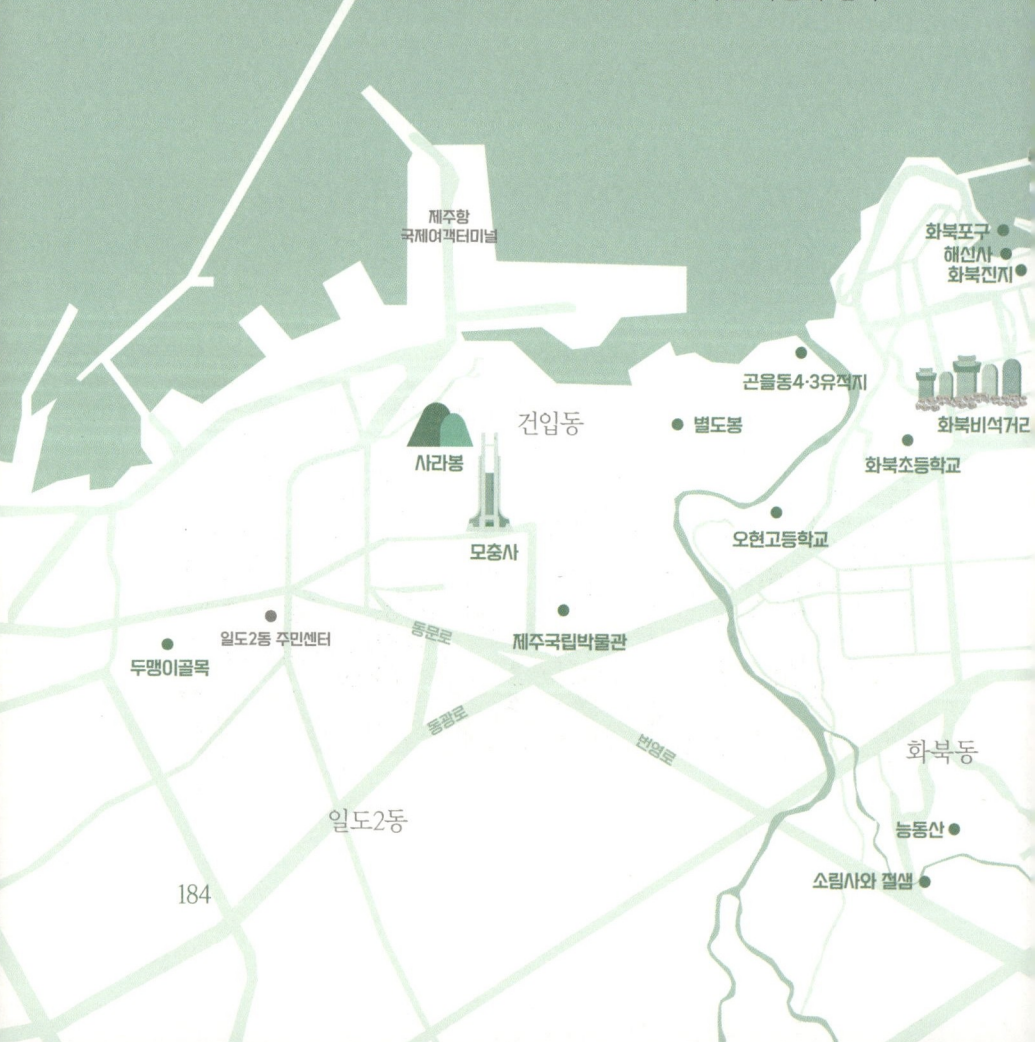

동문한질과 고마장 > 화북 삼사석 > 거로마을 능동산 방묘 > 소림사와 절샘 >
동제원 전적터 > 화북동 비석거리 > 화북진성 > 해신사 > 화북포구 > 별도연대 >
환해장성 > 별도봉과 사라봉의 갱도진지 > 잃어버린 마을 곤을동 > 삼양동 선사유적지 >
삼양 검은모래 해변 > 용천수 샛도리탕 > 망오름 원당봉수 > 불탑사와 원당사지 5층석탑 >
기우제단이 있는 원당못 > 도련 본향당과 4·3위령비 > 도련과원

삼양동

제주목 성밖
동녘길

칠토래비

제주
역사문화의
길을 열다

4장

제주목 성밖 동녘길을 나서며

제주목 성밖 동녘길
제주목 성밖 동녘길을 나서며

동문한질과 고마장

• • •

본토인 육지에 오가기 위해 바다를 건너야 했던 관리와 백성들은 제주읍성 3문 중 일제강점기 때 사라진 동문인 연상루로 나가서 동문한질을 거쳐 화북포구나 조천포구로 향했을 것이다. 당시의 동문한질 주변 풍경을 그려본다. 동문한질 남쪽인 지금의 '두맹이골목' 일대에는 다양한 동식물이 서식하는 곶자왈 지역이, 북쪽에는 지금의 제주동초등학교 근방에 위치했던 군사 훈련장인 연무정에서 말을 타고 화살을 쏘며 훈련하는 군사들의 모습이 그려진다. 연무정을 지나면 펼쳐지는 곶자왈 목장 지대를 이곳 사람들은 오래전부터 '두무니머세'라 불리어 왔다. 지금의 두맹이골목과 고마로 일대가 바로 그 지역이다. 두무니머세는 수풀

사이로 돌들이 박혀 있는 농사 불모지를 일컫는 이름이다. 그리고 근방에는 말들이 한가로이 풀 뜯는 넓은 목장지대가 펼쳐지는데, 이러한 풍경을 영주십경의 하나인 고수목마^{古藪牧馬}라 한다. 그리고 이 지역에는 '고마장^{雇馬場}'도 있었다. 고마장은 관리들이 제주목과 포구를 오가며 빌려 타는 말들을 풀어놓은 지역이다. 연무정과 두무니머세 지경을 지나 언덕을 오르면 나타나는 그곳이, 건들개(건입포)가 내려다보이는 '고우니모루(동산)'이다.

동산을 오르려니 숨이 고읏고읏 차오른다는 뜻의 고우니모루 언덕에서 잠시 숨을 고르며 주위를 살펴본다. 1812년(순조 12)부터 고우니모루에 잠들던 '은광연세 김만덕 할망'은 지금은 1977년 문을 연 사라봉 모충사 구휼의인 김만덕 기념탑 아래 잠들어 계시다. '은혜로운 빛이 세상을 물들이다'라는 뜻의 '恩光衍世'라는 한자는, 1840년 제주에 유배 온 추사 김정희가 김만덕 할망의 선행을 듣고 할망의 제사를 모시던 손주 김종주^{金鍾周}에게 써준 글이다. 제주의 창조신인 설문대할망에서 보듯 '할망'은 신격화된 제주어이다.

동문한질을 오가며 선인들은 도처에서 방목하는 말들을 보며 발걸음을 떼기도 했을 것이다. 제주는 예로부터 말의 별자리인 방성^{房星}이 비치는 땅으로 알려져 왔다. 방성이 상징하는 동물인 말은 고대로부터 제왕 출현의 상징으로도 여겨 신성시했다. 동서양을 막론하고 말을 보유하고 다루는 능력이 곧 국력이라 여길 정도였다고 했으니. 그래서 나라에서는 말과 관련 있는 별자리인 방성을 말의 수호신, 즉 마조^{馬祖}라고 해서 제사를 지냈다. 태조 이성계는 서울 동대문 밖에 마조단을 설치해 제사를 지냈고, 제주에서도 일도리에 있는 예전의 KAL호텔 자리에 마조단을 설치해 제사를 지냈다.

동문한질은 건입동과 일도2동의 경계지역이기도 하다. 일도2동에서는 선인들의 고마장 목축문화를 재현하기 위해 고마로 축제를 매년 개최하고 있다. 일도2동의 중심도로이기도 한 고마로의 높은 곳에는 '고마정'이라는 정자가 있다. 바로 이 주변에서 매년 고마로 축제가 열린다.

고마장을 일군 사람들

제주시 동녘 사라봉 기슭과 신산모루 그리고 신선동으로 이어지는 넓은 들은 조선시대 목마장이 들어섰던 곳이다. 특히 지금의 일도2동에 위치한 고마로 주변에는 당시에 세워진 고마정 등 여러 유적도 둘러볼 수 있다. 사라봉 기슭과 별도천 서쪽에 자리 잡은 속칭 김안뜨르 평지에서 가령동산(지금의 문예회관 동쪽 높은 지역) 윗 지경까지 울창하게 펼쳐졌던 곶자왈 지대가 바로 예전의 고마장 지역이다.

조선 정종 때 제주에 온 연안김씨 입도조^{入島祖} 김안보는 일도리에서 여생을 보냈다. 그의 아들 김복수는 일도리 일대에서 목마장을 개척하여 수많은 말 떼를 방목했다 전해온다. 말 떼가 노니는 모습이 영주십경 가

'두무니머세'라 불린 지금의 두멩이골목

동홍식 진판 김윤 공서중 모셔둔 무덤앞인

사라봉 모충사에 있는 의병항쟁 표석

고마로 팔각정 '고마정'

제4장 | 제주목 성밖 동녘길을 나서며   191

운데 하나인 고수목마이고, 이러한 역사문화가 깃든 지역이 지금의 고마로 인근이다. 고마雇馬에는 말을 빌려준다는 의미도 내포되어 있다. 한양 등지에서 오가는 관리나 지방관인 목사와 현감의 행차에 필요한 말을 기르던 곳이 고마장이다. 고마장은 사라봉의 동남쪽 지경(지금의 영락교회 부근)에서 동·서쪽 일대에 넓게 펼쳐져 있었다.

　연안김씨(한림학사공파 종중회)에서 2017년 펴낸 『연안延安』에 따르면, 연안김씨 입도조로 알려진 김안보金安寶는 고려 말에 한림학사를 지내다가 제주도에 낙향한 것으로 기록되어 있다. 또한 『제주도지』의 고려 유민 항목에 의하면, 김안보는 고려가 멸망하고 조선이 건국되던 격변기에 불사이군不事二君의 충절을 지키기 위해 가족과 헤어져 제주에 왔다고 한다. 그의 아들 김복수가 제주성 동문한질 밖에 거로마을을 형성하고, 고마장 1000여 정보町步를 개척해 말 목장을 경영한 이후 4대에 걸쳐 마장을 세습·운영하니 그 규모가 매우 광활해졌다. 임진왜란 시 고마장이 국영 마장으로 징발되자 나라에서는 그 보상으로 함덕과 지금의 죽성마을에 각각 1000여 정보의 황무지를 환지換地해 줬다고 후손들은 전한다.

5장

제주의 다양한 역사문화를 품고 있는
화북동

제주의 다양한
역사문화를 품고 있는 화북동

부록마을과 거로마을 그리고 화북1·2동으로 이루어진 화북동은 제주의 역사문화가 곳곳에 스며들어 있는 노천 박물관 같은 곳이다. 화북동에는 탐라의 마지막 성주인 고봉례의 묘로 여겨지는 '능동산' 묘와 소림사라는 절이 있던 '절동산', 삼별초 전투가 벌어졌던 동제원, 4·3으로 잃어버린 마을 곤을동, 화북포구를 지키던 화북진성과 별도연대, 목사·판관 등의 비석이 있는 비석거리가 있다. 그리고 삼사석과 환해장성, 해신사와 일제의 갱도진지, 황사평 천주교 묘역 등 역사문화 깃든 곳이 도처에 산재해 있다.

이렇게 제주의 수많은 역사문화가 살아 숨 쉬는 마을인 화북동에 가면 역사서가 따라온다. 가는 곳마다 설치되어 있는 안내판을 읽으면 역사서를 읽는 기분에 젖어들기도 한다.

삼사석과 삼을나

• • •

탐라국 개벽신화에 따르면, 삼성혈에서 솟아난 삼신인은 벽랑국의 세 공주를 부인으로 맞은 후 한라산 북쪽 기슭 '살손장오리'에서 화살을 쏘아 거주할 땅을 정한다. 그때 화살이 꽂혔던 돌을 삼사석^{三射石} 혹은 시사석^{矢射石}이라 하며, 그곳을 살쏜디왓이라 부른다. 그리고 삼을나가 당긴 화살이 꽂힌 곳을 각각 일도리, 이도리, 삼도리라 전한다. 삼을나는 각자 새로운 터전에 움집을 지어 오곡 씨앗을 뿌리고 목축을 기르니, 나날이 곡식이 가득하고 자손들이 번창해서 한곳에 정착해 살게 됐다고 전해진다.

이러한 삼성신화를 들은 김정 목사가 1735년 관련 유적을 돌아보고 나서 삼양과 화북의 경계지역에 제주도기념물인 삼사석비를 세우게 했는데, 다음은 그 안내판에 적힌 내용이다.

삼사석은 탐라국의 시조인 삼신인(三神人: 고을나, 양을나, 부을나)이 벽랑국^{碧浪國}의 세 공주를 부인으로 맞은 후 거주할 땅을 정하기 위해 화살을 쏘았을 때 그 화살이 꽂혔던 돌을 말한다. 1735년(영조 11) 김정이 제주목사로 와 삼성신화^{三性神話}를 듣고, 관련 유적을 돌아봐 삼사석비^{三射石碑}를 세우게 되었다. 비의 크기는 높이 113㎝, 너비 43㎝, 두께 183㎝이고 비 옆면 좌우에는 '옛날 모흥혈에서 활을 쏘아 맞은 돌이 남아 있으니, 신인들의 기이한 자취는 오랜 세월 서로 비추리라(毛興穴古 矢射石留 神人異蹟 交暎千秋).'는 글이 한문으로 새겨져 있다.

화북과 삼양의 경계지점에 있는 삼사석비(위)와 삼사석지(아래)

이후 1813년(순조 13) 양종창, 고익보, 부찬빈이 석실을 만들어 삼사석을 보존했다. 석실 좌우 기둥 판석에는 '삼신 유적이 세월이 오래돼 남은 것을 거두어 이제 수습하여 석실에 합하였다(三神遺蹟 歲久殘斂 今焉補葺 加以石室).'라는 뜻의 글이 한문으로 새겨져 있다. 현재 이곳의 삼사석비는 1930년 고한룡, 고대길, 고영은 등이 다시 고쳐 만들었으며, 원래의 삼사석비는 제주특별자치도 기념물로 지정돼 현재 삼성혈 경내에 세워져 있다.

거로마을 능동산 방묘의 주인공은?

제주도 기념물인 능동산 방묘方墓는 번영로와 인접한 거로마을 진입로에서 동쪽으로 100여 미터 떨어진 동산에 있다. 이 묘는 고려 말에서 조선 초에 걸쳐 제주도 유력 계층이 조성했다고 전해지는 무덤이다. 마을에서는 해발 80~85m의 능동산에 조성된 이 지역을 오래전부터 '능동산 방묘'라고 부르고 있다. 북향으로 안치된 능동산 방묘는 직사각형 석곽 목관묘 형태이다.

이 묘는 제주의 마지막 성주인 고봉례高鳳禮와 그의 부인인 문씨를 합장한 쌍묘로 알려져 있다. 제주의 역사서에 자주 등장하는 성주星主와 왕자王子는 탐라왕국을 다스렸던 우두머리 벼슬의 칭호이다. 성주는 탐라왕의 칭호이고, 왕자는 왕의 아들이 아닌 탐라 최고위직 중 두 번째의 벼슬이다. 1392년 조선 개국 당시 탐라의 성주는 고봉례이고 왕자는 문충세이다.

고봉례의 부친인 고신걸^{高臣傑}은, 왕자 문신보^{文臣輔}와 함께 1374년(공민왕 23) 목호의 난과 1375년 차현유^{車玄有}의 난 그리고 1376·1377년 왜구의 침입을 막아내는 데 앞장섰던 인물로, 고려 조정에 의해 고신걸에게는 특별히 호조전서가 내려지기도 했다. (그래서 제주고씨 종친회의 중시조로 전서공파가 이로부터 비롯되었다 전한다.) 이곳에서는 백자 대접편, 흑상감 청자편 등 유물이 출토되기도 했다. 제주대학교 박물관이 능묘에서 출토된 유물을 분석한 결과, 고씨 세보^{世譜}상에 전해오는 고봉례 묘의 위치와 일치하며, 또한 사망 연대가 1411년으로 밝혀졌다.

능동산 방묘는 조선 중기 이후 나타난 원형 분묘보다 앞선 무덤양식으로 알려져 있다. 지방문화재로 지정되어 있는 이런 형식의 방묘로는 표선면 가시리의 청주한씨 제주 입도조인 한천의 가족묘와 구좌읍 김녕리에 있는 광산김씨 입도조인 김윤조 묘역 등이 있다. 김윤조는 삼별초 입도 당시 이문경 장군 부대와 싸우다 동제원 전투에서 전사한 영광부사 김수의 증손이다.

『증보탐라지』의 고적 항목에서는 "능동산은 제주성 동남쪽 10리에 있다. 고총 하나가 완연하다. 민간에서 전하길 왕자묘라 한다(陵東山 在州東南十里 古冢一丘宛然 諺傳王子墓)."라는 기록도 전한다. 다음은 능동산에 있는 표지석에 적힌 내용이다.

이곳은 탐라성주 고봉례의 묘로 추정되는 고분으로 제주시의 의뢰를 받아 1996년 12월 6일부터 1996년 12월 25일까지 제주대학교 박물관에서 발굴조사를 실시한 후 원상복구 한 곳임. 1998. 5. 2. 제주대학교 박물관

제주도기념물인 능동산 방묘
거로마을 진입로에서 동쪽으로 100여 미터 떨어진 동산에 있는 이 묘는 제주의 마지막 성주인 고봉례와 그의 부인인 문씨를 합장한 쌍묘로 알려졌다

화북동은 제주시 동북부 지역의 중심 마을로 동쪽으로는 삼양동, 서쪽으로는 건입동·일도2동과 경계를 이루고 있다. 이제 화북동의 부록마을과 거로마을의 유래, 그리고 화북동의 발원지인 소림사와 절샘에 대해 살펴보자.

화북동의 발원지인 부록·거로마을

건입동에 속하는 사라봉과 화북동에 속하는 별도봉을 바라보며 고우니모루를 넘어서면 이내 두 갈래 큰길과 함께 만나는 마을이 화북동이다. 두 갈래의 대로는 모두 화북동을 지나고 있다. 한 갈래는 바다 쪽 일주도로이고, 또 한 갈래는 중산간 방향의 번영로이다. 화북동의 발원지는 바다 쪽이 아닌 번영로의 부록마을 부근이라 전한다. 속칭 절동산으로 불리는 절새미(寺泉)와 절터(寺址)에서 화북동이 형성되기 시작되었다 한다. 오래전부터 사람들은 이곳을 '부르기'라고 부르고 있다. 부르기의 어원을 찾는 일은 곧 화북동의 설촌 유래를 찾는 일이다.

불우(佛宇)는 소림사라는 사찰을 의미한다. 기(基)는 터, 기초, 기본의 의미이다. '불우기'에서 음운 변형된 부르기는 사찰과 관련된 마을을 의미하는 말이다. 고려 초·중엽에 절동산에 세워진 소림사 부근에 승려 가족들과 절과 관련된 사람들이 몰려와 마을을 이루기 시작하면서 불린 이름이 부르기이다.

「탐라순력도·한라장촉」에 표기된 거로와 부록을 포함하는 화북

『탐라순력도』 등 고지도에는 부르기를 한문으로 부록^{夫彔}, 부록촌^{夫彔村}, 부록리^{夫彔里}로 표기했으나, 19세기부터는 부유하고 복이 있는 마을의 의미를 담고 있는 부록^{富祿}으로 쓰이고 있다. 영창대군의 외할머니이자 인목대비의 친모인 노씨부인이 1618년부터 1623년 사이 유배와 살기도 했던 거로마을에 대해 아래와 같이 살펴본다.

위에서 소개한 부록마을 아래쪽 지경으로 사람들이 모여 이룬 마을이 거로마을이다. 처음에는 사람들이 많이 왕래하는 큰 길이 있는 마을이라는 의미를 담아 거로^{巨路}로 쓰였다. 세월이 흐르다 보니 또 다른 의미가 깃든 거로^{居老}로 통용되기도 했는데, 다음은 '巨路'에서 '居路'로 쓰이게 된 사연이다.

17세기 초 화북포구를 통해 제주에 온 어느 사신^{使臣}이 동제원에서 쉬고 있었다. 주변이 명산으로 둘러싸여 있는 마을 이름을 묻는 사신에게 주민들은 사통팔달의 길이 있는 마을인 거로^{巨路}라고 알려주었다. 마침 남쪽에 노인성이 비추는 것을 본 사신이 "거로^{居老}로 불리면 사람들이 장수하고 마을이 번성하겠다."라는 말을 남기고는 자리를 떴다. 그 후 이곳 사람들은 '巨路'를 '居老'로 바꾸어 쓰기 시작했다고 한다.

『탐라순력도』 등 고지도에는 거로^{居老} 또는 거로촌^{居老村}으로 표기돼 있다. 그 후 다시 거로 마을의 한자가 바뀌는데, 18세기 말부터는 많은 인물이 배출되고 학덕이 높은 원로들이 사는 마을의 의미를 담은 거로^{巨老}로 바뀌어 지금에 이르고 있다.

다음은 화북에 대한 소개이다. 거로마을 북쪽 바닷가에 포구가 형성되면서 마을 이름을 벨돗개 마을, 별랑촌, 별도포리, 별도^{別都}, 별도촌, 별도리 등으로 부르다가, 17세기 중후반부터 화북진성에서 보듯 화북이라 부르고 있다. 20세기 초반에 한때 '공북^{拱北}'이라고 불리기도 했다. 제주목은 탐라도성이 있던 대촌을 중심으로, 성 밖 첫째 마을로 동쪽에는 별도^{別都}, 서쪽에는 외도^{外都} 마을을 설치했다는 이야기도 전해온다.

화북동 발원지 소림사와 절샘

• • •

소림사^{小林寺}는 오래전 바다가 잘 보이는 '절동산'이라 불리는 곳에 있던 사찰이다. 지금의 번영로가 지나가는 연변의 마을들인 거로^{巨老}와 부록^{富祿} 마을 사이에 있던 소림사는 고려 전기에 창건됐다가, 1555년에 발생한 을묘왜변 시 왜구에 의한 방화로 소실됐다. 『동국여지승람』에는 소림사 절은 "제주 동남쪽 10리에 있다."라고 기록되어 있고, 『증보탐라지』에도 "제주읍 동남 4㎞에 있으나 금폐^{今廢}됐다."라고 기록되어 있다.

소림사 동쪽 지경에 있던 절샘(寺泉)은 아무리 가물어도 마르지 않았다고 전해지는 샘이다. 1932년 김두봉이 편찬한 『제주실기』에는 "절샘은 거로마을 남쪽에 있다(寺泉在巨老村南)."라고 적혀있고, 『증보탐라지』에는 "절샘인 사천^{寺泉}이 제주읍 화북리 거로동에 在하다."라고 기록되어 있다. 절샘은 1989년 번영로 개설공사 때 매몰됐다. 이러한 내용이

절동산

소림사와 절샘 안내판

담긴 안내의 글이 번영로에서 화북동 거로마을 진입로인 굴다리 동쪽에 부착되어 있다.

소림사 터 남쪽에는 '소림원'이라는 과원도 있었다. 『탐라지』에는 "소림원은 소림사 남쪽에 있다(小林園在小林寺南). 소림원에는 유자 201주, 비자나무 72주, 옻나무 54주, 치자나무 16주, 닥나무 110주가 있었다."라고 기록되어 있다. 거로마을 입구에 있었던 동제원은 삼별초군과 고려 관군이 치열한 결전을 치른 격전지이다. 원院은 고려와 조선시대 관원들이 출타 중에 묵거나 쉬어가는 역참驛站과 같은 곳으로, 제주에서는 김녕원, 중문원, 의귀원, 원동 등 10여 곳에 있었다. 이제 삼별초와 고려군 교전이 치열했던 동제원 전적 터를 살펴 보고, 제주도기념물로 지정된 조선시대 군사적 요지인 화북진성 주변을 거닐어보자.

화북진성으로 가는 길에서 만나는 역사문화
• • •

제주시에서 지금의 화북천을 지나 비석거리와 화북포구로 가는 길목인 거로 마을 입구에는 역참인 동제원이 있었다. 지금의 오현중·고등학교 인근이다. 그곳에서부터 화북포구로 가는 길에서는 또한, 지방문화재로 지정된 비석거리와 화북진성과 해신사를 만나기도 한다.

삼별초와 동제원 전적 터

　제주에는 제주목과 정의현을 잇는 중간지점에 동원이, 제주목과 대정현을 잇는 중간지점에는 서원이, 대정현과 서귀진 사이에는 중문원 등이 있었다. 동제원은 제주성과 조천진성 사이를 오가는 길손들을 위해 마련된 숙소였다. 동제원 동쪽의 송담천(松淡川: 지금의 삼수천) 일대는 고려 관군과 삼별초군의 치열한 전투가 벌어졌던 곳이다. 즉위 과정에서 원나라의 도움을 받은 고려 원종은 1270년(원종 11) 천도해 있던 강화도에서 개경으로 환도하기로 결정하고, 환도를 반대하는 삼별초를 해산했다. 그러자 배중손^{裵仲孫} 등은 삼별초군과 반몽^{反蒙} 세력을 규합하고 승화후^{承化侯} 온^{溫}을 왕으로 추대해 정부 조직까지 갖추고는 1만 5천여 명을 이끌고 남하, 진도에 용장성을 쌓고 항전했다.

　이에 고려 관군은 진도를 공격하는 한편, 삼별초군의 퇴로를 차단하려 1270년 9월 고여림^{高汝霖} 장군과 김수^{金須} 영광부사 등을 제주도에 보내 환해장성을 쌓고 지키도록 했다. 삼별초 이문경^{李文京} 장군은 명월포(지금의 옹포)로 상륙한 후, 이곳 동제원에 진을 치고 동쪽의 송담천 일대에서 관군과 치열한 접전을 벌여 승리를 거둠으로써 제주에 삼별초군의 교두보를 확보했다. 다음은 오현고등학교 정문에서 동쪽으로 비석거리 가는 골목 직전에 세워져 있는 동제원 전투에 관련된 표지석 내용이다.

동제원東淸院 전적지戰迹地 : 삼별초와 고려 관군이 결전을 벌인 격전지. 1270년 (원종 11) 명월포로 상륙해 온 이문경 장군의 삼별초를 맞아 고려 관군은 이 동제원에 주진지를 구축했다. 치열한 전투 끝에 고여림 장군과 김수 영광부사 등이 전사하고 관군은 전멸했다. 이 전투의 승리로 삼별초는 제주도를 점거하고 2년여에 걸쳐 여원연합군과 항쟁을 벌이게 된다.

그 후 1271년 삼별초의 왕 승화후 온과 대장 배중손이 사망하는 등 진도에 있는 삼별초 정부가 붕괴되자 김통정金通精 장군은 삼별초를 이끌고 제주에 상륙, 애월읍 고성리에 토성을 쌓고 항전에 나선다. 관군은 삼별초를 회유했으나 삼별초군은 사신을 죽이는 등 강력히 저항한다. 1273년 1월 원의 세조가 탐라를 정벌하도록 명함에 따라, 3월에 몽고군 6천여 명과 김방경金方慶 장군이 이끄는 고려군 6천여 명 등 1만 2천여 여몽연합군이 명월포·귀일포·함덕포 등지로 상륙했다. 일부는 성산포와 온평포구를 통해 입도했다고도 전해진다. 3년여의 접전 끝에 삼별초가 항복하고, 김통정 장군이 자결로 삼별초의 항쟁은 막을 내린다.

화북동 비석거리

오현중·고등학교 교문을 나서면 바로 동쪽 한길가에 동제원 표지석이 있다. 표지석을 읽고 나니 정겨운 골목이 나타난다. 4·3사건으로 사라진 마을인 곤을동으로 가는 길에 만나는 유물유적 중 하나가 화북동 비석거리다. 제주에는 마을마다 비석거리가 있다. 하지만 화북동 비석거리는 여느 마을과 달리 제주도기념물로 지정됐다. 오래된 비석들을 보며 과거의 인물들을 만난다. 비석들은 마치 누군가 읽어주길 기다리는 듯 서 있다. 어떤 비석의 글씨는 자연적인 마모가 아닌, 누군가에 의해 여러 번 난타 당한 듯 글자가 쪼개진 흔적도 있다. 비석에 새겨진 글자들의 흔적 속에 제주 선인들의 존경과 원망이 담겨 있지는 않은지…. 어쩌면 목민관인 척하는 이름을 남긴 것에 대한 백성의 분노 표시로 읽히기도 한다.

　육지를 오가기 위해 화북포구로 가는 지점에 위치한 비석거리를 지나 바닷가로 가다 보면 환해장성과 용천수들도 만나게 된다. 그리고 오래된 역사문화 유적들이 즐비한 곳에 화북진성의 성담길이 고즈넉하게 숨어 있었다.

화북 비석거리

화북진성과 『탐라순력도』 화북성조 禾北城操

제주도기념물로 지정된 화북진지는 조선시대 제주도의 방어성곽 중 하나인 화북진성이 설치되어 있던 자리다. 조선시대 제주의 방어시설로는 3성 9진 25봉수대 38연대가 있었다. 9진 중 하나인 화북진은 1678년(숙종 4) 제주목사 최관 崔寬 에 의해 구축됐다. 동서로 두 개의 문이 있었고, 1699년 남지훈 南至薰 목사가 객사인 환풍정 喚風亭 을 지은 후에 북성 위에 망양정 望洋亭 도 만들었다. 군사요충지인 화북진성에는 지휘관인 조방장과 중간 지휘관인 치총 2인, 방군 92인, 사후선 1척 등을 두었다.

진성이 들어서기 전인 1653년 편찬된 『탐라지』에는 "화북포에는 판옥전선이 중부, 좌부, 우부에 각각 1척씩 있다. 그리고 비상 양곡이 6석, 격군이 180명, 사포가 87명 있다."라고 적혀있다. 이러한 기록을 통해 화북진성이 들어서기 이전에도 화북포구는 제주지역의 대표적인 수전소 水戰所 로 방어의 요새였음을 엿볼 수 있다.

왜구로부터 제주성을 방어하기 위해 화북 바닷가에 기존에 있었던 수전소에 성을 쌓을 필요가 있다는 의견이 제기돼 축조한 것이 화북진성이다. 화북진성은 동서 120m, 남북 75m, 둘레 187m, 높이 3.3m의 타원형 형태였다. 축성 당시에는 북쪽의 성곽은 해안과 접해 있었다. 화북진성은 현무암을 거칠게 다듬어 잡석들을 채우는 허튼층쌓기로 협축(夾築: 성을 쌓을 때 중간에 흙이나 돌을 넣고 안팎에서 돌을 쌓는 일)하는 방식으로 축조하였다.

화북진성에 대한 유물·유적 조사에서는 관아시설에서 사용됐던 기와 및 백자 등 생활용기가 출토된 바 있다. 일제강점기를 거치며 허물어졌으나 성곽의 형태가 대부분 잘 보존되어 있어 조선시대 제주도 관방시설 학술연구에서 귀중한 가치를 인정받고 있다. 1926년 화북초등학교가 화북진성 안에서 사립으로 개교했는데, 당시 성곽이 학교의 울타리로 이용되면서 부분적인 보수가 이뤄졌다. 진성의 북쪽은 폭 5m 도로로 화북포구와 연결되어 있는데, 이 자그마한 골목은 바다를 매립해 도로로 개설한 흔적이다.

『탐라순력도』 41화폭 중 하나인 화북성조는 화북진성에서 성정군^{城丁軍}을 조련하고 훈련을 점검하는 모습으로, 1702년(숙종 28) 10월 29일에 그려졌다. 조방장은 전란 시 주장^{主將}을 도와 적의 침입을 막기 위해 임명되는데, 주로 관할 지역 내에 있는 무재^{武才}를 갖춘 수령이 조방장의 임무를 맡았다. 제주지역의 조방장은 목사가 임명했는데 제주에 거주하는 이 고장 출신으로 뽑았다. 당시 화북진의 조방장은 이희지^{李喜之}이며, 성정군의 규모는 172명이다. 이 그림을 통해 군대의 점검과 아울러 군기^{軍旗}의 수효도 일일이 확인했음을 알 수 있다. 뿐만 아니라 화북성이 있는 진의 자세한 지형과 성의 위치, 성내의 건물 배치, 민가의 위치 등이 자세히 그려져 있어 당시 이 지역의 모습을 유추해 볼 수도 있다. 게다가 성의 좌측에는 화북진에 소속된 별도연대^{別刀煙臺}의 위치가 표시돼 있고 별도포 내에는 여러 척의 배가 정박돼 있어 당시 배의 모습도 엿볼 수도 있다.

화북진성

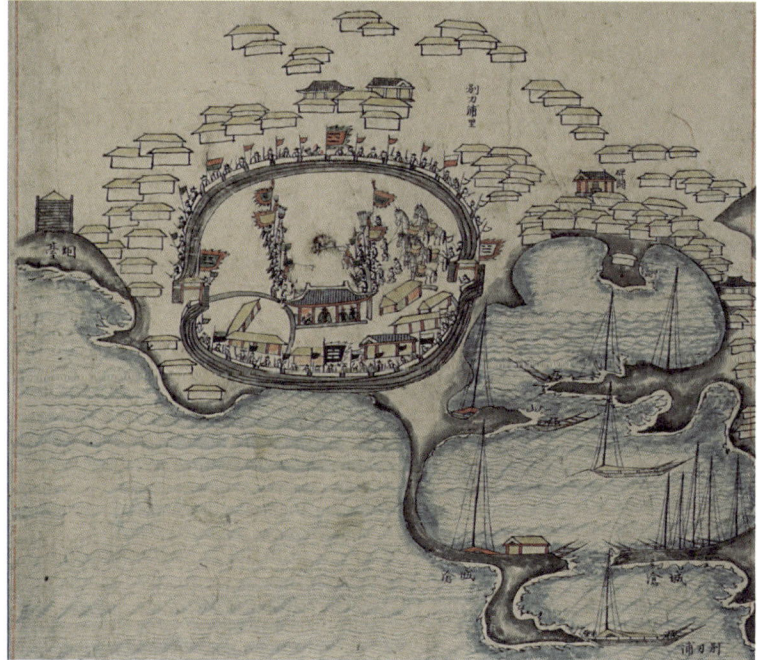

「탐라순력도」 중 화북성조

제5장 | 제주의 다양한 역사문화를 품고 있는 화북동　211

제주의 주요한 역사를 간직한 화북포구 곁에 설치된 화북진성 주변에는 제주의 주요한 역사문화를 안내하는 여러 안내판 및 표석뿐만 아니라 용천수도 있고 특히 진성 바로 서쪽 편에 지방문화재인 해신사도 있다.

제주도기념물 화북 해신사

제주도기념물인 화북 해신사^{海神祠}는 1820년(순조 20) 한상묵^{韓象默} 목사가 화북포구에 설립한 제장(祭場: 제사를 지내는 장소)이다. 1841년(헌종 7) 이원조^{李源祚} 목사가 증수하고, 1849년(헌종 15) 장인식^{張寅植} 목사가 해신지위^{海神之位}라고 새긴 돌로 위패를 안치했다. 해신사가 화북포구에 세워진 것은 조천포와 더불어 제주의 대표적인 해상 관문이기 때문이다. 설립 이후 해마다 정월대보름이나 선박이 출범하기 전에 제사를 드렸으나, 일제강점기를 거치며 관에 의한 제의가 폐지되었다. 이후 화북 마을의 어부와 해녀들을 중심으로 해상의 무사고와 풍요를 비는 제사로 변화하였다. 현재 해신제는 화북동의 유일한 마을제로 음력 1월 5일에 치러진다. 다음은 해신사 입구에 있는 화북포에 대한 표지석(禾北浦遺址)의 내용이다.

조선시대 조천포구와 함께 제주의 관문이 되었던 포구이다. 1737년(영조 13) 항만이 불완전하여 풍랑이 일 때는 항내에서 파선되는 일이 자주 일어났으므로 김정 목사가 몸소 돌을 지어 나르는 등 앞장서서 방파제와 선착장을 축조했다. 김 목사는 이임에 앞서 과로로 이 포구에서 운명하였다. 부임하는 목민관이나 김정희, 최익현 등 유배인들도 이 포구로 들어온 사연 많은 역사의 현장이다.

해신사

화북포구에서 생을 마친 김정 목사

• • •

오래전 제주도에서는 조류와 풍향에 따라 동쪽으로는 화북포와 조천포 그리고 어등포(광해임금이 제주에 처음 발을 디딘 포구) 등이, 서쪽으로는 애월포, 명월포 등이 바다를 건너는 관문으로 이용됐으나, 당시 제주도와 본토를 연결하는 주된 교통항은 조천포 하나였다. 이러한 상황에서 김정 목사가 화북포 축항공사를 추진해 방파제와 선착장을 마련하니, 또 하나의 안전한 포구가 생기게 된 것이다. 이 공사에서 김정 목사는 도민의 부역을 배제하고, 번미(番米: 번을 서는 군사에게 급료로 주던 쌀)를 내놓아 공사를 추진하는 한편, 스스로 돌을 짊어져 나르는 일화를 남기기도 했다. 그는 돌짐을 져 날랐던 공사 현장인 화북포에서 쓰러져 68세의 생애를 마감해야 했다.

제주에는 그가 아끼고 다듬은 많은 문화유적들이 전해지고 있다. 산지천의 조천석 바위를 지주암으로 정한 것을 비롯해 삼사석, 달관대, 광제교, 감액천, 판서정 등은 모두 그가 붙인 이름들이다. 다음은 화북포를 처음 공사할 때 그가 작성한 고유문에서 발췌한 부분이다.

> 하늘은 만물을 덮고, 땅은 만물을 싣고, 바다는 만물을 건네어줍니다. 진실로 후풍할 수 있고, 평안할 수 있고, 조심할 수 있다면 위기에 처해도 안전하고, 험난함을 당해도 편안하며, 요동침을 만나도 잔잔할 것입니다.
> 아! 옛날 탁라(제주의 옛말)는 처음 탐진(耽津: 강진의 옛 이름)으로 항해하였으므로 '탁'을 '탐'으로 바꾸었는데, 이때부터 그 뒤로 나라에서 벼슬을 내려 주[州]

로 삼은 지 천여 년이 됩니다. 벼슬아치들이 왕래하고 공물 바치는 것이 끊이지 않으니, 무역을 했든 안 했든 왕령^{王靈}의 충만함과 넓은 바다의 덕과 배를 타는 공입니다.

돌아보건대, 이 화북포구는 섬의 목구멍이면서 배에게는 요긴한 나루이나 포구의 암석이 들쑥날쑥 솟아있고, 큰 물결이 찧어대며 거센 바람이 격렬하게 부딪쳐서, 옛날에 쌓았던 석보^{石堡}가 무너져 내려 남아 있지 않습니다. 움직이다가 엎어짐을 당해도 사람들이 노력해 수리하려고 아니하고, 오히려 하늘에 한탄하고 모두 바다에 원망했습니다. 옛날에 막았던 것을 복구하기로 생각하고 공장^{工匠}들을 소집해 돌을 깨고 돌을 운반하면서, 삼가 희생과 술을 차리고 정성을 다해 말씀드리며 일에 앞서 고유^{告由}하오니, 바람과 태양이 화창하고 따뜻하도록 거령^{巨靈}께서 도와 순조롭게 하시고 조두(潮頭: 조수가 드나드는 방파제)를 조금씩 안정시키시어 하루 이틀 층층이 쌓아 완성해 백세^{百世}를 지탱할 수 있게 하소서. 배를 감출 수 있게 배를 띄울 수 있게 배를 들여놓을 수 있게 해주옵소서. 바라건대 하늘이 이루지 못함이 없고 음덕이 돕지 않음이 없으며 신이 돕지 않음이 없나이다.

절해고도 제주는 바다 한복판에 고립되어 있으니만큼 목민관이 어떤 인물인가에 따라 제주선인들의 삶도 크게 좌우되었을 것이다. 『탐라기년』에는 김정 목사가 "삼천서당을 제주목 동성 안에 세우고 재생(齋生: 조선 시대 성균관이나 사학 또는 향교에서 숙식하면서 공부하던 선비나 유생)을 뽑고 늠료(廩料: 조선 시대 지방관에게 주던 봉급)를 주면서 범민들에게 준수함을 가르쳤다.(牧使金 建三泉書堂于東城內 說齋生廩料

以教凡民俊秀)"라고 기록하고 있다. 그만큼 제주도를 애정을 갖고 다스리다가 제주에서 생을 마친 진정한 목민관이 바로 노봉 김정 목사이다. 김정 목사의 문집인 『노봉문집』에는 제주에서 지은 80여 수의 시가 수록되어 있다. 그 중 登漢拏絶頂(등한라절정: 한라산 정상에 올라)를 감상하며 김정 목사의 애민 사상의 일면을 엿보자.

峰去晴天尺不盈 (봉거청천척불영) 묏부리 푸른 하늘에 솟아 자로 잴 수 없어도
登臨可摘斗牛星 (등임가적두우성) 북두칠성과 견우성이 지척에서 보이네
一雙鐵笛巖間響 (일쌍철적암간향) 한 쌍의 쇠 피리 소리 바위틈에 울리니
風送餘音滿太淸 (풍송여음만태청) 바람이 메아리를 밀어 하늘에 가득 하네
屛圍山上狀如環 (병위산상상여환) 산꼭대기에 고리처럼 병풍바위 둘러 있고
中聚淸潭玉一環 (중취청담옥일환) 가운데 물 고인 맑은 못 한 개 옥으로 된 제단
騎鹿仙人何處去 (기록선인하처거) 사슴 탄 신선은 어디로 갔을까
空餘解角洛雲灣 (공여해각락운만) 하늘에다 각을 부니 물가에 구름이 내려오네
天浮于海海浮天 (천부우해해부천) 하늘은 바다에 떠 있고 바다는 하늘에 떠 있으니
大地中間等貶船 (대지중간등폄선) 광활한 대지 가운데로 배 떠나 다니듯
自笑塵魔消不盡 (자소진마소부진) 세속에 마가 낀 것 다 못 없애 절로 웃음 나와
浪吟飛下謝郡仙 (낭음비하사군선) 정신 놓듯 읊다가 신선께 하직 인사드리네

．

김정 목사의 애민사상을 되새김하면서 화북포구와 해신사를 되돌아본다. 그리고 다시 길을 재촉하여 별도연대로 향한다. 연대 찾아가는 길은 골목길을 따라가는 여정이다. 특히 이곳은 제주의 예스러운 골목과

연대, 환해장성을 같이 볼 수 있어 더욱 정겨운 곳이기도 하다. 옥에 티라면 복원된 별도연대와 환해장성이 너무 현대적이라는 점이다.

화북포구 공사를 감독했던 제주목사 김정을 기리는 비이다.
원래 이 비에는 '목사김공정붕공비'라고 쓰여 있었다고 한다. 지금은 '김정' 두 글자만 흐릿하게 남아 있다.

복원된 별도연대와 환해장성

• • •

화북동에 있는 별도연대는 제주도기념물로 지정되어있다. 돌로 쌓아 올린 연대는 적의 동태를 관찰하는 동시에 해안의 경계를 감시하는 연변봉수^{沿邊烽燧}의 기능도 겸했다. 연대에는 별장 6명, 연군 12명이 배치됐다. 동쪽으로는 원당봉수, 서쪽으로는 사라봉수와 교신했던 별도연대는 언덕 위쪽을 따라 타원형 석축으로 구조화된 특이한 형태를 띠고 있다. 고증을 거쳐 2001년 복원했다는데 복원된 연대와 환해장성은 예스러움보다 현대 맛에 억지로 맞춘 듯하다.

화북동에는 별도연대가 위치한 바닷가에 500여 m 복원된 환해장성이 있다. 반면 곤을동 마을에서 동쪽 바닷가로 흐르는 화북천 근처에는 원형의 환해장성도 있다. 곤을동 환해장성은 바다와 경작지 사이에 높이 3m, 너비 1.8m 정도로 축조돼 있으며, 성 북쪽은 낮은 해안이며 성 안은 높은 경작지이다. 현재 140여 m의 현무암 성벽이 제주도기념물로 지정된 곤을동 환해장성은 원래의 모습을 잃으며 서서히 허물어져 가고 있다. 환해장성에 관한 지표조사 및 발굴조사가 제대로 이루어지기를 바란다. 제대로 된 성곽 복원이 이루어지지 않은 상태에서 일부 환해장성들은 인위적인 외부요인에 의해 그 원형이 파괴되어 없어진 곳도 있다. 이는 환해장성 전체에 대해 문화재 지정이 이루어지지 않았기 때문이기도 하다. 현재 온평리, 행원리 등 10개소의 환해장성에 한해서

별도연대

별도연대에서 바라본 환해장성

제5장 | 제주의 다양한 역사문화를 품고 있는 화북동

만 부분적으로 문화재 지정을 한 까닭이기도 하다. 지정되지 않은 곳은 제도적 보호를 받지 못하다 보니 파괴가 더욱 빨라지고 있다.

1918년 김석익이 편찬한 『탐라기년』에 처음으로 '환해장성'이라는 말이 등장하는데, 바다로 침입해 오는 적의 공격에 대비하기 위해 해안선을 따라 쌓은 성을 말한다. 그 이전에는 고장성古長城 등으로 전해오기도 했다.

연대와 장성을 찾아가는 길은 해안 풍경 감상과 더불어 아기자기한 용천수 물통을 둘러보는 재미도 있다. 소먹이 물인 쇠물, 동선창 근처에 있는 큰이물, 화북포구 앞의 금돈지물, 어른물, 큰짓물 등등. 꽤 많은 물이 흐르는 고랫물은 별도연대 가는 길목 바닷가에 있다. 물통 옆에 방앗간이 있어서 붙여진 이름이거나, 고랫물 포구 모양이 화북 앞바다에 나타나기도 하는 고래를 닮아서 붙여진 이름이거나. 그나마 다행인 것은 화북포구의 용천수는 여전히 솟아 나오고 있다는 것이다. 반면 포구에서 떨어진 화북 입구 동제원 곁에는 유명한 '동주원물'이 있었으나 1960년대부터 시작된 일주도로 확장·포장 사업으로 매립됐다. 현재 제주에는 910여 개소의 용천수가 남아 있다고 전해지는데, 마을 동네마다 있었던 우물들은 산업화를 거치며 원래의 모습이 대부분 사라져 버렸다. 제주의 옛 정취를 되살리는 노력으로 마을의 우물들을 일부 복원 하는 사업도 고려해 볼 필요가 있다. 급변하는 세월의 흔적에서 옛것을 되살리는 복원사업 역시 삶의 질을 높이는 귀중한 개척사업이자 문화사업이 될 것이다.

일제가 파헤친 별도봉과 사라봉의 갱도진지

• • •

별도연대에 서면 잃어버린 마을 곤을동도 보이고, 곤을동 뒤로는 사라봉과 별도봉도 보인다. 일제는 2차 세계대전 말기인 1945년, 섬 도처의 해안과 수많은 오름을 마구 파헤쳐 갱도진지를 구축했다. 이제 일제가 제주선인들을 강제 노역하여 수많은 갱도진지들을 파헤친 별도봉 갱도진지와 4·3으로 잃어버린 마을 곤을동의 아픈 역사 흔적을 따라 걸어보자. '일제 강점기가 없었다면 4·3의 비극도 없었을텐데…' 되뇌면서.

제주 전역의 수많은 갱도진지 중 하나인 별도봉 갱도진지는 패전이 짙은 일본군이 제주 북부 해안으로 상륙하는 미군을 1차로 저지하고, 제주동비행장(진드르비행장)과 제주서비행장(정뜨르비행장으로 현재의 제주국제비행장)을 방어하려 구축했다. 별도봉에는 모두 22곳의 갱도가 있는데, 전체 길이는 함몰된 3곳을 포함하면 300m 이상으로 추정된다. 별도봉과 사라봉 갱도진지는 태평양전쟁 말기 패색이 짙었던 일본군이 제주도를 결사항전의 진진기지로 삼아 일본 본토를 사수하려 했던 군사유적이다. 총병력을 7만 4천여 명 이상 증강해 제주에서 미군 상륙에 대비했던 일본군은 미군 상륙지점을 제주항, 한림항, 모슬포항으로 예상했다. 별도봉과 사라봉을 해안감시와 제주동·서 비행장 방어에 유리한 지형지물로 여긴 일제는, 내륙의 일본군 진지와 연결할 수 있는 방어기지로 활용하려 이곳에 갱도진지들을 만들었던 것이다.

태평양전쟁 막바지에 미군에게 밀리기 시작한 일제는 오키나와 함락 후, 일본 본토, 더 정확히는 일본 천황제를 지키기 위해 7개의 방어기지를 설정했다. 제주는 이른바 '결7호작전'이라 부르는 7개 방어기지 중 하나로 일본 본토 사수를 위한 방패막이가 되어야 했다. 해안가의 갱도진지, 비행기 격납고, 폭탄 매립지, 한라산 중턱에 만들어 놓은 군용도로에 이르기까지 해안과 산악지대를 포함하여 제주도 전역은 전쟁 요새가 되고 있었다. 이러한 정보를 접한 미군은 일본 전투기를 격추하기 위해 제주 해안에 상당량의 폭탄을 퍼부었다.

다행히도 미군은 제주도가 아닌 오키나와로 상륙했다. 제주가 옥쇄 지역이 돼 오키나와처럼 수십만 명의 희생자가 발생하지 않은 것은 불행 중 다행일 것이다. 2차 세계대전이 좀 더 지속되었다면 제주섬에도 미국과 일본의 전쟁터로 변해 불바다가 되고 수많은 제주 사람들이 희생을 당했을 것이다. 히로시마와 나가사키에 원자폭탄이 투하되어 결국은 일본의 항복으로 끝난 게 그나마 다행이다. 그러나 패전 후 일본군이 버리고 간 무기 일부가 4·3 때 다시 사용되기도 했다.

요사이 전쟁의 상흔들이 짙게 묻어나는 전쟁유적들이 관광객들의 사진 배경으로도 등장하고 있다. 과거의 아픈 역사도 우리의 역사이다. 이를 알고 사진 배경으로 삼는 것과 모르고 하는 것은 엄청난 의식의 차이일 것이다.

별도봉 일제 갱도진지

잃어버린 마을 곤을동

• • •

　고놀개 마을 또는 고로古老촌이라고도 불렸던 곤을동은 화북1동 서쪽 바닷가에 있던 마을이다. 항상 물이 고여 있는 땅이라 해서 이름 지어진 '곤을마을'은 고려 1300년경에 설촌 되었다 한다. 별도봉 동쪽 끝자락에 있는 안곤을에 22가구, 화북천 지류의 가운데 있던 가운데곤을에 17가구, 밧곤을에 28가구가 반농반어하고 수눌음하며 평화롭게 살던 해안마을이었다. 그러던 1949년 1월 4일과 5일, 난데없이 나타난 군인들에 의해 곤을동 마을 전체가 불에 타 버렸다. 그날 곤을동에 나타난 국방경비대 제2연대 1개 소대는 주민들을 전부 모이도록 한 다음, 청년 10여 명을 바닷가에서 학살하고, 안곤을과 가운데곤을을 불태웠다. 다음날에도 군인들은 인근 화북초등학교에 모였던 주민 일부를 화북동 동쪽 바닷가인 연디밑에서 학살하고 밧곤을도 불태웠다. 이때 곤을동 모든 집이 불탔고 24명이 희생됐다.

　그 후 곤을동은 사람이 없는 마을이 되어버렸다. 해안마을 중 잃어버린 마을의 상징인 곤을동에는 지금도 집터, 올레, 연자방아 등이 옛 모습 그대로 남아 4·3의 처절한 아픔을 전해주고 있다. 지금은 별도봉 산책로를 오가는 수많은 이들이 가끔은 찾아주니 곤을동은 이제 잊히지 않은 이름이 되고 있다. 제주의 옛 동네 모습을 간직한 안곤을에는 다음의 내용이 담긴 '4·3 해원 상생 거욱대'가 세워져 있다.

잃어버린 마을 곤을동의 모습
1949년 1월 4일과 5일 국방경비대가 나타나 주민들을 학살하고 마을에 있는 모든 집을 불태웠다.
그 후 곤을동은 사람이 살지 않는 마을로 변해 버렸다.

제5장 | 제주의 다양한 역사문화를 품고 있는 화북동

1949년 1월 4일 오후 3~4시경 불시에 들이닥친 군인 토벌대에 의해 가옥이 전소되고 주민들이 희생당했다. 집과 사람은 오간 데 없고 돌담만 남아 이 억울하고 원통한 사실을 기억하게 하는 곤을동 초토화된 마을 유적 터에 55년이 지난 오늘에야 온 도민들의 마음을 모아 해원상생의 굿판을 벌여 이를 위무하고 이곳에 옛 조상들이 그랬듯이 다시는 이러한 일이 발생하지 않기를 기원하며 이 거욱대를 세운다.(2004.4.5.)

아름다운 마을 곤을동 사람들의 애달픔과 비통함이 별도봉 절벽에 부딪혀서는 파도의 울음으로 들려온다. 곤을동이 초행길인 사람들도 이곳을 둘러본다면, 겉으론 더없이 아담하고 고운 마을이지만 마음으론 이미 슬픔으로 가슴이 무거워져 있을 것이다. 초가집 밥 짓는 연기와 멜 후리는 소리가 들리던 곤을동은 간데없고 억울한 망자의 원혼만 구천을 떠돌고 있음을. 그동안 국가가 사과하고 국가가 지정한 추념일이 있어 그나마 위로를 받을 수도 있는 세상이 된 것은 순전히 제주민들의 노력이 있었기에 가능한 일이었다. 무자비한 4·3 학살이 이뤄진 데는 다음과 같은 군의 역사도 작용했다 한다.

1948년 12월 말 제주도에 주둔하는 군부대가 9연대에서 2연대로 교체되었다. 그리고 4·3 기간 가장 많은 인명피해가 이 시기에 발생했다. 9연대는 제주를 떠나기 전에 최대한 성과를 올리기를 원했고, 새로 주둔한 2연대는 주둔 초기에 과시적 성과를 올리려 했다. 그러한 욕망들이 무리한 토벌작전과 무고한 주민 학살로 이어졌던 것이다.

거로가 낳은 인물들

• • •

예부터 제주 유림사회에서는 '거로와 납읍'이란 말이 회자될 정도로 거로 출신 선비들이 과거에 급제하여 마을을 빛내기도 했다. 제주 역사 문화에 큰 발자취를 남긴 몇 분을 소개한다.

고처량

앞에서 소개한 노봉 김정 목사가 세운 삼천서당 탄생 뒤에는 거로 출신인 고처량의 역할도 적지 않았다. 1717년 식년문과에 병과로 급제하여 이조좌랑과 구례현감을 지낸 고처량은 1733년 조정의 부름을 받아 봉상판관이 됐고 1734년 경남 진해 현감으로 부임했다. 그해 제주에 살던 그의 형 고처형과 조카 고영복이 진해로 고처량 현감을 만나러 가던 중 청산도에서 조난을 당하였다. 이에 고처량은 제문을 지어 형과 조카의 영령을 위로했다. 이런 상황에서 고처량은 현감의 임기를 마치자 더 이상 관직에 나아가지 않고 귀향했다.

구례현감과 진해현감 그리고 제주향교 교수를 지낸 고처량이 1734년 인재 육성의 필요성을 김정 목사에게 강력히 전했던 것이다. 당시 제주의 서원으로는 토관 자제들이 다녔던 귤림서원이 유일했다. 학문을 익히고자 하는 제주 젊은이들의 바람을 잘 알고 있던 고처량은 1734년

이를 김정 목사에 적극 알리고 서당을 세워 훈학을 펼치길 권유했다. 1736년(영조 12) 제주향교의 교수로 있으면서 문묘를 수리 확장하고, 유림의 청금(靑衿: 유생을 이르는 말)록을 처음으로 작성하기도 했다.

양유성

오래전부터 제주에 내려오는 탐라사절(耽羅四絕)은 풍수에 고홍진, 복서 점술에 문영후, 의술에 진국태, 풍채에 양유성을 지칭하는 말이다. 이 사자성어는 지금도 회자되고 있다. 거로마을에서 태어난 양유성은 무과에 급제해 전라도 보성군수를 역임한 바 있다. 양유성은 또한 『급제선생안(及第先生案)』의 탄생과 관련해서도 거론되는 인물이다. 조선시대 무과에 급제한 제주도 출신 인사들의 이름을 기록한 인명록인 『급제선생안』에는 1558년 양연으로부터 1815년 좌인호에 이르기까지 338명의 무과급제자 이름이 연대순으로 기록돼 있다. 제주도 무형문화재로 지정돼 삼성사에 보존되고 있는 『급제선생안』은 무과급제자들인 김여강, 김우천, 김우달, 그리고 양유성의 건의로 1720년 이지발에 의해 처음 작성됐다고 한다. 『급제선생안』이 무과 급제자를 기록한 반면 『용방록(龍榜錄)』은 문과 급제자들을 기록한 인명록이다. 용방록에는 1414년 급제한 고득종부터 1863년 급제한 한석윤까지 총 56명의 명단이 기록돼 있다.

동방급제 김영락 3형제

　1814년 거로출신 김영집, 김영업, 김영락 3형제의 문과 초시 동방급제와 1817년 김영집, 김영업 형제의 전시문과 급제로 거로 마을의 명성이 더욱 알려지게 됐다. 문과 급제자가 많지 않았던 제주도에서 3형제가 같은 날에 문과에 급제해 이름을 날렸으나, 조정에서는 동방급제를 큰 문제로 삼았다. 급제를 번복할 수도, 과거사상 유례없는 3형제 동방급제를 공인할 수도 없었다. 결국 3형제 동방급제는 한 집안만 너무 번성한다는 부정적인 표현인 문호태성^{門戶太盛}이라 하여 막내를 발방^{拔榜} 즉 낙방하게 했다고 한다. 그래서 첫째인 영집은 통훈대부 예조정랑, 은계찰방 등의 관직을 거쳤고, 둘째인 영업은 사헌부장령과 제주판관을 지냈으나, 막내인 영락은 제주향교 도훈장이 되어 평생 백의종군했다.

　이후 거로출신 유생들이 제주향교의 요직을 맡는 예가 많았고, 부록마을을 포함한 거로마을에 선비가 많아서 선비마을로 불리게 됐다고 전해진다. 삼 형제의 동방급제와 어머니 오드승방을 기리는 비가 2000년 5월 우당도서관 입구에 세워졌다.

　지금까지 부록마을, 거로마을 등을 포함하는 화북동 도처를 거닐며 탐라국의 실체와 고려와 조선시대 제주선인들의 삶을 엿보기도 했다. 또한 별도봉 도처에 상처로 남아 있는 일제의 갱도진지와 잃어버린 마을인 곤을동을 둘러보며 근대에서 현대로 넘어가는 과정에서 당한 선인들의 서러운 삶의 흔적들을 또한 느끼기도 했다. 과거에서 지혜를 찾는 우리의 여정은 계속될 것이다.

우당도서관 입구에 세워진 오드승방 정씨와 동방급제 세 아들을 기리는 비

6장

제주 역사문화의 보물창고
삼양동

제주 역사문화의
보물창고 삼양동

　제주목의 관문이었던 화북포구와 원나라 사당이 있었던 오름인 원당봉 사이에 있는 삼양동은 삼화지구 개발로 더욱 알려져 있다. 삼양이란 지명은 1889년께 원당봉에서 호를 따온 원봉 장봉수 등이 설개, 감을개, 매촌 세 마을이 더욱 번창하기를 바라는 염원을 담아 지었다 한다.

삼양동에 깃든 역사문화 개요

　삼양동은 볼거리와 얘깃거리가 넘치는 마을이다. 검은모래 해수욕장, 선사유적과 유물전시관, 고려와 조선시대 시대에 쌓은 환해장성, 그리고 탐라국 시조인 삼을나가 활을 쏘아 경계를 정했다는 삼사석지도 화북과의 경계선상에 있다. 지근거리에서 마을을 에워 쌓고 있는 원당봉^{元堂峰}이

삼양동 포구

있고, 국가지정 보물인 현무암 5층 석탑도 있다. 또한 원당봉에는 진시황제가 보낸 서복^{徐福} 일행이 불로초를 찾으러 들렸다는 전설도 있다. 더욱이 중국 운남성 양왕의 아들인 백백태자^{伯伯太子}와 왕족들에 이어 달달친왕^{達達親王} 가족 등이 제주로 이주해 와 거주한 곳이 원당봉 근처라는 이야기도 있다. 그리고 이곳 삼양동에는 제주시민들에게 식수를 공급하는 용천수와 수원지, 그리고 옛 모습을 간직한 포구와 물통도 있다.

매촌인 도련에서는 지석묘와 신석기 유물들이 대량으로 출토되었다. 아주 오래전에 조성된 도련과원에는 수령 250년 즈음의 당유자, 벤줄 등의 귤나무들이 천연기념물로 지정되었다. 그리고 수령이 300년이 넘는 팽나무와 푸조나무가 할망당 주변을 신령스럽게 뒤덮고 있다. 더욱이 4·3 광풍에 희생된 영혼들을 위령비에 새겨 '당팟개당'이라고 불리는 할망당에 모시고 있다. 제주도에서 본향당인 신당 곁에 4·3의 고혼을 모신 곳으로는 어쩌면 이곳이 유일하다 여겨진다.

삼양동에는 여느 마을보다 서당이 많았다. 19세기를 전후해 개설한 매촌서당과 설개서당을 비롯해 명문서당, 서카름서당, 백서장서당, 기성의숙, 가물개서당, 귤은서당, 귤원서당, 서동서당, 동동서당, 인명서당 등이 경관 좋은 곳에 조성되어 학생들을 가르쳤다. 그중 1935년 설립된 인명서당 터에서 지금의 삼양초등학교가 1939년에 삼양공립심상소학교란 이름으로 개교했다. 최근에는 원당봉 둘레길이 조성되어 많은 사람들이 또한 이곳을 찾고 있다.

삼양동 곳곳의 지형을 살펴보면 아주 오래전 탐라 선인들이 왜 이곳에 삶의 둥지를 틀었는지에 대한 궁금증이 조금은 풀린다. 해안가가 안으로 발달하여 태풍으로부터 안전하고, 바다에서 고기를 쉽게 잡아 끼니를 해결할 수도, 바닷가에서 솟는 용천수로 식수도 해결할 수도 있다. 바다와 평지 그리고 한라산과 오름이 어우러진 이곳이 바로 제주 역사문화 발상지 중 하나로, 삼양동의 매력이자 제주 역사문화의 현장이다.

한반도와 교류했던 삼양동 선사인들이 남긴 유적
...

기원전 3세기 무렵 제주도 곳곳에서는 청동기시대에 비해 규모가 현저히 커진 마을들이 등장한다. 제주시 삼양동, 용담동, 외도동, 서귀포시 화순리와 예래동 등에서 발견된 마을 유적에서는 둥근 모양의 집터 수백 기가 발견된다. 또 무덤과 제의공간, 생산공간, 저장 및 작업공간, 광장, 저수시설 등 마을의 내부공간이 체계적으로 관리되고 있어 대규모 마을을 통솔할 수 있는 지배층이 나타나고 있음도 엿볼 수 있다.

청동기와 초기 철기시대에 해안 근처 넓은 땅에 많은 사람들이 모여 큰 마을을 이루고 살았던 삼양동 유적은 한반도의 청동기시대 후기문화를 이해할 수 있는 대표적인 곳이다. 이곳은 탐라형성기의 사회 모습을 보여주는 제주 최대의 마을 유적이다. 삼양동 유적에서 확인된 집터만 236기이고, 그중 원형 움집터가 173기로 제주에서는 가장 많다.

비교적 큰 집터에서는 한반도에서 유입된 청동검, 옥팔찌, 옥 등이 출토되어 당시 삼양동 선사인들이 한반도를 비롯한 외부지역과도 교류했음을 엿볼 수 있다. 한반도 남부에서 제주로 수입된 것으로 보이는 간돌검(마제석검)도 발견됐고, 움무덤의 껴묻거리 부장품副葬品도 제주도에서는 처음 출토됐다. 이 부장품은 자르거나 찌르는 데 사용되는 생활 용구로 또는 전쟁 시의 무기로도 사용됐을 것이다. 청동이 귀한 만큼 권력자만이 가질 수 있는 권위의 상징으로 보인다. 그리고 무덤과 제의공간, 생산공간, 저장 및 작업공간, 광장, 저수시설 등 마을의 내부 공간이 체계적으로 관리되고 있어 대규모 마을을 통솔할 수 있는 지배층이 나타나고 있음도 엿볼 수 있다. 곡식을 수확하는 도구로 반달처럼 생긴 반달돌칼과 나무 열매나 곡물의 껍질을 벗기거나 갈아서 분말을 만들기 위한 가공 도구인 갈판과 갈돌 그리고 홈돌도 발견됐다.

　일제강점기인 1923년 이곳에서 석기와 토기들을 채집했다는 기록이 있고, 1970년대에는 고인돌 3기가 보고되었으며, 1986년 이곳을 조사한 제주대학교박물관 팀에 의하면 초기 철기시대와 원삼국시대의 적갈색 토기와 돌도끼 등이 출토되었다 한다. 1997년에도 아파트 부지를 위한 토지구역 정리 사업 중 선사시대의 유물이 다량으로 발굴되었다. 이에 따라 1999년 '제주 삼양동 선사유적지'로 지정되었다. 수많은 집터, 창고와 저장구덩이, 야외가마, 돌담과 배수로, 쓰레기 폐기장 등의 발굴뿐만 아니라 중국과 왜 등과 교역한 유물 등의 발견으로, 삼양동 유적은 탐라형성기의 사회 모습을 보여주는 대표적인 마을 유적임이 밝혀졌다.

　삼양동 유적지에는 내외부 전시관을 비롯해 움집 14동이 복원되어 있

삼양동에서 발견된 고인돌

삼양동 출토 유물

제6장 | 제주 역사문화의 보물창고 삼양동　237

다. 내부 전시관에는 삼양동 유적에서 출토된 다양한 유물과 설명자료들이 전시되어 있어 청동기시대 제주 선사문화의 생생한 역사를 느낄 수 있다. 외부 전시관에는 원형주거지 4동, 대형움집 1동, 방형움집 11동 등이 복원돼 탐라인들의 자취를 더듬어 볼 수 있다. 게다가 지석묘와 원당봉의 5층 석탑 모형 등도 전시되고 있다.

초기 철기시대인 기원전 1세기경 군장국가인 부여·고구려·백제·삼한·신라 등이 각축전을 벌이면서 발전하더니, 기원후 3세기경에는 삼국이 정립되는 고대국가가 들어선다. 이 시기를 우리는 '원삼국시대'라고 하는데, 원삼국시대에 해당하는 삼양동 유적지는 탐라국 형성기의 복합적인 사회상을 보여준다는 점에서 중요하다 하겠다.

그런데, 확인된 집 자리만 무려 236기나 되는 큰 마을이 기원후 100년경 역사에서 사라졌다. 불에 타거나 역병이 창궐한 흔적도 없이, 마을은 유물이 고스란히 남아 있는 상태에서 폐허가 된 것이다. 이곳에 살던 사람들은 어디로 간 것일까. 탐라국을 세운 핵심세력인 용담동 사람들에 의해 밀린 삼양동 사람들은 동쪽 종달리 쪽으로 쫓겨 간 것일까. 종달리에서도 삼양동의 것과 유사한 유물들이 발견됐으니 이런 추정도 가능할 것이다. 『제주역사기행』의 저자인 이영권은 고인돌 비교에서 이를 뒷받침한다. 당시 권력자의 무덤인 고인돌이 파괴된 숫자로도 용담동이 훨씬 많지만, 현존하는 것으로 삼양동에는 4기, 용담동에는 9기가 남아 있다. 고인돌 크기도 용담동이 삼양동보다 크다. 이러한 점에서도 우리가 풀어야 할 어떤 역사적 의미가 있어 보인다.

삼양 검은모래해변과 용천수 샛도리탕

• • •

삼양해수욕장의 모래는 검다. 검은 토양이 농사에 좋다는 말처럼 오래 전부터 검은 모래가 신경통 치료에 탁월하다고 해서 모래찜질하러 많은 사람들이 이곳을 찾는다. 삼양동을 에워싸고 있는 동쪽의 음나물내와 서쪽의 동냉이천(삼수천)에서 유사 이래 지속적으로 흘러내려 온 모래가 바다와 만나면서 오랜 시간 동안의 풍화작용으로 검게 되었을 것이다.(최근 삼양동 검은 모래가 적어지는 대신 화북천에는 검은 모래가 더욱 많이 유입되고 있다.)

삼양동은 용천수가 많아 물이 풍부한 마을이다. 해안 및 중산간 지역 곳곳에서 지층 속을 흐르던 지하수가 지층이나 암석의 틈을 통해 솟아나는 물이 용천수이다. 제주시민의 젖줄인 삼양수원지 외에도 해안가에는 버렁용천물, 가막작지물, 저쉉물, 무미소물, 골각물, 설개용천군, 버렁용천군 등 여러 용천수가 솟아나고 있다. 물통은 용도에 따라 음용수통, 남탕, 여탕, 빨래터 등으로 나뉘어 지금도 주민들이 사용하고 있다.

하루 평균 3만 5천 톤을 취수하는 삼양수원지의 개발은 1978년 제주 전역을 가물게 한 가뭄이 계기가 되었다. 제주도는 삼양수원을 개발해 물 문제를 해결하고자 1982년 삼양제1수원지, 1984년 삼양제2수원지를 완공했다. 1999년 발간된 『제주의 물, 용천수』에 따르면, 삼양에는 둠뱅이물, 새각시물, 고냉이물 등 17개의 용천수가 있었다. 이런 물통 중 하나가 2023년 발굴된 '듬뱅이물'이다. 듬뱅이물에서는 지금도 물이 조금씩 솟고 있다. 삼양수원지에서 용출하는 수량은 제주시에서 사용되는 물의 15%를 담당하고 있다. 아쉽게도 삼양제3수원지는 바닷물 유입으로 염소 이온 농도가 높아 상수도로서 기능을 잃은 상태다. 그런 가운데서도 시선을 끄는 용천수들이 있다. 삼양1동 바닷가 근처에서 솟고 있는 엉덕알물도 그중 하나이다. 자그마한 엉덕 아래로 흐르는 용천수가 물통에 대한 옛 정취를 되돌려 준다. 엉덕 또는 엉알은 자그마한 절벽 아래 지형을 뜻하는 제주어이다.

옛 포구인 설개포구 근처에는 오래전부터 여러 곳에서 용천수가 솟아나, 음용할 물과 채소 등을 씻을 물과 빨래할 물로 나눠진 넓은 물통이 자리 잡고 있다. 밀물에는 바닷물이 들어오기 때문에 썰물 때를 맞춰 이용한다.

삼양해수욕장 동쪽 포구 성창 근처에는 남탕, 여탕, 빨래터 등으로 나눠진 '샛도리물'이 있다. 사라봉과 원당봉과 바다가 어울리는 절경지에 있는 샛도리탕은 삼양의 새로운 명소로 떠오르고 있다. 최근 복원된 샛도리물에 대한 표지석에는 다음의 내용이 쓰여 있다.

> 삼양1동은 산기슭에 호미 모양의 해안선을 따라 형성된 마을이라 하여 서흘로, 설개라 불렸으며 그 포구에는 용천수들이 있는데, 그 중 대표적인 것이 샛도리물이다. 샛도리물은 굿을 할 때 깨끗한 물을 뿌리는데, 나쁜 기운과 잡귀인 새(까마귀)를 쫓아내는 샛도림(새쫓음)을 하기 위해 이 물을 길어서 쓴 데서 연유됐다고 한다.(2018.12. 삼양동장)

2023년 발견된 듬뱅이물

샛도리탕에서 빨래하는 동네 주민들

제주도에 의해 공식적으로 조사된 용천수는 911개소에 이른다. 해발 200m 이하의 저지대에 92% 이상이 분포하고 있다.

삼첩칠봉 원당봉에 깃든 역사문화를 찾아서

• • •

원나라의 사당이 있었다는 데서 유래한 원당봉은 해안에서 한라산 방향으로 길게 뻗은 오름이다. 멀리서 보면 3개의 봉우리로 보이는 원당봉은 실제로는 7개의 봉우리로 이루어진 까닭에 '삼첩칠봉 三疊七峰', 또는 '원당칠봉'이라 불린다. 사연 많고 경치 좋은 이곳을 찾는 사람들이 많은 요즈음, 이 일대에 얽힌 역사문화를 바르게 캐내어 그들과 함께 역사문화 공유의 길로 나서보자.

망오름 원당봉수

망오름, 도산오름, 앞오름, 펜안오름, 동나부기, 서나부기, 논오름 등 7개의 봉우리로 이루어진 원당봉은 행정구역상 제주시 삼양동에 속하지만, 동쪽 사면은 조천읍 신촌리에도 걸쳐 있다. 원당봉에는 삼나무, 소나무, 비목나무, 예덕나무, 보리수나무 등으로 이뤄진 울창한 상록활엽수림이 한여름에도 그늘을 드리워 방문객들을 사시사철 끌어드리고 원당봉에 있는 세 개의 절 불탑사·원당사·문강사로 들어가는 길.

원당봉 정상에 있는 정자

제6장 | 제주 역사문화의 보물창고 삼양동

있다. 최근에는 원당봉 둘레길 조성으로 더욱 많은 주민들이 원당봉을 찾고 있다. 특히 1월 1일에는 새해를 원당봉에서 맞이하려 모여드는 수천 명의 인파로 색다른 장관을 이룬다.

원당봉에는 해발 170m의 주봉과 94m의 작은 봉우리도 있다. 원당봉수대가 있던 망오름은 남쪽에 있는 주봉의 정상부에서 500m 떨어진 북쪽 바닷가에 있다. 일반적으로 봉수대는 봉우리 정상에 축조되는데 반해, 이곳에서는 주봉의 정상과 많은 높이차가 있음에도 북쪽의 작은 봉우리인 망오름에 봉수가 있는 것은 지형적으로 해안을 감시하기가 용이할 뿐만 아니라, 사람들이 쉽게 오르내릴 수 있었기 때문으로 보인다. 현재 봉수터로 추정되는 망오름 지역은 거친 숲으로 덮여 있다. 그래서 사람의 왕래가 많은 원당봉 남서쪽 정상 한 편에 '원당봉수대터'라는 표지석을 세운 듯하다. 다음은 표지석 내용이다.

(이곳은) 조선시대 위급을 알리던 원당봉수대 터(이다). 도내에는 25개의 봉수대와 38개의 연대 등 모두 63개소가 설치돼 유사시의 통신수단으로 이용됐다. 이곳에서는 동쪽으로 서산(함덕 서우봉)봉수대, 서쪽으로 사라봉수대와 교신했다. 평시에는 한 번, 적선이 나타나면 두 번, 해안에 접근하면 세 번, 상륙 또는 해상 접전하면 네 번, 상륙 접전하면 다섯 번 봉화를 올렸다.

불탑사와 원당사지 그리고 세계 유일의 현무암 5층석탑

원당사지는 과거 '원당사'라는 사찰이 있었다고 알려진 곳으로, 그 터에는 지금 '불탑사^{佛塔寺}'가 자리 잡고 있다. 원당사는 법화사·수정사와 함께 고려시대 제주의 대표적인 3대 사찰로 거론되기도 한다. 그러나 창건 시기나 그 실체에 대해서는 구체적으로 밝혀진 것은 없다. 단지, "고려 후기 공녀로 원나라에 끌려가 순제^{順帝}의 총애를 받은 기황후^{奇皇后}가 태자를 얻기 위해 사찰을 짓고 불공을 올린 후 태자를 얻었다."라는 원당사에 대한 구전이 전해 내려온다.

한편, 원당사는 『신증동국여지승람』의 제주 지역 15개의 사찰기록에는 보이지 않고, 『탐라지』에 처음으로 등장한다. 그렇지만 그 이전 기록인 『세종실록지리지』에 제주의 봉화^{烽火} 9곳 중 '원당^{元堂}'이란 이름이 나온다. 이것은 『신증동국여지승람』이나 『탐라지』가 간행되기 훨씬 이전으로 15세기 초에 원당이란 지명이 있었다면, 조선시대 이전에 '원당사'라는 이름의 사찰이 존재했을 가능성도 있음을 암시한다.

원당사지는 발굴조사를 통해 문헌 기록이나 구전보다 이른 시기에 창건되었음이 밝혀졌다. 이곳에서는 10세기에서 12세기에 해당하는 기와편과 청자편 등의 유물이 다수 발굴되었고, 이를 근거로 사찰의 창건 연대를 고려시대 전반기로 추정하고 있다. 원당사는 1653년(효종 4)까지 유지됐으나 1702년(숙종 28) 배불정책으로 훼손됐다.

수차례의 화재로 무너진 절을 1914년 안봉려관^{安逢廬觀} 스님이 보수해 원당사에서 불탑사로 이름을 고쳐 지었다. 1948년 4·3사건이 일어나 11월 불탑사 관련자들은 주민들과 함께 원당봉에서 삼양리 마을로 소개(疏開)되었다. 소개 당시 토벌대는 불탑사의 대웅전과 요사채를 모두 파괴하였다. 그 후 1953년 이경호 스님과 그 상좌인 일현 스님에 의해 중건이 시작되었다. 오랜 역사와 문화재적 가치를 지닌 유물이 현존하고 있어 1991년 4월 전통사찰로 지정 보호받고 있다.

　통일신라가 삼층석탑의 시대였다면, 고려시대는 다층탑으로 변한 것이 특징인데 그중 많은 것이 오층석탑이다. 제주의 다공질 현무암으로 제작된 불탑사 5층 석탑은 전형적인 고려시대 오층석탑으로, 소박하고 친근한 느낌이다. 현무암으로 만들어진 불탑은 세계에서 이 석탑이 유일하다고 전해진다. 그만큼 이 석탑은 제주의 토착성을 강하게 담은 독특한 문화유산이므로, 지역적 특징을 가장 잘 보여주는 대표적인 문화유산이자 석조 미술품이다. 5층석탑은 자연환경을 수용하고 정착시켜 온 탐라선인들이 간직해온 역사문화의 독자성을 잘 느끼게 한다.

　현무암으로 쌓은 불탑사 5층석탑은 1층의 기단과 5층의 몸돌이 좁은 것, 1층의 남쪽 면에 감실(龕室: 불상을 모셔 두는 방)이 있는 점이 매우 독특하다. 고려시대의 전형적인 석탑 양식과 상통하고 있는 점 등으로 보아 석탑을 전문적으로 설계 제작한 장인에 의하여 건립되었음을 쉽게 짐작할 수 있다. 불탑사 오층석탑은 2002년 해체 복원되기도 했으나, 초건(初建) 당시의 원래 위치인지는 명확하게 확인되지 않았다. 불탑사 입구에 세워진 표지석의 내용은 다음과 같다.

제주도 유형문화재이자 보물로 지정된 불탑사 현무암 5층석탑

원당사지^(元堂寺址): 원제국시대 제주도의 3대 사찰(하원 법화사·외도 수정사)의 하나였던 원당사 터이다. 13세기 말엽 원에 의해 창건된 것으로 보이며 원나라 기황후^(奇皇后)가 삼첩칠봉의 명당자리에 절을 지어 불공을 드리기 위하여 세웠다는 전설이 있다. 17세기 중엽까지 존속되었음을 알 수 있으며 1914년 이곳에 불탑사가 재건되었다. 지금도 경내에 당시 세웠던 오층석탑이 보물(제1187호)로 지정돼 보존되고 있다.

기우제단이 있는 원당못

원당봉 정상에는 넓은 굼부리(분석구)가 있고, 굼부리 안에는 오래전에 생성된 자연못이 있다. 원당봉 굼부리에 문강사라는 절이 1973년 들어서기 이전에 이곳은 논밭이었다. 마을의 안녕을 빌며 제를 지내던 장소인 원당못을 살펴보고 최근 조성된 원당봉 둘레길을 하늘 보며 땅을 보며 터벅터벅 걷는다. 무아의 경치는 여기에도 있었다.

『탐라지』에는 원당못에 대해 다음과 같이 기록하고 있다. "산봉우리에 못이 있는데 '거북못'이라 한다. 못에는 마름, 거북, 자라가 자라고 있고 가뭄에도 마르지 않는다(元堂岳峯頭有池 名龜池 有濱藻龜鼈 大旱不渴)." 개구리와 연꽃이 자라는 이곳을 오래전에는 거북못이라 불렀으나, 지금은 주민들에 의해 원당못으로 불리고 있다. 거북못이 상징하듯 오래전부터 이곳에서는 주민들이 기우제를 지내기도 했다. 기우제와 포제 등 마을제가 행해지던 제단이 원당봉 정상 굼부리 동쪽 사면에 복원돼 있다. 이곳에는 이웃마을인 신촌리로 통하는 길이 나 있기도 하다.

제단 안에 세워진 비석은 이곳의 과거를 어림짐작하게 한다. 단기 4288년(서기 1955) 세워진 비석에는 '원당봉제단수리비'가 한자로 음각돼 있다. 그리고 제단을 마련하는 데 협찬한 사람들의 이름과 금액이 적혀있는데 삼양동과 신촌리의 유력자들이 공동으로 헌금해 제단을 설치했다고 기록돼 있다.

원당못 주변 기우제단

원당봉제단수리비

여름에는 원당못에 연꽃이 만발해 장관을 이루기도 한다. 원당봉 둘레길을 걷는 사람들, 굼부리 한 편에 운동 시설을 찾아오는 사람들 모두에게도, 마치 기우제를 올렸던 주민들의 심정으로 원당봉에 서린 제주의 역사문화가 공유되길 두 손 모은다.

원당봉 주변에 터 잡은 원나라 왕족

원당봉은 다양한 생태와 사람들을 품고 있는 수호신 같은 오름이다. 분화구와 용암 유출구에는 크고 작은 3개의 구릉과 근처에 7개의 봉

원당봉에서 바라본 주변 전경

우리가 형성되어 있는데, 이것이 북두칠성의 명맥인 3첩^{疊} 7봉^{峰}이다. 겹치는 봉우리마다 세 개의 절이 있다. 고려시대에 창건된 원당사는 불타 없어졌으나, 당시 세워진 5층 석탑만은 모진 세월의 풍파 속에서도 견디어 남아 찾아오는 이들을 반기고 있다. 그리고 진시황이 보낸 사자들이 불로초를 찾으러 들렀다는 전설도 있다. 3첩 7봉이 있는 곳에 불로초가 자란다는 믿음 때문일 것이다.

 이곳 주변은 오래전부터 유배인과 원나라 왕족들이 터 잡은 곳으로도 알려졌다. 원나라 시대 중국에서 가장 큰 성 중 하나인 운남성^{雲南省}의 왕은 양왕^{梁王}이었고, 그의 아들은 박박태자라고도 불리는 백백태자^{伯伯太子}였다. 신흥국 명나라는 1381년 마지막 남은 운남의 양왕을 공

격하였다. 양왕은 27만의 대군을 맞아 분전했으나, 12월 백석강白石江 전투에서 패한 후 자결하였고, 이듬해 정월 운남은 평정되었다. 1382년 명나라 태조 주원장은 붙잡은 양왕의 아들 백백태자와 가솔 60여 명의 탐라 유배를 결정하였고, 그해 7월 고려 정부는 명나라 사신이 데려온 몽골인들을 보고는 비로소 운남이 평정되었음을 인지했다. 고려의 우왕은 주원장이 보낸 죄인들을 탐라에 안치했다. 명나라의 힘에 굴복해서라기보다는 과거 탐라총관부 시절에도 원나라에서 유배 온 죄인들을 받아들인 전력이 있었기 때문이다.

이에 그치지 않고 명나라 태조는 원나라의 멸망으로 명나라에 귀순한 달달친왕達達親王에게 제주에 거주하도록 명하니, 1388년(우왕 14) 그는 80여 호를 동행해 제주로 들어왔다. 같은 해에 전리판서典理判書 이희춘을 제주로 보내 그들이 살 집을 수리해 거주하게 했다. 이는 명 황제의 뜻에 의한 것이다. 탐라에서는 이들을 우대해 대촌현(지금의 제주시) 동쪽의 원당봉 북쪽 자락에 복거卜居하도록 했다 전한다. 1393년에도 양왕 자손인 애안첩목아 등 4명을 제주에 유배시켰다.

고려가 망하고 조선이 건국되자 백백태자는 1393년 말 3필과 금가락지를 조선 조정에 바쳤다. 이에 조선에서도 화답해 1395년 백백태자에게 쌀 400곡과 저마포 30필을, 양왕 손자에게 쌀과 통(콩) 100곡과 저마포 10필을 하사했다. 1404년 백백태자가 죽고, 1444년 조정에서는 백백태자의 처가 연로한 데다 빈궁해 불쌍하니 제주로 하여금 매년 의복과 양식 등을 공급하도록 했다. 더구나 세종은 백백태자의 사위 임울에게 군역을 면제시켜 오로지 봉양만을 맡도록 하라는 명령을 내리기도 했다. 이렇듯 원나라와 이런저런 관계를 맺으며 지어진 이름인 원당봉은 오늘도 수많은 사람들을 반기며, 이런저런 역사문화를 들려주려는 듯 보인다.

탐라에 유배인을 보내기 시작한 것은 14세기 초 원나라와 관계가 깊다. 1273년 여몽 연합군이 삼별초를 평정한 후 원제국은 병력을 철수하지 않고 달로화적(達魯花赤: 다루가치) 총관부를 둬 탐라를 직속령으로 삼았다. 이후 탐라는 100여 년간 원의 지배에 들어갔다. 원은 다른 나라의 왕족이나 권신 등 국내에 두기가 곤란한 인물들을 제주도에 유배했다. 1317년 위왕과 가가목을 시작으로 1322년 휘정원사 나원, 1340년 석란해대왕을 제주도에 유배시켰다. 이후에도 도적과 범죄인 등 모두 170여 명을 제주에 유배시켰다. 이러한 유형流刑 제도는 원이 멸망한 후에도 명나라에 의해 답습되기도 했다.

이제 우리는 원당봉 둘레길을 돌아보고, 길들을 이어주는 마을 도련道連을 찾아간다. 도련을 가려면 삼화지구를 지나야 한다. 삼화지구에 최근 조성된 선사유적공원은 앞에서도 소개한 선사유적과 관련이 깊어 여행이 끝날 지점에서 마무리 글로 다시 소개하고자 한다. 여행에도 쉬어가는 여정이 필요할 것이기에. 그럼 색다른 비경과 비사를 지닌 도련동 여기저기를 거닐어보자.

여러 마을을 잇는 속 깊은 마을 도련

• • •

도련과원에는 천연기념물로 지정된 수령이 250년 내외의 당유자, 벤줄 등의 귤나무들이 있다. 천연기념물로 지정된 감귤나무들이 많기로는 이곳이 제주 최고다. 특히 도련은 제주에서 유일하게 할망당 곁에 4·3위령비를 세운 마을이기도 하다.

본향당 곁에 조성된 4·3위령비

도련은 제주 도처로 향하는 길을 연결한다는 의미를 지닌 역사문화가 깊은 마을이다. 중산간 마을이면서 해안마을로 통하는 길들이 즐비하다. 오래전부터 형성된 교통의 중심지 역할이 오늘날까지 이어지고 있다. 도련에서는 지석묘와 신석기 유물들이 대량으로 출토되기도 했다. 이처럼 제주의 역사문화가 깃든 여러 유물과 유적이 있고, 그리고 여러 인물들이 이곳에서 배출되었다. 그중 천연기념물로 지정된 감귤나무들과 4·3 위령비가 건립된 도련1동 본향당 등을 소개한다. 또한 제주에서 천연기념물로 지정된 감귤나무들이 많기로는 이곳이 유일하기에, 도련과원과 함께 제주에서의 감귤나무에 대한 역사문화도 곁들여 소개한다.

이곳에는 수령이 300년이 넘는 팽나무와 푸조나무가 할망당 주변을 신령스럽게 덮고 있다. 더욱이 4·3 광풍에 희생된 영혼들을 위령비에

도련동 당팟개당 (할망당)

도련동 본향당 곁에 세운 사삼위령비

도련동 본향당

새겨 당팟개당이라 불리는 할망당 곁에 모시고 있다. 오래전부터 이곳은 할망당이 있는 곳이기에 당팟(밭)으로 불려왔다. 바닷가 마을이 아닌 데도 '도련드르 당팟게당'이라고 불리는 것은 지형이 바닷게 모양으로 생겼기 때문이라 전한다. 재일교포 고희수씨가 당 옆의 밭 2046㎡를 희사해 1991년 할망당을 새롭게 정비했다. 도련동 본향당 신목은 보호수로 지정된 수령 350년 된 팽나무와 300년 넘은 푸조나무 두 그루이다. 신목 바로 남쪽에 돌담으로 쌓은 할망당 제단이 마련되어 있다. 신자들인 단골들은 정초에 이곳을 찾아와 과세문안 過歲問安 도 하고, 평소에도 본향을 정성스럽게 정비하고 있다.

1948년 11월, 4·3 소개령으로 도련의 모든 주민들은 삼양, 화북, 신촌 등지로 내려갔다. 이후 셋꼴과 웃동네 사이에 4·3성을 쌓아 거주한 도련주민들은 동문과 서문으로만 출입하고, 마을 중심가에 들어선 경찰지서에서는 아침저녁으로 점호를 실시했다. 1948년 12월 12일 벌어진 초토화 작전으로 적지 않은 도련사람들은 죽음을 당하게 되는데, 토벌대에 쫓겨 조천면 교래리 지경의 '밤남도왓'이란 곳까지 피신하기도 했다. 그 겨울의 지독한 피난생활에서 살아남은 사람들은 1949년 3월경 귀순 공작에 따라 마을에 돌아오기도 했다. 4·3에 희생된 189위 영혼들을 마을 본향당 곁에 모신 희생자 위령비에는 당시의 처참한 상황이 잘 그려져 있어 여기에 그 위령비문을 싣는다.

제주섬나라에 죄 없는 피를 가득 뿌려 놓고 무심한 세월은 반세기를 유유낙

낙 흐르고 있습니다. 허무하게도 가신님들의 목숨은 아직도 아픔을 치유받지 못한 채 구천을 떠돌고 있으며 그 억울한 죽음 앞에선 산과 바다도 침묵할 수밖에 없었습니다. 이념과 사상이 무엇인지 모르는 순박한 마을 사람들은 죄명도 모른 채 끌려가 억울하게 숨진 한이 얼마나 깊었으면 아직도 그날의 원혼이 마을 하늘을 떠돌고 있겠습니까. 지금 애타게 불러본들 그 영혼들의 귀에 닿을 리 없으니 속절없는 일. 고귀한 생명들을 앗아간 4·3이 너무 애통하고 분노의 마음이 가득할 뿐입니다. 그러나 남아있는 우리들의 애절함이야 오랜 세월 쉼 없이 꿈틀대며 아쉬움으로 남겠지만 평생 실의에 빠져 살 수만은 없는 것 아닙니까. 600여 년 전 설촌된 우리 도련마을이 평안한 영겁을 위하여 하나의 매듭이 필요한 시점임을 알았습니다. 죄 지은 자 없고 죄 없는 자들만 땅에 묻힌 이 역사의 아픔을 오래 기억하고 억울하게 쓰러져간 영혼들이 황량한 방랑길을 헤매지 않도록 하는 미래를 열고자 이곳 본향당에 가득 품은 연모의 징으로 위령비를 세웁니다. 용서만이 화해를 낳은 사랑이기 때문입니다. 억울하게 돌아가신 일백팔십구(189)위 영령이시여, 그 희생을 기리고 잊지 않기 위해 빗돌을 세우고 명복을 비옵니다.(2008년 2월 도련1동 동민 모두의 정성을 모아 세우다.)

제주시 도련1동에 있는 본향당은 마을 공동체의 신을 모시는 성소로, 이곳에서는 마을굿이 이루어진다. 본향낭에 좌정한 당신(堂神)은 마을 공동체의 신인만큼 마을 사람 모두의 생명과 건강 그리고 사업 번창 등을 관장한다.

4·3위령비문은 눈물샘을 자극할 정도로 우리의 가슴을 파고든다. 또한 이곳에서는 이웃사촌이란 말이 실감난다. 도련1동에는 본향당과 4·3위령제단이 이웃하고 있다. 사후세계의 아름다운 동행을 보며 선인

들의 종교관을 엿보고자 할망당과 포제에 대해서도 적어본다.

남성 중심의 포제와 여성 중심의 당굿

　탐라와 제주의 선인들은 주변을 에워싼 자연환경과 더불어 살기 위해 자연신·조상신·토지신·해신 등 다양한 신들에게 끊임없이 치성을 드리며 옹골차게 삶을 이어오고 있다. 설촌 이후 이곳 선인들도 마을의 수호신을 모신 할망당과 포제단을 마련해 제의를 지내고 있다. 이러한 세시풍속은 생산공동체와 신앙공동체를 유지하는 기반이 되어 왔다.
　조선시대에는 이형상 목사에 의해 당이 파괴되고 심방들의 활동이 위축되기도 했으며, 일제강점기와 새마을운동을 거치며 제주선인들의 뿌리 깊은 마을제가 미신행위이자 허례허식으로 매도되기도 했었다. 이런 와중에서도 선인들은 장구한 역사의 흐름 속에서 전승되어 온 마을공동체 신앙으로서의 당과 포제를 주민생활 속에 깊숙하게 뿌리내리며 그 명맥을 유지해 왔다. 당굿은 오랜 기간 풍요와 안녕을 기원하는 제주선인들의 제천행사이며 마을축제이다. 국가종교로서 장려됐던 고려의 불교가 조선시대 제주에서는 억불정책의 시행으로 무속신앙과 서로 영향을 끼치며 유지·전승되어 왔다.
　1만 8천 신들의 고향인 제주에는 산에는 산신당, 바다에는 해신당, 마을에는 본향당이 있다. 이를 통칭하여 할망당으로 불린다. 본향당이란 마을마다 있는 신당^{神堂}으로, 송당 본향당·와흘 본향당·수산 본향당·월평 다라쿳당 등이 제주도 민속자료로 지정돼 있다.

할망은 할머니의 제주어이다. 손자의 무슨 말이라도 들어주는 사람이 할망이다. 또한 설문대할망, 삼신할망, 조왕할망이 상징하듯 할망은 신격화된 말이기도 하다. 그래서 제주 도처의 마을에서는 신앙의 대상으로 할망당을 모셨고, 어려움이 있을 때면 수시로 할망당을 찾아가 속내의 한 많은 사연들을 털어놓곤 했다. 그런 맥락으로 할망당을 영혼의 주민센터에 비유하기도 한다.

정월에는 마을 수호신에게 인사를 드리는 신과세제, 2월에는 영등신을 모시는 영등제, 한여름에는 우마의 번성과 농사의 풍년을 기원하는 백중제(마불림제), 9월과 10월에는 1년 농사에 대한 고마움을 표시하는 시만국대제, 부자가 되게 해 달라고 비는 칠성제, 바다 수호신에게 비는 용왕제, 산신제, 풀무고사제 등 다양한 형태의 굿과 제의가 제주에서 행해져 왔다.

조선후기 유교정책이 강력하게 펼쳐지면서 유교식 제사인 포제는 남성 중심으로, 기존의 당굿은 여성 중심으로 나눠 행해졌다. 그러나 와흘리 등 일부 지역에서는 남녀가 함께 어우러져 마을의 안녕을 기원하는 마을제가 그대로 유지되기도 한다. 또 하나, 이형상 목사는 한라산신제를 국가제사로 건의해 제의를 치렀다. 그는 제주의 신당과 불교사찰을 130여 곳이나 파괴했던 지방관이었다. 그럼에도 토속신앙의 뿌리가 깊었던 제주사회를 끌어안지 않고서는 제주선인들을 다스릴 수 없다는 고민이 있었기에 한라산신제를 국가제사로 치렀을 것이다. 결국 제주선인의 토속신앙 행위는 조선시대 유교정책 속에 포용돼 유지됐던 셈이다.

포제단은 사람과 사물에게 재해를 주는 포신에게 액을 막고 복을 줄 것을 비는 제단이다. 서울과 제주 두 곳에 있었는데, 서울서는 마보단 馬步壇에서 지냈다고 한다. 포제 시 말이나 꿩의 소리가 들리면 길조로, 개·소·닭 소리가 들리면 흉조로 여겼다 한다.

천연기념물 도련과원

도련본향당을 뒤로하고 이제 오래된 감귤나무들을 만나러 오던 길 뒤돌아 나온다. 지방문화재와 천연기념물로 지정된 6그루의 감귤나무들이 있는 과수원을 '도련과원'이라 명명해 본다. 그리고 당유자, 병귤, 산귤, 진귤 4종류 6그루의 재래 귤나무가 잘 보존되고 있는 도련과원에서 제주감귤의 역사를 떠올려본다.

재래귤 중에서 가장 큰 댕유지(당유자)는 식용, 약물, 제물 등의 다양한 용도로 쓰였기 때문에 보존이 잘 된 편이다. 벤줄이라 불리는 병귤은 관목으로 자라며 열매는 과실부가 돌출된 형이어서 다른 재래귤과 쉽게 구별된다. 산물이라 불리는 산귤은 가지가 촘촘하며 마디가 짧다. 진귤은 재래귤 중에서 향기와 맛이 으뜸이다. 과실의 껍질은 다소 거칠지만 신맛과 향기가 강하다.

도련과원

도련과원에서 제주감귤의 역사문화를 떠올리다
• • •

문헌에 따르면, 제주가 귤의 고장으로 불리게 된 것은 고려시대부터이다. 고려시대 제주에서는 귤을 과일로 대접하고 또한 정기적으로 중앙정부에 진상품으로 바쳤다. 『고려사』 문종 6년(1053) 3월 조^條에 의하면, 제주의 특산품으로 중앙정부에 바치던 귤의 납부량이 1백 포자^{包子}로 바뀌었다. 이 문건이 제주의 감귤 관련 최초의 문헌으로 알려져 있다. 이 문헌으로 보아 1052년 이전 정부도 제주의 귤을 진상 받았음을 알 수 있다.

제주 감귤이 육지부 사람들에게 선물로 보내지기 시작한 것도 역시 고려시대 부터이다. 최자^{崔滋}(또는 최안)가 제주 수령 재직 시 당대의 대문호인 이규보에게 귤을 여러 해 선물로 보냈다. 이규보가 화답으로 지은 시 두 수에는, "귤은 제주에서만 나고 향이 좋아서 많이 찾지만 매우 귀해 중앙의 최고 상류층도 구하기 힘들다."라는 내용을 담고 있다. 그리고 제주에서 개경으로 가는 동안 많은 시일이 걸려 부패해진 귤도 많았다는 내용도 담고 있다.

귤이 귀했기에 감귤나무가 뇌물로 쓰이기도 했던 모양이다. 충렬왕 때 임정기^{林貞杞}가 전라도 시찰 중 감귤나무 두 그루를 얻어서 궁궐에 가져왔으나, 시간이 많이 지나서 나무가 말라 죽었다. 감귤나무가 말라 죽을 것을 알면서도 가져온 것은 왕에게 감귤나무를 보여 왕에 대한 충심을 잘 보이고자 했던 모양이다.

13세기 전반 제주는 '귤의 고장(橘柚之鄕)'으로 더욱 알려지고 있었다. 김구(金坵)는 제주 판관 시 "귤과 유자의 고향에 애정을 깊이 남겨놓았다."라는 글을 남기기도 했다.

고려시대 때는 국가에서 감귤류 나무를 관할하는 과수원은 없었다 한다. 단지 민가에서 혹은 자생해 자라는 감귤류 나무에서 과실을 따서 중앙정부에 진상품으로 바쳤다. 그리고 당시 재배했던 품종으로 확인되는 것은, 감자(柑子)·등(橙)·유자(柚子)·청귤(靑橘)·동정귤(洞庭橘) 등의 5종류이다. 조선시대에 들어와서 감귤은 종묘에 제사를 지낼 때 신위(神位)에 바치는 제물, 또는 귀한 손님을 접대할 때 상에 올리거나, 왕이 신하들에게 특별히 내리는 하사품 등으로 소중하게 쓰였다. 이 때문에 국가의 필요성에 의해서 감귤을 원활하게 공급받기 위해 제주목·정의현·대정현에서 감귤나무가 잘 자라는 곳에 과원(果園)을 조성했다. 『동국여지승람』에 의하면 제주 과원의 구체적인 명칭과 지역 등에 대해서는 언급되어 있지 않으나, 제주목 19곳·정의현 6곳·대정현 5곳 등 도합 30개소가 있음을 기록하고 있다.

과원을 설치하여 인근 주민들로 하여금 보살피도록 하는 한편, 그 상황을 조정에 보고했다. 그러나 제주 관아의 과원은 관리에 힘을 많이 쏟았으나 벌레가 쉽게 생기는 등 민가에서 자라는 감귤나무보다 수확이 적었다. 그래서 중앙정부에 바치는 감귤 납부량을 채울 수가 없어 민가에서 거두어들여야만 했다. 제주 관아는 민가에서 자라는 감귤을 강제로 빼앗기도 하고, 수확량이 줄면 벌금을 물리거나 심지어는 형벌도 가했다. 그래서 제주 사람들은 감귤나무를 잘 심지 않았고, 심지어 뽑아버리거나 고사시키기도 했다.

제주의 과원은 1526년(중종 21)부터 그 성격이 크게 변했다. 이수동 목사가 감귤 진상으로 야기되는 민폐를 없애기 위해 별방·수산·서귀·동해·명월 등의 다섯 방호소(防護所)에 각각 과원을 설치하여 해당 소속의 군인들로 하여금 감시·보호 등의 일을 겸하게 했다. 이로써 그 관리도 체계적으로 이루어지기 시작했다. 국가 관할 제주 과원의 명칭과 지역 등도 17세기 중반『탐라지』를 통해 구체적으로 드러난다. 제주목 23개소·정의현 8개소·대정현 6개소 등 37개소 과원의 명칭과 소재처가 기록되고 있다. 또한 『탐라지』에는 과원에서 자라는 유자·감자·산귤·귤·청귤·탱자·석귤·동정귤·당유자·등자·유감·당귤 등과 같은 감귤류 나무의 12품종과 그 수효도 낱낱이 기록되어 있다. 이밖에 감귤류 나무뿐만 아니고, 뽕나무(桑)·옻나무(漆)·치자나무(梔子)·닥나무(楮)·팥배나무(杜)·석류나무(石榴)·동백나무(冬柏)·비자나무(榧子)·멀구슬나무(苦楝)·모과나무(無患子)·벽오동나무(靑桐)·백일홍나무(百日紅)·메밀잣밤나무(赤)·오동나무(桐)·홰나무(槐)·감나무(柿)·매화나무(梅花) 등도 심어 가꾸고 있었다. 즉 과원은 감귤뿐 아니라 약용작물 재배단지로서의 기능도 겸했던 것이다.

18세기 초에 편찬된『남환박물』에 의하면, 17세기 중반에 37개소였던 국가 관할의 제주 과원은 42개소로 늘어났다. 이어 19세기 중엽 편찬된『탐라지초본』에는 제주목 43·정의현 7·대정현 6개소 등 도합 56개소,

『증보탐라지』에는 제주목 47·정의현 8·대정현 7개소 등 도합 62개소가 있었음이 확인되고 있다. 그러나 후자의 두 사서에서는 과거에 설치·운영되었던 과원의 상당수를 찾아볼 수 없다. 이러한 조선시대 국가 관할의 제주 과원은 기존 과원이 폐원되기도 하고 새로운 과원이 생기기도 하며 폐원된 과원이 다시 설치·운영되면서 명칭도 바뀌곤 했다.

1601년(선조 34) 청음 김상헌이 제주의 사정을 기록·편찬한 『남사록』에는, "매년 7·8월에 목사·군관은 촌가를 순시해 귤과 유자가 있는 곳이 있으면 붓으로 하나하나 방점을 쳐 장부에 적었다가 가을이 되어 익는 날에 장부를 살펴 거둔다. 혹 바람과 비에 손상을 입거나, 까마귀와 참새가 쪼아 먹은 것이 있으면 그 나머지를 보여주도록 집주인에게 요구하고, 만일 요구에 응하지 못하면 장부에 적힌 대로 바치도록 한다. 이 때문에 민가에서는 귤과 유자를 재배하는 것을 좋아하지 않으며 나무가 있는 자도 또한 잘라버려 관가 책임추궁의 근심을 면하려 한다." 라고 적혀있다.

그만큼 제주선인의 고역이 컸음이다. 제주 관아에서는 각 집마다 감귤나무 8그루를 재배해 그 열매를 상납하면, 한 사람의 1년 역을 면제해 주는 방안을 시행하기도 했다. 그래서 제주 민가의 울타리에 감귤나무를 심는 추세가 점점 늘어나기도 했다. 감귤 진상 제도는 1894년 갑오개혁으로 폐지됐다.

제주도에서 가장 오래된 귤나무는 수령이 400세로 애월읍 상가리에 있다. 산물낭이라 부르는 진귤나무가 13대째 내려온 상가리 진주 강

姜씨 집안에서 자라고 있다. 진귤은 향기와 맛이 독특하여 지방 특산물 중에서도 상품에 속하는 진상품이었다. 수령이 100년 이상인 재래종 귤나무는 제주에 185그루 정도 남아있다고 한다. 문헌에는 35종의 재래감귤이 제주에서 재배됐는데 현재 12종이 남아 있다. 온주밀감 나무는 수령이 50년이면 뿌리가 썩는데 반해 400년 된 진귤나무는 뿌리와 밑동이 여전히 튼튼하다. 진귤은 밀감보다 작지만 향이 진하며 껍질은 조금 거칠다.『동의보감』에 "진피는 산물(진귤)의 껍질만을 말하며, 한방에서 감초 다음으로 많이 사용하는 약재로 성질이 따뜻하며 맛은 쓰고 매우며 독이 없다."라고 적혀있다.

도련과원에서 천연기념물로 지정된 6그루의 감귤들을 만나 감귤의 역사문화를 찾아 과거로의 여행을 잠시 떠났다. 다음의 시를 남긴 이규보는 감귤 향에 취하고 사람의 마음에 취했을 것이다.

濟州太守崔安以洞庭橘見寄以詩謝之三首
(제주태수최안이동정귤견기이시사지삼수)
제주의 태수 최자(안)가 동정귤을 선물하니, 시를 지어 사례한다.

除却耽羅見尙難 (제각탐라견상난) 탐라가 아니면 보기가 어려운 것
遠來何況水程艱 (원래하황수정간) 더구나 그곳은 물길이 머나먼 곳이어서
貴人門閥猶稀得 (귀인문벌유희득) 귀한 사람의 집에서도 드물게 얻어지는 것을
最感年年及老殘 (최감년년급로잔) 해마다 늙은이에게 보내오니 고맙기 그지없어

圓於金彈粲堪珍 (원어금탄찬감진) 황금 탄환같이 둥글고 찬란하니 자못 진귀하여
猶似霜林始摘新 (유사상림시적신) 오히려 서리 내린 숲에서 새로 따온 듯
呼作洞庭尤可喜 (호작동정우가희) 동정귤이라 부르니 더욱 반가운 것은
飮筵宜伴洞庭春 (음정의반동정춘) 마시는 자리에는 동정춘이 마땅히 함께 하니
先生見替渡江淮 (선생견체도강회) 읍재선생이 바꾸어 남쪽 물을 건너오니
更有何人餉我來 (갱유하인향아래) 다시 또 누가 있어 나에게 보내올까
此果難嘗眞細事 (차과난상진세사) 이 과실 맛보기 어려운 건 누구나 아는 일이니
祝君壽拜省郞廻 (축군수배성랑회) 그대가 보내 온 극진한 맘을 축하해야지

위 한시는 1241년 편찬된 이규보의 문집인 『동국이상국집』에 실려 있다. 고려 재상을 지낸 이규보가 제주부사인 최자(안)에게서 감귤을 선물 받고 지은 위의 시는, 귤에 대한 기록으로는 우리나라 최초의 글로 알려져 있기에 여기에 전문을 옮겨 적는다.

『탐라순력도』로 보는 감귤의 역사문화
...

국가지정 문화재인 『탐라순력도』는 이형상 목사가 1702년 제주 도처를 순력한 내용을 화공 김남길에게 그리도록 하여, 4자성어로 41개의 제목을 붙여 1703년 편찬한 화첩이다. 제주에서 감귤이 궐에 진상되면 임금은 감귤을 성균관 유생들에게 나눠줘 과거를 보는데, 이를 '황감제^{黃柑製}'라고 한다. 수석 합격자는 과거 급제자와 같은 자격을 줘 전시^{殿試}에

바로 응시할 수 있게 하며, 차점자 등에게는 향시나 한성시에 가산점을 주거나 상을 내려주었다. 이처럼 조선시대 제주 감귤은 국가적 차원에서도 매우 귀중하게 취급되는 최고의 특산품이었다. 『탐라순력도』에 그려진 감귤에 관한 그림을 다음과 같이 소개한다.

감귤봉진

감귤봉진柑橘封進은 다양한 종류의 감귤과 한약재로 사용되는 귤껍질을 봉진하는 그림이다. 한편, 감귤 진상이 이루어질 때는 제주목 관아와 조정에서 각종 행사가 이루어졌다. 이 그림에서는 지금의 목관아에 복원된 망경루望京樓 앞뜰에서 귤을 상자에 넣어 봉封하는 과정 등이 상세히 그려져 있는데, 당시 봉진한 종류로는 당금귤唐金橘, 감자柑子, 금귤金橘, 유감乳柑, 동정귤洞庭橘, 산귤山橘, 청귤靑橘, 유자柚子, 당유자唐柚子, 치자梔子, 진피陳皮, 청피靑皮 등이다. 감귤 진상은 9월에 가장 일찍 익는 금귤, 10월 그믐의 유감과 동정귤 등의 순서로 시작해 1년 24차례 이송되었다. 포장 작업은 제주목 관아에서 이뤄졌는데, 가지를 떼지 않은 채 상자에 담아 봉해졌다. 그동안 목사 주도로 주안상을 마련해 풍악을 즐겼다. 저장할 수 있는 감귤은 저장해 두었다가 4~5월에 진상하곤 했다. 청귤과 산귤 등의 귤껍질도 진상했는데, 청귤 껍질은 허리통증이나 우울증, 산귤 껍질은 위장병이나 열을 내리는 약재로 주로 썼다고 한다.

「탐라순력도」 감귤봉진 세부도

귤림풍악

귤림풍악^{橘林風樂}의 그림은 지금의 복원된 목관아 북쪽에 위치한 망경루 후원^{後園} 귤림에서의 풍악도^{風樂圖}이다. 귤림풍악의 과원은 북과원^{北果園}으로 여겨진다. 여기는 본래 여말선초에 진무청^{鎭撫廳}이 있었던 곳이다. 과원에서 풍악을 즐기는 모습이 보이며 과원 둘레에 대나무가 방풍림으로 심어져 있다. 1702년 제주 삼읍 귤의 총결실수^{摠結實數}를 부기하였는데, 당금귤, 유자, 금귤, 유감, 동정귤, 산귤, 청귤, 당유자, 등자귤^{橙子橘}, 우금귤^{右金橘}, 치자, 지각^{枳殼}, 지실^{枳實} 등에 대한 수량을 적시하고 있다.

고원방고

고원방고^{羔園訪古}는 오늘날 서귀포시 강정동에 있는 고둔과원^{羔屯果園}에 목사가 방문했을 때의 모습을 그린 것이다. 그림 속에서 보듯 녹색 옷을 입은 사람들이 모여 목사의 방문을 환영하기 위하여 풍악을 울리는 장면이 그려져 있다. 장소는 과원 좌측에 있는 '왕자구지^{王子舊地}'이다. 이곳에서 기녀들이 거문고를 연주하는 가운데 목사 일행들이 풍악을 즐기고 있다. 그림 속의 귤나무는 모두 31그루이다. 과원의 방풍림으로 대나무가 심어있고, 과원 밖에는 참나무와 매화나무가 많이 심어있으며, 지금의 운랑천으로 추정되는 물길과 부근에 논이 형성돼 있다.

왕자구지는 지금도 풀리지 않은 역사가 깃든 곳이다. 왕자란 국왕인 성주와 함께 탐라국을 실질적으로 이끈 두 번째 벼슬이다. 신라시대부터 내려온 이 벼슬은 고려시대인 1270년부터 1404년까지 문씨가 세습하였다. 왕자구지가 있었던 이곳에서 그리 멀지 않은 하원동에는 탐라왕자묘 3기가 있는데, 왕자묘역은 문씨종친회에서 관리해오고 있다.

「탐라순력도」 귤림풍악

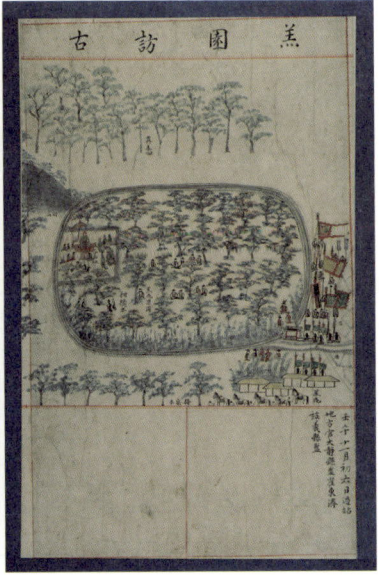

「탐라순력도」 고원방고

왕자구지의 실체 엿보기

"인마^{人馬}를 교체하고 지나는 길에 고둔과원에 들렸다. 탐라국 때 왕자가 살았던 곳이다. 감귤 등의 과일이 과원에 가득하고 뒤에는 생수가 나오는 자그마한 샘이 있다." 이 글은 이익태 제주목사가 제주도를 순력하며 1696년 적은 『지영록^{知瀛錄}』이란 역사서(제주문화원 번역, 1997)에 실려 있다. 비슷한 시기인 1702년 편찬된 위의 『탐라순력도』 고원방고에도, 왕자구지와 함께 고둔과원이 등장한다.

고둔과원은 한성판윤(지금의 서울시장)을 지낸 영곡 고득종의 별장 터라 전해지는 곳으로, 현 서귀포시 용흥동 부근의 '염돈과원'이라 불리는 지역이다. 고둔과원은 하원동 탐라왕자 묘역에서 그리 멀지 않은 곳에 위치하고 있다. 고둔과원의 주인 고득종의 매부는 마지막 탐라왕자인 문충세의 아들이자 우도지관을 지낸 문방귀이고, 고득종과 함께 제주의 전제^{田制} 개혁을 세종에게 건의한 이는 탐라왕자 문충세의 동생인 문충덕이다. 이렇듯 제주의 역사서에 적지 않게 등장하는 남평문씨는 한두기 등 제주의 여러 마을들을 설촌한 인물로, 그리고 '문도령과 자청비'에서 보듯 신화 속의 주인공으로도 등장한다.

『제주인물대사전』(김찬흡 편저, 2016) 등에는 1267년 문행노 등이 난을 일으키자 제주부사 최탁과 함께 민란을 평정한 탐라왕자 양호가 원나라에 가서 비단 등을 받았음을 전하고 있다. 이러한 기록으로 보아 1270년 이전에는 양씨가문에서 탐라왕자 직을 세습한 것으로 추정된다. 그러나 1267년과 1270년 사이에 일어난 사건, 특히 삼별초와 관련한 사건 등의 영향으로, 탐라부사로 있던 문창우가 양호에 이어 탐라왕자에 봉작된다. 이후 탐라왕자 직은 문씨가문에서 5대에 걸쳐 6인(창우 〉 공제 〉 승서 〉 신보 〉 충걸 〉 충세)이 1270년부터 1404년까지 135년 동안 세습하였음을 여러 역사서는 전한다.

도련이 낳은 인물들

도련과원에 10여 차례 답사를 다녀왔다. 어느 방문 길에서 '가의대부(종2품) 공조참판 탐라고공익보 생가 및 가묘(家廟) 터'라고 새겨진 표지석을 그곳 집터에서 만났다. 표석의 내용으로 보아, 이곳 도련과원은 탐라고씨 매촌파의 파조인 고익보의 생가 터로 여겨진다. 이 터의 주인 고익보는 애월읍 납읍마을과도 관련이 깊은 변성우로부터 학문을 배웠다. 구휼의 인으로 알려진 양제하도 이 마을 태생이다. 이에 김찬흡 선생이 2016년 편찬한『제주인물대사전』등에서 이들에 대한 내용을 추려 다음과 같이 소개한다.

희방노인 고익보 생가터 표지석

도련과원 내 집터

회방노인 고익보

　도련들(도련의 옛 명칭)에서 고처성의 아들로 태어난 고익보는 역시 같은 도련 출신이며 전적을 지낸 변성우의 문하에서 글을 배우고 18세에 향시에서 으뜸으로 합격했다. 1765년 이광빈 등 32명과 함께 무과에 급제, 1778년 명월진 만호로도 부임했다. 1825년 그의 나이 87세의 고령임에도 왕명에 의해 회방노인^{回榜老人}으로 상경하자, 순조 임금은 그의 건강한 모습을 보고 크게 칭찬하며 종2품인 가의대부, 동지중추부사 겸 공조참판을 제수^{除授}함과 동시에 말과 양식을 하사했다. 회방노인이란 과거에 급제한 후 환갑을 맞은 노인을 높여 부르는 말이다. 부인 백씨가 1830년 95세로 천수를 누려 돌아가신 다음 해에 그도 93세로 따라가니 '군자해로^{君子偕老}'라 했다. 1908년 부해 안병택(부친은 안달삼)이 그의 비갈문을 지어 오늘에 전한다. 오랜 세월 모셔 오던 가묘가 1948년 4·3으로 불타 없어졌고, 최근 설치한 표지석과 함께 집터 형상이 남아 당시의 유적지임을 알려주고 있다. 그냥 스쳐지나는 바람처럼 이곳 수변을 찾는 이는 이곳이 보이지 않을지 모른다. 하지만 천연기념물로도 지정된 이곳은 숨은 보물처럼 빛나는 곳 중 하나였다.

오현단 증주벽립 모사한 변성우

　영헌 변성우는 1763년(영조 39) 어사 이수봉^{李壽鳳}이 내도하여 과거시험을 치를 때, 종형 변성운과 동향인 김형중과 함께 동방급제 하였다. 당시의 부제^{賦題}는 창창일점한라산^{蒼蒼一點漢拏山}이다. 1765년 임금이 친히 임석한 자리에서 치르는 과거시험인 친림전시^{親臨殿試}에서도 변성우·변성운·김형중 3인이 급제하자, 윤시동 목사가 참석한 가운데 마을(애월읍 납읍리)에서는 큰 잔치가 열리기도 했다. 도련과 납읍과도 관련이 깊은 변성우는 납읍 출신인 부친 변시중이 도련(매촌)에서 훈학할 때 낳은 이후 그곳에 살았던 관계로, 원주변씨 매촌파의 입향조가 되었다.

　원래 오현단 바위에 새긴 증주벽립^{曾朱壁立}은 송시열이 살았던 동네인 서울 성균관 북쪽 벼랑에 새겨 있는 글자이다. 증자와 주자를 공경하고 배우자는 의미를 담은 증주벽립 글자를 한양에서 모사^{模寫}해 제주에 가져온 이는 변성우다. 성균관 직강으로 재직했던 시절, 변성우가 제주에 가져와 후손들이 보관했던 것을 제주판관 홍경섭이 1856년 오현단 돌벽에 새긴 것이 지금의 명품바위인 증주벽립인 것이다. 변성우는 전라도 장성의 청암찰방, 전주의 삼례찰방 등을 역임했다.

구휼의인 양제하

　1876년(고종 13) 제주판관을 지낸 양제하는 1837년(헌종 3) 도련마을에서 태어나 1863년(철종 14) 무과에 급제하여 전라도 장흥군의 벽사찰방과 장성군의 청암찰방, 부안군의 격포진 수군첨사, 경상도의 경주영장 등을 지내기도 했다. 그는 두 차례에 걸쳐 자신의 곡식 437섬을 내놓아 굶주리는 주민들을 구제한 일로 1879년 조정에서 포상을 받았다. 양제하의 선행을 조정에 상신하였던 제주목사 백낙연[白樂淵]은 1877년 가을부터 흉년으로 제주에서 기민이 늘어나자 조정에 곡식을 요청하여 구휼하기도 하였다. 이해 가을에는 특히 엄청난 메뚜기떼들이 제주 전역에 나타나 농사에 큰 피해를 주었다고 한다.

제주목 성밖 동녘길
여정을 마치며

　탐라국 시대에 세워진 후 조선시대에 와서도 증축된 제주목의 도성(都城)을 오가기 위해서는, 선인들은 동문인 연상루, 서문인 진서루, 남문인 정원루를 통과하였을 것이다. 그러나 제주읍성의 동·서·남 세 성문인 연상루·진서루·정원루는 일제강점기의 읍성철폐령에 의해 성곽과 함께 사라진 후 여태 복원되지 않고 있다. 일제는 1910년 조선을 병탄(倂呑)하려는 의도로 '읍성철폐령과 조선귀족령'을 선포했다. '이제 조선을 잊고 일제의 식민이 되어라'라는 선전포고와 다름이 없다. 그리고 이는 이완용처럼 말 잘 들으면 귀족도 될 수 있다는 양면전술이다. 일제에서 해방되어 1세기가 가까이 와도 제주읍성 성곽은 고사하고 성문도 복원되지 않았다. 정체성을 찾아가는 길에서 만나는 극일(克日)의 길은 이처럼 요원한가.

　(사)질토래비에서는 '돌하르방 제자리 찾기 운동'을 지속적으로 전개하고 있다. 일제강점기를 거치며 사라진 성문들을 복원하여 성문지기인 돌하르방들을 제자리에 모시는 일 역시 신성한 역사복원이고 정체성을 찾는 길이라 여기기 때문이다. 이러한 차원에서 이름 지어 거닐고 있는 길 가운데 하나가 '제주목 성밖 동녘길'이다. 이 길에서 만난 삼양·화북·도련동 일대에 퍼져있는 삼화지구는 우리의 삶을 닮은 상전벽해의 현장이다. 오래전 돌밭과 수풀로 우거지기도 했던 이곳에는 지금 아파트 단지가 넓게 퍼져있다. 이곳 어딘가에는 지석묘를 비롯한 많은 유물들이 출토된 선사유적지도 있었다. 그래서 도심 속에 선사유적공원이 조성된 것이다. 그 사연을 적는 것으로 마무리 글을 대신한다.

　높은 언덕인 이곳에서도 삼양동 해변마을 못지않게 많은 선사 유물들이 여러 차례 발견되었다. 1966년 이곳은 구획정리사업지구로 지정되어 보존대책 없이 공사가 강행되고, 이 과정에서 매장 유물들이 상당수 손실되었다 전한다. 그 후에도 여러 차례의 발굴을 통해 228기라는 많은 집자리들, 창고와 저장구덩이, 야외가마, 돌담과 배수로, 쓰레기 폐기장, 중국과 왜 등과 교역한 유물들도 발견되었다. 이를 통해 탐라형성기의 대표적인 마을 유적임이 밝혀지고, 이에 따라 1999년 11월 이 일대 14,000㎡가 '제주삼양동선사유적'으로 지정되기에 이른 것이다. 또한 이곳에서는 고인돌과 독널무덤인 옹관묘 등도 발견되었다. 이로 미루어 보아 삼화지구는 탐라형성기를 거치며 주거공간보다 무덤과 제의 등으로 이용된 공간이었을 가능성이 높다고 한다.

'제주의 다양한 역사문화를 품고 있는 화북동과 제주 역사문화의 보물창고 삼양동'이란 제목으로 다양한 역사문화와 함께 이 고장이 낳은 역사적 인물들도 만나보았다. 특히 여러 갈래의 길을 잇는 도련^{道連} 마을에서는 제주도 유일의 할망당 곁에 조성된 4·3위령비도 보았고 천연기념물로 지정된 도련과원에서 제주감귤의 역사문화를 떠올려보기도 했다.

이곳에는 이외에도 소개되지 않은 역사문화 현장이 더러 있을 것이다. 그 중 하나가 화북동의 윤동지하르방당이다. 다음을 기약하면서 동녘길 여정을 마친다.

제4부

제주옥성밖
서녘길

제주목 성밖 서녘길을 열며

　제주목의 주성^{州城} 안으로 들어가는 성문과 성안을 둘러쌓은 성담은 일제가 1910년대에 내린 '읍성철폐령'에 의해 강점기를 거치며 사라졌다. 당시의 제주목은 동으로 구좌읍 종달리를, 서로는 한경면 판포리를 경계로 하여 이루어진 넓은 지역이었다. 제주목 성밖 동녘길에는 지금의 제주시를 중심으로 하여 조천읍·구좌읍이, 제주목 성밖 서녘길에는 애월읍·한림읍·한경면이 속한다. 동녘길에 비해 서녘길은 역사문화의 길이도 장구하거니와 토질과 기후가 좋아 일찍 마을이 발달하여 거주민도 많은 편이다. 어쩌면 한 권의 책으로도 모자랄 정도의 역사문화가 농축된 길이다. 그래서 이 길에서는 우선, 제주읍성 가까이에 위치하는 애월읍의 중산간 마을들인 소길리·장전리·유수암리와 해안마을인 고내리, 그리고 중산간과 해안 사이에 위치한 수산리 등 5개 마을에 한하여 소개하고자 한다.

　제주목 성밖 서녘길 첫 탐방지는 목축문화와 관련 있는 중산간 마을들인 애월읍 소길리·유수암리·장전리다. 제주에서는 꽤 높은 오름으로 알려진 노꼬메오름 주변에 위치한 이 지역은 감귤과 축산 등을 주업으로 하는 전형적인 농촌 마을들이다. 이어 우리는 신비한 고내봉이 한라산을 감춘 영험한 마을인 고내리와, 수산봉과 500년 곰솔이 지키는 마을인 수산리를 거닐며, 각 마을 도처에서 숨은 비경과 비사를 만나게 될 것이다.

수산봉 물메저수지를 바라보며 그네 타다

제주목 성밖 서녘길

제주목 성밖 서녘길의 여정

애월읍은 제주도의 읍·면 중에서는 가장 넓은 지역이며
또한 40개 오름을 거느리는 오름왕국으로도 알려져 있다.
특히 가장 많은 26개 행정리를 거느리는 읍이다.
본 제주목 성밖 서녘길에 포함되지 않은
나머지 마을들 도처에도 상당한 역사문화가 담겨 있다.
이곳에 관한 역사문화 역시 연차적으로 답사하여 소개할 예정이다.
제주목 성밖 서녘길의 탐방코스를 간략하게 소개하면 다음과 같다.

소길리 > 멍덕동산과 좌랑못 > 곡반제단 > 소길리 원동마을 >
소길리·장전리 공동 간이수도 물통 > 장전리 건나물 동산 > 괴물오름 > 백중제 제단 >
마장 잣성과 테우리 막사 > 유수암천이 솟는 유수암리 > 절동산 > 홍윤애 묘역 >
고내봉과 고내망 > 다락빌레 > 고내리 해녀상 > 고내리 환해장성과 공동우물터 >
물메오름 수산봉 > 수산리 본향당 > 항다리궤당 > 수산리 곰솔과 포제단

칠토래비

제주
역사문화의
길을 열다

7장

제주의 목축문화를 품고 있는
소길리·장전리·유수암리

제주의 목축문화를 품고 있는
소길리·장전리·유수암리

    소길리·장전리·유수암리 세 마을의 공통점은 애월읍 중산간에 위치한 이웃 마을이란 점이다. 오래전부터 목축문화를 공유해온 마을들이다. 그러기에 세 마을은 이웃사촌 마을로 불려도 무방한 곳이다. 특히 세 마을 중심에는 노꼬메오름이 있다. '노꼬메'라는 지명의 유래는 오래전 사슴이 살았다고 하여 녹고鹿古에서, 또는 주변의 오름보다 높다는 데서 비롯되었다 한다. 제주도 서부에 위치한 오름의 대명사 격인 노꼬메오름을 품은 위의 세 마을은 제주의 목축문화를 포함한 다양한 역사문화도 간직하고 있다.
    우선 소가 다니던 길이 있는 데서 불린 소길리의 도처를 걸어보자.

소가 다니던 길이 치유의 길로 진화하는 소길리

• • •

　소길리 마을에는 집집마다 거리마다 토종 풋감나무들이 자라고 있다. '정감이 흐르는 풋감마을'을 지향하는 소길리에는 감나무 이외에도 볼거리가 많다. 높은 관리의 무덤으로 보이는 오래된 석관묘가 있고, 봉화를 올렸던 밭인 봉화왓과 말을 타고 달리며 화살을 날렸던 사장왓도 있다. 유림들이 모여 나라에 변이 있을 적에 곡을 하였다는 곡반제단^{哭班祭壇}은 2019년 지방유형문화재로 지정되었다. 그리고 근대문화 유산으로 지정되고도 남을 기념비적인 공동수도 물통도 있다. 더욱이 제주 목축문화의 상징이라 할 수 있는 '쉐질'이 있다.

　소길리의 마을길에서 제주의 명품길로 진화하고 있는 쉐질은 제주 목축문화의 상징인 제10소장 중 제5소장 일대에 살았던 목자들이 마소를 몰고 다니던 길이었다. 쉐질 주변에 형성된 소길리 마을은 1870년 '소의 길'이란 말이 속되다고 여겨 새로운 금덕^{今德} 마을 즉 '신덕^{新德}리'로 개명된 적도 있다. 1880년과 1891년 사이에는 이웃 마을인 장전리와 같은 우물을 나시며 사이좋게 지내는 마을이란 의미로 '동정^{同井}리'로 불리기도 했다. 지금의 마을 이름인 소길^{召吉}리는 '길조^{吉兆}를 부른다(召)'라는 의미를 지니고 있다. 최근에는 4·3의 아픔을 간직한 곳을 이은 '소길리 4·3길'이 열리기도 했다.

　현무암 돌담 사이로 난 쉐질은 한 마리의 소가 지나갈 정도로 폭이 자그마한 길이다. 오래전 선인들이 마소와 같이 거닐었던 길이 이제는 하늘로 이어지게 하는 넝쿨 같은 신화의 길이 되고 있다. 마음이 포근해지는 길이고 행복을 느낄 수 있는 길이기에 치유의 길이고 위안의 길이다. 다음은 주변에 세워진 쉐질 안내판의 내용이다.

쉐질은 소를 몰고 오가던 길의 제주어다. 이를 증명하듯 소길리에는 아랫마을 구엄리와 중엄리 지역의 소를 방목하기 위해 소를 몰고 다니던 쉐질이 지금도 남아 있다. 한 마리의 소가 겨우 지나갈 수 있을 정도로 폭은 비좁지만 밭과 밭 사이 난 잣길인 쉐질은 밭의 지면보다 1m 가까이 높게 축조되어 소들이 밭으로 내려가 농작물에 해를 끼치지 못하도록 했다. 길의 형태는 제주의 해안선을 연상케 하듯 자유로운 곡선이 가늘고 아름답다. 이런 아름다움 속에 또 하나의 길이 마을 안에 존재하고 있다. 소길리 올레길은 현재도 여전히 비포장 흙길로 남아 있다. 그야말로 쉐질과 올레길이 그대로 살아 숨 쉬는 마을이다.

마을 한질에서 시작되는 쉐질은 소길리의 절경들이 모여 있는 '멍덕동산'으로 이어진다. 앙증맞은 쉐질은 중간 지점에서 용천수인 '고드레물'을 만나 잠시 쉬어가는 길이다. 1평 남짓한 고드레물은 예전엔 땅에서 솟아났으나 지금은 수맥이 막혀 더 이상 물이 솟지 않는다. 그래도 사시사철 고여있는 샘물이 나그네를 반긴다. 고드레물 주변에는 쉼팡돌도 있는데, 나무 무늬를 입힌 시멘트 장식이 옥에 티다. 시멘트를 걷어내어 주변의 잡석으로 단장된다면 쉐질은 목축문화의 가치를 더욱 빛

소길리 쇠질

소가 다녔던 길 풍경

나게 할 수도 있을 것이다.

노천박물관 같은 '멍덕동산'과 좌랑못 풍경

풋감동산이자 꽃동산으로도 불리는 멍덕동산에 오르면 우선 눈에 띄는 것이 정교하게 제작된 석관묘이다. 1970년대 초 이곳에서 멀지 않은 곳에 조성된 '거리못 주변과 좌랑못' 일대에 방치되었던 석관묘의 판돌들을 이곳에 옮겨와 보존하고 있다. 석관묘의 주인이나 연대는 지금까지 알려져 있지 않지만, 현무암을 정교하게 다듬어 축조한 것으로 보아 당시 지배층의 묘였던 것으로 추정된다. 고려시대부터 드넓은 목장지대였던 소길리 일대는 마소(말과 소)가 다녔던 주요 통로였고, 옆 마을인 장전리는 목장의 장밧(場田)으로 목양(牧養)지의 관리자와 목호들의 생활공간이기도 했었다.

멍덕동산에서 바라보는 바다는 한 점의 수채화를, 감귤밭 너머로 펼쳐진 한라영봉은 신선이 평화롭게 노니는 모습을 연상케 한다. 자연경관을 비롯한 여러 유물유적을 품고 있는 노천박물관 같은 이곳은 역사문화가 깃든 평생학습의 장으로 가꾸고 보존할 가치가 충분한 지역으로 여겨진다. 이곳에서 그리 멀지 않은 곳에는 소길리 설촌이 시작되었다고 전해지는 좌랑못이라는 곳이 있다. 지금은 복원되어 나무데크로 산책로도 조성되어 있다. 그곳에 쓰인 내용이 우리의 관심을 끌기에

멍덕동산 석관묘

석관묘

충분하여 여기에 소개한다.

꽤 넓은 좌랑못은 소길리에서 300여 미터 떨어진 곳에 위치하고 있다. 소길리 마을은 이곳 주변에서 설촌 되었다고 전한다. 이곳에 관련된 기록으로는 『호남지』에 "李九成古阜人 英祖戊午 文科及第 佐郎(이구성고부인 영조무오 문과급제 좌랑)"이 실려져 있다. 좌랑은 조선조정6품 벼슬 명칭이다. 여기에는 다음과 같은 이야기가 전해오고 있다. 이 마을에 전해오는 이야기에 따르면, 좌랑벼슬을 얻은 사람이 좌랑못 자리에 집을 짓고 살았다 한다. 좌랑으로 불리는 사람은 권세를 이용하여 인근 주민들에게 자주 박해를 가하고 가렴주구를 일삼아 인근 주민들에게서 많은 원성을 샀다. 좌랑이 죽자 그에 대한 원한을 품은 주민들이 좌랑이 살던 집을 헐고 그 자리를 파서 지금의 연못을 만들어 버렸다고 한다. 좌랑못 설화처럼 지위 여하를 막론하고 못된 짓을 하여 이웃에 원성을 샀던 사람의 집을 헐어 연못을 만들었다는 설화는 제주 도처에서 전해온다. 본서 3장에서 이미 언급한 바 있는 제주시 용담동의 비룡못 설화도 이와 비슷해 보인다.

향토유형유산이 된 곡반제단

멍덕동산에 있는 곡반제단은 조선 마지막 임금인 순종이 승하하자 인근 마을들의 백성들이 북쪽을 향하여 절을 하며 망곡 했던 자리로 알려진 곳으로, '망곡단^{望哭壇}', 또는 '망배단^{望拜壇}'으로도 불린다. 곡반제단의 역사성을 높이 산 제주도는 제단 주변을 2018년 10월에 제주도 향토유형유산으로 지정했다. 이곳은 분묘 쓰는 일을 금하는 금장지^{禁葬地}였다. 그리하여 4·3 당시 축성기일을 넘기면서도 멍덕동산 밖으로 성곽을 쌓아 초소를 마련했다고 한다. 곡반제단은 제작연도와 제작동기에 대한 연구가 뒤따라야 할 정도로 보존가치가 매우 높은 문화재로 여겨진다.

곡반제단

소길리 원동마을의 아픔
• • •

소길리에 속하면서도 마을에서 꽤나 떨어져 있는 있는 원동마을은 제주의 역사문화와 관련된 매우 중요한 곳이다. 조선조 제주목과 대정현을 잇는 중간 지점인 이곳에서 1948년 11월 제9연대 군인들이 60여 명의 주민들을 학살하고 시신과 함께 마을을 불태웠다. 인적이 끊긴 마을 터엔 대나무와 팽나무가 숲을 이루며 지난날의 참상을 증언하고 있다. 자동차로 자주 스쳐 오갔던 이 지역은 그저 여느 지역처럼 고즈넉하고 평화로운 곳이었다. 하지만 잃어버린 마을을 답사하고 나서 다시 만나는 원동마을은 더욱 친근하면서도 더욱 애처롭게 보였다.

현재 마을 입구에는 이 마을 출신 재일교포가 세운 '원지院址'라는 표석이 서 있고, 하천 건너편에는 당시 주민들이 살았던 집터들이 대나무 숲에 가려져 있다. 다시 찾아간 그곳에서 첫 방문에서 찾지 못한 잃어버린 마을 표지석을 만날 수 있어 아래에 소개한다.

원동院洞은 조선시대 제주목과 대정현을 잇는 중간지점에 위치한 마을로, 길을 가던 나그네들이 쉬어가던 곳이었다. 4·3이 한창이던 1948년 11월 13일 국방경비대 제9연대 군인들은 인근 하가리와 상가리 주민들을 학살하고 새벽녘 원동으로 올라왔다. 군인들은 마을에 하루종일 머무르면서 주민 40여 명과 길 가던 사람들을 포함해 60여 명을 학살했다. 군인들은 시신 위에 휘발유를 뿌려 불을 지르기도 했다. 아이들과 노인들만이 학살의 와중에서 살아남을 수 있었다. 이후 원동은 주민이 살지 않는 폐동이 돼 버렸다. 1990년 가을, 이곳 원동마을 유족들은 옛 마을 터에서 억울하게 희생된 부모와 마을주민들을 위로하는 무혼굿을 벌였다.

원동마을 원지

조형미가 일품인 소길리·장전리 공동 간이수도 물통

• • •

　제주도 최초의 지하수 관정 기념식이 1961년 애월면 수산리에서 있었다. 이후 제주도는 1962년 간이공동급수시설 4개년 계획을 수립해 대대적인 수원개발사업에 착수했다. 그 과정에서 1964년 제주도 전역에 닥친 가뭄은 50년 만에 당하는 천재(天災)였다. 당시 중산간 마을에서는 물을 돈이나 곡식으로 구입하여 사용할 정도였다. 소길리와 장전리의 공동 간이수도 물통도 이즈음 설치된 것으로 보인다. 가뭄이 심할 때는 중산간 마을에는 소방차와 군 트럭을 동원할 정도로, 섬 지역에는 여객선·도항선·어선 등으로 물 수송에 나서기도 했을 정도로, 물 부족으로 인해 당시의 제주도민이 겪었던 어려움은 우리의 상상 이상이었던 것 같다.

　소길리 마을 세거리 중심지에 조성된 자그마한 공원에는 수령이 300년이 넘어 보이는 팽나무가 우람하게 서 있고, 팽나무 공원 아래에는 근대문화유산으로 지정되어도 손색이 없을 정도의 커다란 공동 간이수도 물통이 자리 잡고 있다. 갓의 차양을 뒤집어 놓은 것과 같은 독특한 형태의 조형미가 일품이다. 비를 가릴 수 있도록 시설된 물통은 당시 군인들이 철근 콘크리트를 사용해 만들었다 한다.

　장전리에는 30세대당 1개씩 모두 5개의 간이상수도가 당시 개설되었다. 현재 2개의 간이수도가 남아 있는데, 인근 마을인 유수암리의 물을 끌어다 쓰기 위해 마을 주민들이 부지를 매입하고 공사에도 참여하여 일군 것이다. 빼어난 조형미뿐만이 아니라 네모형의 물탱크와 지붕까지 덮은 수도시설이 원형 그대로 남아있다. 또한 수도꼭지 밑에는 물팡이 둘러져 있어 물을 받을 때 허벅을 이용하였음을 짐작하게 한다.

 실용적이면서 간결한 모습이 자랑인 소길리와 장전리의 물통들은 보존가치가 매우 높아 보인다. 제주도의 마을마다 있었던 우물과 연자방아 등이 산업화를 거치며 대부분 사라졌다. 이에 반해 산업화를 거치면서도 살아남은 두 마을의 공동 간이수도 물통이 더없이 소중하게 다가온다. 이곳의 삶의 역사가 파괴되지 않도록 남아 있는 물통들을 보존하는 방안 도출이 더욱 필요한 요즈음이다.

노천박물관 같은 장전리 건나물 동산

• • •

장밧이라고도 불리는 장전리는 1609년(광해 1) 제주에서 처음으로 방리$^{坊里=村里}$제를 시행할 당시부터 장전리로 불려왔으며, 『제주읍지·방리』에도 신우면^{新右面} 장전리^{長田里}로 기록돼 있다. 장밧 일대는 제5소장의 중심지로, 5소장에 종사하는 목자들이 모여 살면서 목장을 일구었던 곳이다. 장전^{長田}은 고려와 조선 조정에서 역장에게 지급된 토지를 일컫는 역사성이 깃든 말이다. 장전리라는 지명은 김통정 장군이 대몽항쟁 당시 이 일대의 군사훈련 책임자인 역장^{驛長}에게 지급된 토지의 명칭에서 유래된 것으로 여겨진다. 중산간 이웃마을들인 장전리·소길리·유수암리의 공동 학구(學區: 통학구역)인 장전초등학교는, 삼별초 입도 이후 병사 또는 선비들이 말 달리고 활을 쏘았던 장소인 사장^{射場}이 있었던 곳에서 1946년 개교하였다. 사장밭은 제주 도처에서 만날 수 있는 역사문화를 간직한 지명이자 현장이기도 하다.

장전리 사무소에서 동남쪽으로 700여 m 지점인 이곳을 건나물 동산이라 부른다. 삼별초 항쟁과 조선시대 제5소장을 거치며 형성된 마을인 장전리는 이곳에서 설촌 되었다 한다. 마을에서도 높은 지역인 이곳은 상엿집·연자방아·물레방아·방사탑 등이 여러 개의 물통과 어울리며 노천박물관을 방불케 한다. 세 곳의 물통 중 큰 물통에는 지금도 용천수가 흐른다. 남탕과 여탕 그리고 우마용으로 나눠진 물통들은 보는

장전리 건나물 선성

이로 하여금 옛 추억을 되살리게 한다. 건나물이란 지명은 건너편에 있는 물통이란 뜻으로, 오랜 세월 불리면서 건너물이 와전된 것으로 보인다. 윗 물통의 용천수가 흘러 조성된 아래쪽 연못에서는 지금 연근도 키우고 있다. 연못 위에는 수중 길인 나무 테크가 조성되고 도처에 정자와 의자들도 놓여 오가는 길손들을 맞는 소공원으로 재탄생 되고 있다.

4·3 당시 아랫마을로 소개되었다 돌아온 주민들은 다시 마을을 재건하기 위해 이곳의 물로 흙과 보릿짚을 섞어 담을 쌓아 초가집을 짓기도, 마을에 불이 나면 허벅으로 이곳의 물을 지고 가서 불을 끄기도 하였다. 건너물은 1960년대 후반 상수도가 보급되기 전에는 주민들의 식수는 물론 농경생활에 다목적으로 활용했던 연못이다. 이처럼 다양한 역사문화를 품고 있는 이곳에 가면 시간을 거꾸로 거슬러 올라가듯 과거의 마을 모습을 볼 수도 있다. 그래서인지 장전리에는 여느 마을에서 볼 수 없는 상당량의 고문서들도 리사무소에 간직하고 있다.

장전리 고문서철에는 호구단자를 비롯한 장전리의 설촌유래, 호적, 제5소장 문서 등 500여 건의 고문서가 포함되어 있다. 이는 여느 마을에서 볼 수 없는 귀중한 이곳 선인들의 삶의 기록이다. 최근 제주학연구센터 등에서 장전리의 고문서들을 해독하여 책자화 한 바 있다.

목축문화가 농축된 절경 궷물오름
• • •

산중에서 솟아나는 용천수인 '궷물'을 가려면 산록도로 남쪽에 조성된 궷물오름 주차장에 차를 세워야 한다. 그리고 남서쪽으로 난 소로로 5백여 미터를 올라야 한다. 이윽고 나타나는 멋진 풍경 속에 궷물이 숨겨져 있다. '궷물'이란, 제주어로 자그마한 동굴을 뜻하는 궤에서 솟는 물이란 의미이다.

산중에 심경지수^{心鏡之水} 같은 물이 흐르다니! 자연의 신비로움이 지금 우리 앞에 펼쳐지고 있다. 태곳적부터 숲 아래에 형성된 자그마한 궤에서 맑은 물이 흐르고 그 물을 가두는 크고 작은 연못들이 조성되어 있다. 궷물이라 불리는 이곳은 제주의 목축문화를 볼 수 있는 비경과 비사가 숨어 있는 곳이다. 마소에게 물을 먹였던 물통들(위에는 수소, 아래는 어미소와 새끼소)이 남아 있으며, 먹이를 물에 섞여 주는 구시물 터도 남아 있다. 또한 이곳 주변에는 마소의 번성과 무사안녕을 기원하는 백중제 제단과 테우리 막사 그리고 말들이 농경지로 가지 못하도록 담을 쌓은 샛성의 흔적들이 잘 보존되고 있다. 녹색농촌체험을 할 수 있는 자연생태체험학습장으로 활용되고 있는 이곳은 제주의 목축문화를 만끽할 수 있는 노천박물관과 같은 곳이다.

궷물오름

궷물(궤물)

궷물 주변의 백중제 제단

궷물 바로 위에 위치한 전망 좋은 곳에는 백중제 제단이 오래전부터 조성되어 있다. 이곳에서는 백 년 훨씬 넘어 보이는 소나무를 신목으로 삼아 청정지수인 궷물을 이용하여 매해 음력 7월 14일을 맞아 백중제를 지냈다고 한다. 해마다 음력 7월 14일이 되면 제주도의 여러 마을에서는 온 마을사람들이 모여 백중제를 지내왔다. 백중제라는 제사에는 다음과 같은 전설이 전해지고 있다.

옛날 어느 마을에 백중이라는 목동이 살고 있었다. 하루는 그가 바닷가에서 마소를 돌보는데 하늘에서 옥황상제가 내려오더니, 바다를 향하여 "거북아!" 하고 부르는 것이었다. 그러자 큰 거북이 바다 위로 떠올랐고, 호기심이 생긴 백중은 숨어 엿들었다. "거북아, 오늘 밤에 석 자 다섯 치의 비를 내리게 하고 폭우대작하게 하라." 이 말을 남기고 옥황상제는 하늘로 올라갔다. 백중이 생각하니 큰일 날 거 같았다. 석자 다섯 치의 비와 폭풍이 내리치면 홍수가 날 것은 물론이고, 가축과 곡식이 성할 리 없기 때문이다. 그는 언덕에 급히 올라가 옥황상제의 목소리를 흉내 내 거북을 불렀다. "조금 전 내가 한 말을 조금 바꾸마. 비는 다섯 치만 내리게 하고 바람은 불지 않게 하라." 거북은 알았다는 듯이 물속으로 사라졌다. 그날 저녁에 백중의 말대로 비는 내리고 바람은 불지 않았다. 옥황상제가 하늘에서 굽어보니 자신의 명대로 되지 않는 게 아닌가. 크게 노한 옥황상제는 차사에게 백중을 잡아들이도록 하였다. 백중은 옥황상제의 벌을 받느니 스스로 죽는 것이 낫다고 생각하여 바다에 몸을 던져 목숨을 끊고 말았다. 그 후 농민들은 백중의 은혜를 감사히 여겨 해마다 그가 죽은 날이면 제사를 지내어 그의 혼을 위로하곤 했다. 그리고 이날을 백중날이라 하여 물맞이와 해수욕을 하는 풍속이 생겨났다. 특히 이날 밤 물맞이나 해수욕을 하면 몸에 부스러기가 사라진다는 말이 제주에서 전해지고 있다. 또한 마늘을 심거나 메밀 등을 뿌리면 잘 여문다고도 전해온다.

백중제와 병행하여 테우리코시와 마불림제를 통해 제주의 목축문화를 다시 살펴보자. 테우리코시는 백중날 '테우리'라고 불리는 목동들이 소와 말을 관리하는 테우리 동산으로 가서, 떡과 밥 그리고 술 등 준비한 제물을 조금씩 케우리며(흩뿌리는 고수레의 제주어) 그해 목축농업이 잘 되기를 기원하는 제의이다. 이때 목자들은 자기들이 소나 말을 키우는 언덕 이름을 하나씩 새겨나간다. 대부분 테우리가 관리하는 마을 목장의 이름이 입에 오르내린다. 백중마불림제는 보름날 마소를 먹이는 일반 농가에서 제물을 차리고 백중제를 지내는 것을 말한다. 백중마불림제를 지내기 위해 전날 우마를 넓은 밭인 바령팟에 미리 가둔다. 테우리명절 또는 테우리코시는 마소를 기르는 집에서 올리는 명절인 셈이다. 사냥이나 목축의 신을 본향당신으로 모시고 있는 마을에서는 당굿으로 백중마불림제를 지내며, 목축을 하는 사람들은 집집마다 제물을 장만하여 그날 밤 자시^{子時}에 테우리 동산에 가서 제를 지내기도 한단다. 마불림제는 장마철에 낀 곰팡이를 말린다는 의미, 그리고 마소를 불어나게 제사 지낸다는 의미를 내포한 말이기도 하다.

백중제단

궷물오름 주변의 마장(소장) 잣성을 찾아서

궷물오름 주변을 거닐면 제주의 목축문화를 만끽할 수 있는 노천박물관이 또한 이곳이구나 하고 느껴질 정도이다. 이곳 주변에는 백중제를 지내는 제단과 테우리 막사, 큰노꼬메와 작은노꼬메로 가는 여러 갈래의 산책로가 잘 정비되어 있다. 그리고 궷물에서 멀지 않은 곳에는 마소가 농경지로 가는 것을 막기 위해 쌓은 담인 잣성을 이용한 산책길도 최근 조성되어 있다. 다음은 산책로에 세워진 잣성 안내판의 내용이다.

잣성은 조선시대에 제주지역의 중산간 목초지에 만들어진 목장 경계용 돌담이다. 위치에 따라 제주도 중산간 해발 150m에서 250m 일대의 하잣성, 해발 350m에서 400m 일대의 중잣성, 해발 450m에서 600m 일대의 상잣성으로 구분된다. 하잣성은 말들이 농경지에 들어가 농작물을 해치지 못하게 하기 위해, 그리고 상잣성은 말들이 한라산 삼림지역으로 들어갔다가 얼어 죽는 사고를 방지하기 위해 만들어졌다. 조선시대 제주에서는 목장을 10구역으로 나누어 관리하는 10소장[所場] 체계가 갖추어졌으며, 특히 유수암, 소길, 장전 공동목장이 속해있는 5소장은 굼부리가 말굽형 모양인 녹고뫼오름을 주변으로 상잣성이 이루어져 있었으나, 잣성이 많이 무너져 있었다. 이에 따라 녹고뫼권역 농촌마을종합개발사업으로 무너진 상잣성 복원 및 잣성을 따라 오름-목장 탐방로를 조성하여 아름다운 제주 목장과 중산간의 목축문화를 느낄 수 있도록 상잣질을 조성하였다.

제주 선인들이 돌보지만 함부로 대하지 못하던 것이 감귤과 말이었다. 『탐라순력도』의 감귤봉진과 공마봉진이 이를 대변하고 있다. 나라에 진상하던 말들을 키우던 5소장이 위치했던 이곳은 1894년 갑오개혁으로 공마^{貢馬} 제도가 폐지된 후 마을의 목양지로 활용되고 있다.

테우리 막사 주변의 비경

궷물 주변을 둘러보고 최근 조성된 길을 따라 원근의 경치에 취하며 오르면 이내 테우리 막사를 만난다. 테우리란 마소를 돌보는 일을 직업으로 하는 목자를 일컫는 제주어이다. 추위와 외부의 침입에 대비한 곳에 지은 막사는 테우리들의 보호처이자 의지처이다. 테우리들은 마소의 이동을 잘 관찰할 수 있는 곳에, 힘든 생활을 잠시라도 잊기 위해 경관도 좋은 곳에 그들만의 막사를 지었을 것이다. 복원된 테우리 막사는 옛 모습과는 사뭇 다른 형태이다. 그래도 없는 것보다 낫기에 복원된 테우리 막사에도 정감이 간다. 테우리는 마소를 관리하는 일 외에도 파종한 밭을 밟는 농사일도 겸해야 했다. 마소의 똥과 오줌은 흙의 훌륭한 영양제로 땅의 기운을 불어넣어 비옥한 땅을 선물하여 주기도 한다. 그러기에 제주 선인들은 말과 소의 배설물을 이용하여 밭을 거름지게 하였을 것이다. 그러한 일을 '바령'이라 하고, 그러한 밭을 '바령팟(밭)'이라 한다. 이렇듯 잡다한 일을 하는 테우리들의 거처인 우막^{牛幕}은

테우리 막사

노꼬메오름 절단밭 풍경

도롱담을 쌓아 올린 후 나뭇가지를 걸치고 그 위에 새(띠풀)나 어욱(억새)으로 덮어 지붕을 만들었을 것이다. 도롱담은 둥그렇게 쌓아 올린 담을 일컫는 제주어이다.

야트막한 동산을 오르면 이내 만나는 궷물오름 정상은 또 하나의 선경仙境이다. 높고 낮은 오름들이 펼쳐지는 그곳에서 사람들은 심호흡하며 한참 쉬어간다. 정상은 선경에 발목 잡혀 떠나기가 아쉬운 곳이다. 그래도 심호흡하며 숲 그늘을 따라 난 길을 내려오니 나무들 사이로 수줍은 듯 숨었던 노꼬메오름이 멋진 자태를 드러낸다. 바로 그곳으로 방향을 틀면 만나는 곳이 공동목장 비경인 '절단밭'이다. 이곳은 제주관광공사가 제주 10경 중 하나로 선정할 정도로 빼어난 경관을 자랑하는 곳이다. 신혼부부를 비롯한 탐방객들이 증명사진 찍기에 바쁜 모습을 보는 것도 또 다른 볼거리이다.

유사 이래 유수암천이 솟는 유수암리

유수암리는 본동인 유수암 마을과 거문데기 그리고 5·16 이후에 조성된 개척단지로 이루어진 전원마을이다. 삼별초군이 항파두리성에 웅거할 때 '절동산' 아래에서 맑은 샘을 발견한 한 스님이 동산 근처에 태암감당이란 암자를 지어 불사佛事를 시작한 것이 유수암 마을의 설촌 유래이다. 유수암천을 보호하듯 둘러쌓고 있는 남쪽 고지대가 절동산이다. 이처럼 마을에는 아주 오래전부터 사시사철 솟아 흐르는 용천수인 유수암천이 있다. 김통정 장군이 이끄는 삼별초군이 식수로 이용한 바로 그 샘물이란다. 풍부한 수량으로 인해 마을이 형성되고 물길을 따라 한때는 논밭이 만들어지기도 했다.

마을 사람들은 먹는 샘물과 빨래와 목욕을 하는 샘물로 주변을 단장하고, 샘이 솟는 곳에는 1987년 반달 모양의 거석을 씌워 오늘에 이르고 있다. 그리고 샘에서 20여 미터 떨어진 곳에는 연못을 만들어 유수암천 공원을 조성했다. 유수암 샘물에는 특이한 설화가 전해오는데, 4·3 당시 마을이 소개(疏開)되자 유수암천이 멈추고 식수통 바닥이 드러났다. 하지만 마을이 재건되어 사람들이 돌아오자 예전처럼 샘물이 솟아났다 전한다.

앞에서 언급했듯 1960년대 초 소길리와 장전리에서 마을 공동 간이수도를 설치할 때 유수암 샘물을 이용했을 만큼 샘물 수량이 얼마나 풍부했던지 상상이 간다. 깨끗한 수질과 풍부한 수량으로 인해 설촌 이래 유수암에는 역병이 발생하지 않았다 한다.

유수암리는 한때 '금덕리'로 불리기도 했다. 금덕리라는 이름은 삼별초군을 물리친 몽골군과 목자들이 유수암 윗동네에 모여 살던 촌락을 '금물덕이'라 명명한 데서 비롯된다. 지금도 '거문데기'라고 불리는 금물덕(水勿德)이는 흑암(黑巖)을 일컫는데, '거문'은 '검다'를, '데기'는 둔덕을 의미하는 '덕'의 제주어이다.

유수암천

절경을 자랑하는 절동산

• • •

유수암천 바로 뒤에는 절동산으로 이어지는 아름다운 길이 펼쳐진다. 오래전 태산사泰山寺라는 절이 이곳에 있었으나, 1702년경 이형상 목사에 의해서 훼철되었다 한다. 절동산 인근에서는 도자기와 기와 조각들이 발견되기도 했고, 또한 태산사라고 희미하게 적힌 오래된 비석이 절동산 입구에 지금도 세워져 있다. 절동산의 또 하나의 매력은 고색창연한 숲과 아름다운 나무들이 방문객들을 반긴다는 점이다. 108계단을 오르면 만나는 넓은 잔디구장에서 바라보는 한라영봉과 바다는 또 다른 매력 덩어리이다. 그곳 비탈진 언덕인 절동산에 자연적으로 조성된 숲에는 수백 년 된 무환자나무와 팽나무들이 이 마을의 연륜을 말해주듯 서 있다.

제주도기념물로 지정된 무환자나무는 높이가 15m, 둘레가 2m에 달하는 거목이다. 이 나무는 원래 있었던 나무의 종손으로, 둘레가 3m가 넘는 나무에서 새로 싹이 나와 자란 후손목이다. 이 나무를 심으면 집안에 환자가 생기지 않거나 자식에게 화를 미치지 않는다고 하여 무환자無患子나무라고 불리며, '도육낭' 또는 '데육낭'이라고도 부른다. 무환자나무 열매껍질을 예전에는 비누 대신 사용하였고, 사찰에서는 나무 열매로 염주를 만들어 사용하였다고도 한다. 절동산에는 수령이 300~500년 된 팽나무 9그루가 들어차 있는데, 가장 큰 나무는 높이가 16m, 둘레가 6m에 이른다.

무환자나무 및 팽나무 군락

무환자나무 및 팽나무 군락지

천고에 남을 조정철과 홍윤애의 순애보

...

전원주택과 별장들이 도처에 들어서고 있는 유수암리에는 우리의 발길을 이끄는 또 하나의 명소가 있다. 해마다 여성문화제가 열리는 현장인 홍윤애(洪允愛)의 무덤이 바로 그곳이다.

홍윤애의 묘역과 조정철의 시비

평화로를 달리다 유수암 마을 남쪽에 위치한 건승원(乾承原: 제주양씨 종묘)으로 난 산길을 따라 올라가다 보면, 좌청룡 우백호 지형과 배산임수가 좋아 보이는 곳에 묻힌 홍랑(洪娘: 홍의녀(洪義女)로도 불림) 홍윤애의 무덤을 만난다. 그곳에서는 제주목사 조정철(趙貞喆)이 홍윤애에게 바치는 시비가 먼저 나그네를 반긴다. 다음은 홍윤애의 영원한 연인이자 남편인 조정철이 쓴 7언절구로 된 조시(弔詩)이다.

瘞玉埋香奄幾年 (예옥매향엄기년) 옥 같던 그대 모습 묻힌 지 몇 해이던가
誰將爾怨訴蒼天 (수장이원소창천) 누가 그대 원한을 하늘에다 호소나 했으랴
黃泉路邃歸何賴 (황천로수귀하뢰) 머나먼 황천길 누구를 의지해 돌아갔는고
碧血藏深死亦緣 (벽혈장심사역연) 젊어 나눈 핏줄 죽어 인연 이어졌으니
千古芳名蘅莊烈 (천고방명형장렬) 천고에 남을 아름다운 향기 품은 그대 이름이여
一門高節弟兄賢 (일문고절제형현) 한 집안 두 자매 모두 절개 높고 슬기로워

애월읍 유수암리에 있는 의녀 홍윤애 묘

의녀 홍윤애 묘

烏頭雙闕今難作 (오두쌍궐금난작) 두 송이 꽃에 보탤 내 글이 모자라구나
靑草應生馬鬣前 (청초응생마렵전) 무덤에 푸르른 풀만이 말갈기처럼 무성하다.

1777년(정조 원년) 내가 죄를 입어 탐라에 안치되어 있을 때 홍랑이 나의 적소에 출입하였다. 정조 5년 사건을 꾸미면서 나를 죽이려는 미끼로 삼으려 하자 홍의녀는 나를 살리는 길은 오직 자신의 죽음뿐이라고 결심, 혈육이 낭자하도록 형장을 받았으나 끝까지 불복하다 자결하니 그 날이 윤5월 15일이었다. 그 후 31년 세월이 흐른 뒤 나는 성은을 입어 방어사가 되어 내려와 이곳에 무덤을 마련하고 한 편의 시로써 그녀의 한을 달랜다. (제주목사 겸 전라도 방어사 조정철)

위의 글은 조정철의 제주 유배 시 사랑한 홍윤애에게 바치는 조시弔詩이자 조문이다. 제주에서 27년의 유배생활을 한 조정철은, 1811년 제주목사로 부임하자마자 홍의녀와 그의 언니 무덤을 찾아 향을 피우고 제주祭酒를 권하며 위의 시를 지어 그녀들을 위로하였다. 위 시에 등장하는 두 자매 중 홍윤애의 언니는 참판 이형규의 부실(副室: 첩)로, 이 참판이 죽자 따라 순절하였다. 홍윤애와 조정철의 딸은 홍윤애의 언니에 의해 몰래 키워졌다.

조정철은 1777년 정조 시해 음모 사건에 연루되어 제주에 유배되어 적적하게 지내던 중 적소에서 시중을 들던 20살 홍윤애와 사랑에 빠진다. 하지만 1781년 제주목사로 부임한 김시구金耆耉는 정적이었던 노론의 조

정철을 죽이려 증거 찾기에 혈안이었다. 그러던 중 딸을 낳은 지 100일도 안 된 홍윤애의 자백을 받으려 모진 고문을 가했다. 김시구 목사는 '읍비邑婢를 간음하였다.'라는 구실로 홍랑에게 장형杖刑 70대를 친다. 사랑하는 낭군의 목숨을 살리는 길은 자신의 죽음에 있다고 여긴 홍윤애는 결국 형틀에서 목숨을 잃는다. 김시구 목사는 이를 감추려 '유배인들이 살벌한 흉계를 꾸민다.'라고 상부에 보고한 것이 나중 거짓으로 탄로나 파면된다. 이 또한 하늘의 뜻이던가. 조정철은 유배된 지 29년 만에 사면 복권되어, 1811년 제주목사로 자청하여 부임하였으니.

  홍윤애의 묘는 처음 제주시 전농로 옛 교육감 관사 길 건너 주변(표지석 있음)에 있었다. 1930년대 제주농업학교(지금의 제주제일중학교와 제주고등학교 전신)가 오현단에서 그 자리로 옮겨감에 따라 홍윤애의 묘는 지금의 자리인 유수암리 산 39번지로 이장되었다. 평생 독신으로 살았다고 전하는 조정철의 묘는 충주시 인근에 있으며, 풍양조씨 문중회에서는 최근에 홍윤애를 족보에도 등재하고 정식 부인으로 맞는 의식도 치렀다. 여성문화제 및 뮤지컬의 주인공으로도 다시 태어나고 있는 홍윤애와 조정철의 순애보가 깃든 이곳은 조선 유배문화의 생생한 현장이기도 하다.

조정철의 문집 『정헌영해처감록』

정조시해사건에 연루되어 죄가 참형^{斬刑}에 해당되었던 조정철은 세제(世弟: 세자의 동생) 연잉군(후일 영조) 옹립에 공이 큰 노론 4대신 중 조태채의 증손이란 후광으로 인한 정조의 배려로 감형되어 겨우 목숨을 부지한다. 제주도에 유배 온 조정철은 1782년 2월까지 제주목에, 1790년 9월까지 정의현 성읍리에, 1803년 2월까지 추자도에 유배된다. 당시엔 유배생활 중 소리 내어 책을 읽는 것을 금했기 때문에 조정철은 무료한 나날을 독서 대신 시작^{詩作}으로 보냈다. 제주에서 쓴 저서로는 시 635수로 구성된 『정헌영해처감록^{靜軒瀛海處坎錄}』이 있다. 책명을 『정헌영해처감록』이라 한 것은 저자가 제주도에서 유배생활 중에 기록했다는 의미이다. 조정철은 『처감록』에서 정조음모 사건에 연루된 억울한 심정, 신세한탄, 제주 특유의 풍습, 기후, 인정 등을 읊고 있다.

조정철의 집안은 제주와 매우 인연이 깊다. 조정철의 문집 『정헌영해처감록』의 9수인 자도서고체^{自悼書古體}를 통해 이를 엿보기로 하자.

祖子孫三世 (조자손삼세) 선조와 부친 그리고 손자 3세대
四黜大瀛南 (사출대영남) 4명이 남쪽 영주로 쫓겨났으니
先烈吾難繼 (선열오난계) 선대의 위엄을 나는 잇기 어렵게 되었네

生死皆可慙 (생사개가참) 삶도 죽음도 모두가 부끄러울 뿐.

다음은 위 시에 대한 조정철의 해설이다.

'증조부 도정공(都正公 조정빈^{趙鼎彬})은 신임사화(1721-1722)에 여러 적흉의 계(啓: 임금에게 올리는 말)를 내어 1723년(정종 3) 정의현에 유배되고, 종조부 회헌^{晦軒} 조관빈^{趙觀彬} 선생은 1731년(영조 7) 대사헌으로서 충간한 일 대문에 대정현에 유배되었다. 부친 조영순^{趙榮順}은 1754년(영조 30) 부수찬으로 충간한 일로 대정현에 유배되었다. 나는 작년(1777) 흉한 무고를 당하여 제주목에 안치되었다. 3세대에 걸쳐 모두 4명이 이곳에 유배되었기 때문에 운운^{云云}한다.'

조정철은 1788년 11월 정의현에서 다시 추자도로 유배지가 옮겨 떠나게 되자 매우 낙담한 심정이었다. 그래서 해배(解配: 귀양을 풀어 주다)의 소망을 접은 듯한 심정으로 절필 직전에 지은 시가 다음의 '又題(다시 짓다)'라는 한시이다.

吾罪吾將何處陳 (오죄오장하처진) 나의 죄 내 장차 어디에다 호소하랴
高天寞寞涕繽紛 (고천막막체빈분) 하늘은 높고 막막하여 눈물이 앞을 가리네
莫言忠孝今雙盡 (막언충효금쌍진) 지금 충효를 다했다고 말하지 말자
新案如今亦戀親 (신안여금역연친) 새로운 법이 이와 같으니, 그저 어머님이 그리울 뿐.

하지만 이 시와 달리 조정철의 인생은 반전되고 역전되어, 제주를 떠난 후 본토에서의 유배가 풀린 조정철은, 1810년 정언과 동래부사를 거쳐 1811년 제주목사로 자원하여 온다. 1년여 제주에서의 목사직을 마친 조정철은 이후 이조참판, 대사헌, 형조판서 등을 거쳐 1831년 81세로 죽는다. 조정철의 삶의 여정은 인생역전이다. 삶이 그대를 속인다고 속단할 일이 아니라는 말을 우리에게 남기는 듯하다. 조정철 가문과 제주와의 기막힌 인연은 특히 홍윤애와의 만남을 계기로 더욱 알려지게 되었으니…. 홍윤애와 조정철은 천생연분이런가.

지금까지 제주의 목축문화를 찾아 중산간 마을인 소길리·유수암리·장전리 마을들을 돌아보았다. 이제부터는 바다 쪽으로 우리의 발길을 돌려보자. 바다 쪽에 위치한 산과 바다가 잘 어울리는 고내리와 수산리는 어떤 역사문화를 간직하고 있을까?

8장

영산 고내봉이 한라산을
살포시 감춘 마을 고내리

영산 고내봉이
한라산을 살포시 감춘 마을 고내리

고려시대부터 고내현으로 불리어온 고내리는 조선시대에서는 신우면 고내리로, 일제강점기에서는 애월면 고내리라고 불리며 지금에 이르고 있다. 지금부터 유서 깊고 독특한 역사문화 유물·유적들이 산재한 고내리 풍경 속으로 들어가 보자.

고내현에서 고내리 사이의 역사적 거리
...

1295년(충렬왕 21)에 탐라현을 제주목으로 고치고 목사를 두었고, 1300년에는 제주목을 중심으로 동·서도현^{縣}을 설치하였다. 당시의 현촌은 북면^{北面} 대촌현^{大村縣}을 본읍으로 삼아 동도현에는 신촌현^{新村縣},

함덕현^{咸德縣}, 김녕현^{金寧縣}, 토산현^{兎山縣}, 호아현^{狐兒縣}, 홍로현^{洪爐縣} 등의 6개의 현을, 서도현에는 귀일현^{歸日縣}, 고내현^{高內縣}, 애월현^{涯月縣}, 곽지현^{郭支縣}, 귀덕현^{歸德縣}, 명월현^{明月縣}, 차귀현^{遮歸縣}, 예래현^{猊來縣} 등의 9현을 소속시켜 모두 15현의 행정구역으로 구분되었다. 15개현 중 귀일·고내·애월·곽지 등 4현이 위치했던 애월읍은 주변 풍광이 수려하고 도내 여느 읍면보다 인구가 많은 곳이었다.

1609년(광해 1) 강력한 중앙집권체제를 편 조선조정은 한양에서 제주목을 내려다보며 좌면·우면·중면으로 행정체제를 나눴다. 세월이 흘러 인구가 불어난 우면은 1786년부터 신우면(애월읍)과, 구우면(한림읍과 한경면)으로 분면이 되었다. 반면 제주목 동쪽은 1874년에 들어서야 신좌면(조천)과 구좌면으로 나누어졌다. 1935년 일제는 수백 년 동안 이어져 온 면의 이름을 면 소재지가 있는 마을 이름을 사용하도록 강제하였다. 그런 이유로 신우면은 애월면으로, 구우면은 한림면으로, 신좌면은 조천면으로 바뀌었는데, 구좌면은 면 이름이 그대로 남은 유일한 곳이다. 당시 구좌면의 면 소재지는 평대리에 있었다.

'큰우영'이라고 불리는 지경에서 기와와 도자기 파편들이 발견되었던 고내리는 고려시대 때 이미 마을이 있었을 정도로 설촌이 오래다. 정천^{井川}이라는 소하천이 마을 동쪽을 흘러 바다에 이르고, 고내봉이 넓게 펼쳐져 있지만, 경작지가 비좁아 상대적으로 농촌보다 어촌이 넓게 형성된 지형이다. '병골^{兵洞}'이라는 지명이 남아 있는 곳은 오래전 군사가 주둔했던 곳으로 추정된다. 지금의 고내포구 해안도로 건너편에 있는 용천수인 '우주물' 서쪽 지역에서 감옥이 있었던 곳인 '옥터왓'에 이르는 길을 '병골길'이라 한다.

　오래전부터 고내리 선인들은 망망대해인 바다로 눈을 돌려 삶을 개척해 왔다. 특히 일제강점기에는 고내리 거주민보다 재일교포 고내리 출신 인구가 갑절이나 많을 만큼 해외에서 새로운 삶을 개척하기도 했다. 고내리사무소에는 고내리 재일본교포 합동공덕비^{高內里 在日本僑胞 合同 功德碑}를 비롯하여 재일본 고내리 출신 인사 공덕비 10여 기가 전시되고 있다.

고내리 표석

봉수대·과원·고릉유사를 품고 있는 고내봉

••••

오름과 바다 사이에 형성된 마을인 고내리는 한라산이 감추어진 신비로운 마을이다. 신비를 풀 비밀은 고내봉이 쥐고 있는 듯하다. 고내봉은 봉수대, 할망당과 하르당방, 과원, 고릉유사터, 물통 등 오래된 역사문화를 품고 있는 신비스럽고 영험한 오름이다. 고내봉 전망 좋은 곳에는 많은 무덤이 들어서 있는데, 1894년 갑오개혁 이후 들어선 무덤군일 것이다. 왜냐하면 고내봉수가 들어선 이곳은 전략적으로 적의 침입에 대비하는 금장지였기에, 1894년 이전에는 이곳에 무덤을 조성할 수가 없었기 때문이다. 남북으로 길게 이어지는 크고 작은 5개의 봉우리를 품고 있는 고내봉은 고내리는 물론 이웃 마을들인 상가리와 하가리에도 뻗어있는 오름이다. 다음은 고내봉 입구에 시설된 안내 표석 내용의 일부이다.

고니오름 또는 고내오름으로 불렸고, 이를 한자를 빌어 표기한 것이 고내봉^{高內峰}이다. 조선시대 때 오름 정상에 고내망^{高內望}이라는 봉수대^{烽燧臺}를 설치했기 때문에 망오름이라고도 불리며, 5개의 봉우리로 이루어져 있다. 북쪽의 주봉^{主峰}은 망오름, 남동쪽 봉우리는 진오름, 서쪽 봉우리는 방애오름, 남서쪽 봉우리는 너분오름, 남쪽 봉우리는 상툇오름이라 하고 고릉유사^{高陵遊寺}라는 절이 있었다.

자, 지금부터 과거와 현재를 잇는 고내봉 주변의 다양한 비경과 비사를 찾아 떠나보자.

고내봉 정상에 세워졌던 고내망

　고내봉 정상(175m) 부근에는 애월진 소속의 봉수인 고내봉수가 위치해 있었다. 평시에는 한 번, 적선이 나타나면 두 번, 해안에 접근하면 세 번, 상륙 또는 해상접근하면 네 번, 상륙 접전하면 다섯 번 봉화를 올렸다. 망오름이라 불리는 고내봉수는 북동쪽으로는 수산봉수와 남서쪽으로는 도내봉수(어도오름에 있었음)와 교신하였으며, 별장 6명과 봉수 24명이 배치되었다. 고내봉수는 외겹으로 토축^{土築} 즉 흑으로 쌓은 형태이다. 일반적인 봉수와는 다르게 중심부에는 봉우리를 만들지 않고 밑으로 파놓은 형태이다. 봉수터를 예전에는 소나무가 우거져 찾기가 어려웠으나, 2011년 주변의 잡목을 베어내어 전체적인 형태를 조망할 수 있도록 조성하였다. 고내봉수의 북동쪽으로는 수산봉수, 북서쪽으로는 신엄 바닷가에 있는 남두연대와 애월연대, 그리고 남서쪽으로는 귀덕연대와 교신하였다. 안내판에는 이곳 봉수대를 관리하던 수군이 고내봉 남측에 주둔하며 연화지와 관립과원에서 연실, 연근, 귤을 수확하여 진상하였다고 쓰여 있다. 이러한 내용으로 미루어보아 이곳에도 아래와 같이 감귤원이 조성되었음을 추정할 수 있을 것이다.

고내봉 탐방안내도

고내봉수터

고내봉에 조성했던 관립 고내과원

『탐라지』 등 여러 기록에 의하면 조선시대의 감귤밭인 과원에는 방풍림과 경계목으로 대나무를 심었다. 고내봉 남쪽 지경에는 대나무로 둘러싸인 경작지가 있다. 이로 미루어 고내봉 굼부리에 대나무로 둘러싸인 밭 주변은 고내봉 안내판에 적힌 예전의 관립과원이라 여겨진다.

고려시대 이전부터 감귤을 재배해 온 제주에서는, 특히 조선시대 1526년 제주에 부임한 이수동 목사가 나라에 진상품을 올리기 위해 별방·수산·서귀·동해(색달)·명월 등지의 방호소에 관원들을 배치하고, 이후 43개 과원에서 감귤을 재배하게 하였다. 그곳에 주둔하는 병정들에게 과원을 지키게 하니 백성들이 매우 편안해졌다고 이원진의 『탐라지』 등 고서들은 전한다. 애월포 방호소 인근의 과원에는 엄장남과원·중과원·북과원·가락과원이 있었다. 애월진 소속인 군사들에 의해서 고내봉수가 위치한 고내봉에서도 감귤재배가 이루어진 것으로 추정된다. 즉 대나무를 심어 과원에 부는 바람의 재앙을 막았다는 기록(圍以竹樹以護風災)이 이에 대한 증거라 여겨진다.

고내봉 관립과원 추정지에 있는 대나무 숲

고내봉의 절경인 고릉유사 터

고내리에는 그 역사가 처연하고 음침하여 숨기고 싶은 비경이 하나 더 있다. 바로 고릉유사^{古陵遊寺}라는 절터이다. 고릉유사 절터를 찾으려고 두어 번 시도했으나 실패하였다. 그러다 지인을 만나 어렵게 찾았는데, 이전에 그냥 스쳐 지나갔던 주변 수풀이 우거져 여간해선 찾기 어려운 곳에 고릉유사가 숨어 있었다. 오래된 돌계단과 이끼 낀 퇴적층 바위 속에서 누군가 뛰쳐나와 나그네를 덮칠 것 같은 착각이 들기도 했다. 음침한 기운이 돌 만큼 신비스러움이 일렁이는 곳이기도 하다. 고내봉 초입 경사진 곳으로 오르면 고내마을 풍경 너머로 멀리 추자군도도 볼 수 있다. 고릉유사 터 한구석에 숨어 있는 안내판에는 다음의 글이 적혀 있었다.

이곳은 고내봉 허리 동북쪽의 언덕에 자리 잡고 있는 조그만 굴^{屈}로서 옛 고승들의 수도처로 알려져 있으며, 문사^{文士}와 한량^{閑良}들이 계절에 따라 이곳에 모여 풍류와 호연지기를 길렀다 하여 고릉유사라 칭하였던 곳이다. 그 후 1930년 고내리 선두석이란 분이 이곳에 고릉사라는 절을 창건하였으나 1948년 4·3 당시 소실되어 해안으로 소개되고 지금은 몇 개의 주춧돌과 돌계단만이 남아 예전에 이곳이 절터였음을 증명하고 있을 뿐이다.

고릉유사의 특별한 매력은 오래된 돌계단과 더불어 절터를 에워 쌓는 나무 우거진 특이한 형상의 언덕이다. 사암층으로 형성된 언덕 아래에 드러난 바위들이 기이하여 이 또한 볼거리를 제공하고 있다. 더불어 이곳에서 내려다보는 바다 또한 한 점의 수채화 같다.

고내봉 고롱유사 터

노천박물관 같은 다락빌레 쉼터
• • •

제주시에서 해안도로를 따라서 가다 보면 고내포구 내려가기 전 나타나는 높은 동산이 있다. 바다와 한라산이 어울린 이곳에 제주의 역사문화가 묻어나는 다양한 조형물들이 들어서서는 노천박물관을 방불케 한다. 이곳은 부엌에 물건을 넣는 다락처럼 암반이 널리 깔려서 '다락빌레'라고 불리는데, 경치가 매우 아름다워 선인들 또한 즐기며 쉬었던 곳이다. '빌레'는 제주어로 너럭바위들로 채워진 지역을 의미한다. 다락빌레의 지명에서 '다락'을 한자로 '多樂'이라 쓰일 만큼 다양한 즐거움을 맛볼 수 있는 풍경이 이곳의 매력이다. 이곳에는 삼별초 항쟁을 주도한 김통정 장군과 목호의 난을 진압한 최영 장군을 상징하는 '애월읍경 항몽멸호涯月邑境 抗蒙滅胡의 땅'이라는 조형물과, 고내리 바다밭을 경작하는 해녀상, 재일 교내인 시혜 불망비, 방사탑, 그리고 바닷가 기정(절벽)에 용왕을 닮은 거대한 기암절벽 등이 펼쳐져 있다.

재일 고내인 시혜 불망비

재일교포 수가 마을 크기에 비해 제주에서 가장 많은 마을이 고내리다. 넓은 바다와 고내봉 그리고 넓지 않은 경작지 등 여러 자연적인 환경의 영향을 받으며 삶을 이어가야 했던 고내리의 선인들은 개척정신이 남

제주시 애월읍 고내포구 인근에 조성된 다락빌레 쉼터 전경

달랐을 것이다. 여러 사정으로 일본에 정착하게 된 고내리 선인들은 고향을 그리워하며 서로를 격려하고 고향을 위하는 친목회를 조직하여 다양한 사업들을 행해왔다. 그 고마움을 전하기 위하여 고내리에서는 이곳에 커다란 '재일 고내인 시혜 불망비$^{在日\ 高内人\ 施惠\ 不忘碑}$'를 2002년에 세웠다. 불망비의 음각된 글씨들이 시간이 흘러 보이지 않아 고내리사무소에서 관련 내용을 구하여 아래와 같이 주요 내용을 추려 실었다.

아, 언제였던가. 한일병탄 망국의 한, 북받치는 설움 안고 가난을 이기려 고향 땅을 뜨던 날이. 물설고 낯선 일본 땅에 뿌리내려 살아온 세월은 어느덧 100여 년을 헤아리네. 한시도 고향을 잊은 적 없으니 가슴에 절절했던 그 한을 세상이 끝나는 날까지 어찌 잊으리. 자식들 키우랴, 생활고를 이겨내랴. 바당에 들어 좀녀질하던 어머니, 빌레왓을 갈아엎던 아버지를 그리며 억척스레 살아온 타국살이 아니던가. 수만리 머나먼 고향마을과 부모형제, 친지 동무들을 보고 싶은 마음이야 필설로 이루다 표현할 수 있으랴. 외로움과 그리움과 눈물과 한숨을. 애향의 정신과 향우간의 상부상조로 이겨낸 삶이었음을. 어찌 재일본 향우들의 고향에 대한 큰 사랑을 한시라도 잊을 수 있으랴. 다락동산에서 바라보는 망망대해의 파도는 오늘도 푸르게 더욱 푸르게 굽이치네. 재일본 고내리 향우들의 크나큰 희생과 깊고 넓은 공덕을 가슴에 새기면서 마음과 정성을 담아 불망의 비^{碑}를 우뚝 세운다.

재일 고내인 시혜 불망비

고내리 해녀상에서 오래된 제주역사를 떠올리다

　육지의 밭과 바다의 밭을 오가며 경작하던 여느 마을과는 달리, 농지가 적은 고내마을 사람들은 바다 밭을 일구며 생활해왔기에 해녀 생활이 곧 삶 그 자체였을 것이다. 그러니 이 마을 해녀 상에 투영된 모습도 다를 수밖에 없다. 제주 해녀는 강인한 제주 여성의 삶을 대변한다. 고내리에서는 더욱 그렇다. 제주인들의 삶에 많은 영향을 끼친 그리고 제주 해녀의 역사문화이기도 한 출륙금지령에 대해 덧붙인다.

　세종대왕 시절에 일어난 우마적牛馬賊 사건이 상징하듯 말 교역이 원천봉쇄되고, 관리들의 가렴주구 등으로 삶이 더욱 어려워진 제주선인들은 생존을 위해 제주를 떠나기도 했다. 이에 제주 인구가 감소함에 따라 조정으로 보내는 특산물의 양이 줄어들고 병정兵丁이 부족해 갔다. 급기야 1629년(인조 7) 제주 사람들이 육지로 나가는 것을 금하는 출륙금지령이 내려졌다. 이후 200년간 행해진 금지령으로 제주 사람들은 육지와의 직접 교류가 불가능했고, 육지에서 온 상인들을 통해서만 교역이 이루어졌다. 그 결과 해상무역을 통해 발달했던 조선술과 항해술은 단절되고 제주 해안가에는 테우('뗏목'의 제주어)만이 떠다녔다. 이 조치로 말미암아 제주섬 전체가 거대한 감옥으로 변했다. 『탐라지초본』에 의하면, 배에 절대 싣지 못하는 금지 품목에 제주 백성, 특히 여성이 포함될 정도였다. 다수의 남자가 탈출하자 여성들은 바다에 뜬 감옥에 볼모로 잡힌 가련한 신세가 돼버렸다.

고내리 해녀상

고립무원의 제주섬에서 해방되는 유일한 방법은 무단 탈출이었다. 15세기 중엽부터 18세기 초엽에 이르기까지 탈출한 제주 선인들은 주로 남해안에 정착했다. 이순신 장군의 『난중일기』에 의하면 "근년에 제주 세 고을의 인민들이 처자들을 거느리고 배를 타고 경상도, 전라도 바닷가 연변에 옮겨 정박하는 자가 수천여 명이다."라고 기록될 정도였다.

제주도 포구에는 테우만이 해변을 맴돌고, 육지를 왕래할 수 있는 배라곤 한 달에 한 번씩 진상품을 실어 나르는 배가 전부였다. 육지에서 오는 관리들인 경래관(京來官)의 토색질은 조선 팔도 어느 곳보다 극심했다. 수령의 작폐를 직접 조정에 고변(告變)하려 해도 출륙을 금하니 어찌 해볼 도리가 없다. 이렇듯 제주선인에게 200년 세월은 단절과 억압의 슬픈 역사였다.

두무악(頭無岳) 또는 포작인(鮑作人)이란, 제주를 탈출하여 전라도·충청도·경상도를 비롯하여 황해도 등지로 숨어 들어가 고기잡이와 해산물 채취를 주업으로 삼고 선상에서 생활하며 연안을 돌아다니며 살아가는 제주 출신 남자 어부들을 일컫는 말이다. 그들은 깊은 바다에서 전복을 잡아 진상하기도, 임진왜란에서는 물길 정보를 알려주는 역할도 했다. 수탈을 피해 육지로 간 제주 포작인은 1만여 명에 이른다고 『제주기행』의 저자 주강현은 말한다. 또한 해난사고로 죽은 남자들이 연간 수백 명이 넘는 까닭에 늘 여자가 많고 남자가 적었다. 제주의 여성은 남자 어부인 포작인 또는 보재기의 공백을 몸으로 때워야 했다. 이리하여 줌녀(해녀)라는 직업군이 제주에 탄생하게 된 것이다. 이는 제주해녀의 탄생 배경이기도 하다. 육지의 남정^{男丁}과 같은 역할을 한 여정^{女丁}이 제주에 있었던 데서도 이를 유추할 수 있을 것이다. 여정이란 남자를 대신하여 군역을 치르는 여자이다. 『탐라순력도』 별방시사 등에도 여정이 그려져 있다.

재일본 고내리 친목회 회원 명부

　다음의 자료 사진은 여느 마을에서 볼 수 없는, 현재 고내리 거주자보다 많은 재일본 고내리 친목회원의 이름과 연락처 등이 기재된 명부의 겉표지이다. 경작지가 적은 고내리 사람들은 일제강점기인 1917년 고 오두만 씨부터 마을을 떠나 일본으로 터전을 옮기기 시작했다. 그 후 해마다 10명 내외의 고내리 사람들이 일본으로 삶의 현장을 옮겨야 했다. 1928년까지 고내리 출신 121명이 일본으로 삶의 현장을 옮겼으며 이후 1930년 이후에도 400여 명이 고향을 떠나야 했다. 고향을 떠나지 않고 남아 있는 고내리 사람들의 삶은 어떠했을까? 고향을 지키기 위해 떠나지 못한 사람들은 일본에서 보내오는 옷가지와 문방구류를 비롯하여 여러 유형으로 혜택을 입기도 했는데, 전깃불 역시 다른 마을보다 앞서 설치되어 생활의 편리함을 누리기도 했다. 이러한 고마움을 담아 세운 흔적들이 고내리 도처에 비석 등으로 전시되고 있다.
　제주도 읍·면의 중심마을에 들어선 여느 고등학교와는 달리, 지금의

'애월고등학교'는 애월읍의 중심마을인 애월리가 아닌 고내리에 이전되어 있다. 이는 고내리에서 자라는 후손들을 위한 배움의 기반 조성으로 나타난 결실 중 하나이기도 하다.

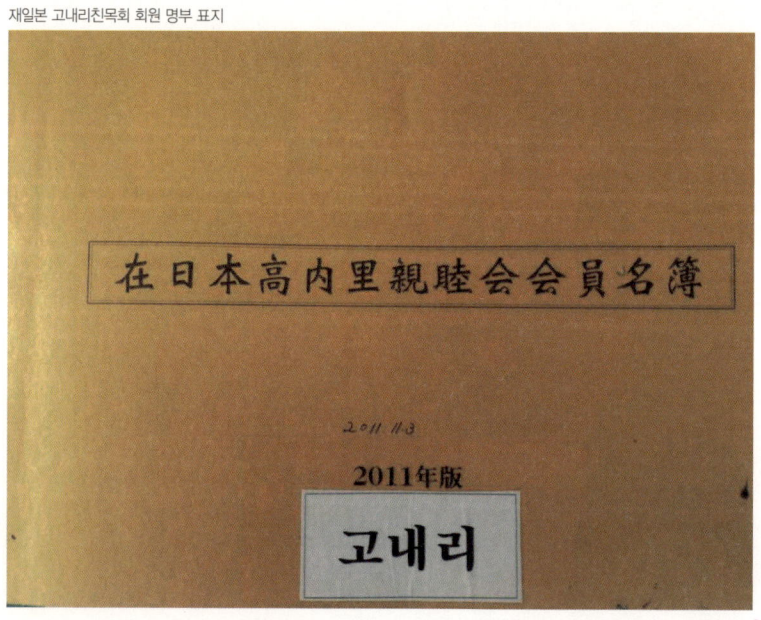

재일본 고내리친목회 회원 명부 표지

탐라국 후기를 대표하는 고내리식 토기
• • •

　제주도의 고대를 흔히 탐라시대라 하는데, 문헌에서는 토기를 기준으로 하여 탐라시대를 전기와 후기로 나누어 설명한다. 탐라 전기는 기원 전후부터 약 500년까지의 시기로서, 곽지리식 토기를 기준으로 설명한다. 탐라 후기는 500년 이후부터 탐라가 고려의 군현으로 편입되는 1105년 이전까지를 말한다. 탐라국 후기 문화를 대표하고 설명하는 기준은 고내리식 토기로, 중심 연대는 7~9세기로 설정된다. 7세기경에 고내리식 토기의 제작 방식이 보급되고, 8세기경에 토기가 많이 생산되어 마을을 형성했던 것으로 추정된다.

　탐라 전기의 곽지리식 토기가 제주도 전역에 있었던 점에 비해, 고내리식 토기는 해안마을에 밀집되어 분포한다. 고내리식 토기는 고내·애월·곽지·금성·귀덕 등지에서 가장 많이 출토되고 있으며, 특히 신촌현·고내현·곽지현은 고대 탐라시대 전체를 통하여 제주도식 토기의 출현지라는 점에 주목할 필요가 있다.

　제주도의 지질 분포도를 보면, 동북부의 구좌읍 김녕리 일대에는 알칼리성 현무암 지대가 분포되어 있다. 이 지역에서도 고내리식 토기를 제작할 수 있었던 것은 오래전 수성화산에 의해 형성된 고내봉응회암高內峰凝灰巖과 같은 양질의 점토를 구할 수 있었기 때문이라 한다. 제주도 응회암 지구는 애월읍 고내봉 주변을 비롯하여 한경면 고산리, 대정읍 상모리, 안덕면 사계리, 성산읍 성산리 및 우도 쇠머리오름 일대의 너른 해안지역에 분포되어 있다. 이는 고내리식 토기가 분포하는 지역과도 일치한다.

고내리식 토기는 제주지역에서 이전까지 사용되어 오던 삼양동식토기, 곽지리식토기 등과는 상당히 다른 특징을 갖고 있다 한다. 고내리식 토기들은 크기만 다를 뿐 그 모양은 원통형으로 거의 획일화되었다. 재료인 흙도 곱게 정선되었으며, 그릇의 두께도 상당히 얇고 균일해졌다. 이러한 특징들은 전반적으로 토기 제작 기술이 향상되었음을 보여주는 점에서 특이할 만하다. 같은 시기 한반도에서는 도기류가 사용되고 있음에 비해, 제주에서는 청동기시대의 민무늬토기 전통을 유지한 고내리식 토기가 사용되고 있었다. 이는 고립된 섬 문화의 일면을 보여주는 사례가 될 것이다. 이러한 토기는 결국 기원후 10세기경까지 거주집단의 주요 토기로 사용되어 오다가, 고려시대 도기가 제작되면서 소멸된 것으로 보인다.

고내리식 토기 (사진 국립제주박물관)

항파두리성에서 발견된 고내촌 기와와 삼별초

• • •

항파두리성은 1270년 입도한 삼별초군이 쌓은 성 이름이다. 항파두리 성안 유적으로는 곽지촌과 고내촌 등 명문 기와가 있고, 특히 고내촌 명문 기와에는 '신축辛丑'이라 새겨졌는데, 이의 해당 연대는 1241년(고려 고종 28)이다. 고내촌과 곽지촌에서 생산된 기와의 일부가 항파두리성 축조에 이용된 것으로 보이며, 또한 성 주변 사람들이 항파두리성 구축에 많이 동원되었음을 시사한다. 그리고 성에서는 남송南宋과 원元의 청자와 백자도 발견되었는데, 이는 탐라에 온 삼별초와 남송 사이에는 어느 정도 교류가 있었음을 유추할 수 있는 대목이다.

진도에 용장성을 쌓고 여몽연합군에 응전하나 결국 패한 삼별초는 장군 김통정金通精의 지휘 아래 1270년(원종 11) 10월경부터 1273년 6월까지 약 2년 6개월간 항파두리성을 쌓으며 응전하였다. 1271년 6월 29일 외성과 내성을 쌓았다는 기록이 『고려사』에서 확인된다. 항파두리성은 토성으로 제주시 애월읍 고성리와 상귀리 일대에 위치한다. 탐라에 먼저 도착한 삼별초 장군 이문경 군대가 동제원 전투 등지에서 고려의 고여림·김수 장군 군대를 격파하고 조천포에 거점을 두었던 반면, 진도에서 출발한 김통정 장군은 항파두리에 본영을 두었다. 『고려사 지리지』 탐라현과 『동국여지승람』 제주목에 의하면, 육지에서 추자를 거쳐 탐라를 향하면 대개 조천포 혹은 애월포에 도착했다. 이문경의 삼별초와 여몽연합군이 탐라로 진입한 곳이 명월포였고, 김통정의 삼별초는 중간지점인 애월포에 가까우면서도 입지조건이 양호한 곳에 항파두리성을 축조한 것으로 여겨진다.

 항파두리성은 전투 요새로서의 입지적 특징을 지니고 있고, 주변에 분포하는 마을로부터 전투에 필요한 물자를 보급받기에 적당한 위치에 있다. 제주의 북쪽 해안가를 중심으로 형성된 항파두리성 주변의 마을이 탐라왕국 시기부터 있었던 유물유적과 탐라식 토기의 생산지와 일치하기 때문에 전투에 필요한 물자 및 인적 자원의 보급도 기대했던 것으로 보인다.

 이러한 역사문화를 오가는 이들과 공유하기 위하여 고내리의 명소인 '다락빌레 쉼터'에 삼별초 항쟁을 주도한 김통정 장군과 목호의 난을 진압한 최영 장군을 상징하는 '애월읍경 항몽멸호^{涯月邑境 抗蒙滅胡}의 땅'이라는 조형물이 설치된 것으로 여겨진다.

항몽의 김통정 장군과 목호의 난을 진압한 최영장군을 형상화 한 애월읍경 항몽멸호의 땅 조형물

고내현과 환해장성 그리고 불턱과 공동우물 터
• • •

　고내현은 고내리의 옛 이름이다. 『탐라지』에 의하면, 1270년 삼별초가 제주에 들어와서 귀일촌에 항파두리성을 쌓아 근거지로 삼고, 외곽성으로 애월에 목성을 구축했다. 1404년(태종 4)에는 고내와 명월에 왜구가 침입해 가축과 재물을 약탈해 갔다. 이러한 여러 기록으로 보아 고내리에는 고려 때부터 사람이 살았고 지정학적 위치로 인해 외적을 방어하는 현촌으로 설촌이 되었던 것으로 여겨진다. 이러한 흔적으로 1270년대부터 쌓은 것으로 알려진 환해장성이 고내 해안 도처에 남아 있다. 이곳 환해장성이 쌓인 연대는 확실하지 않으나 왜구들이 자주 출몰하던 시기인 고려 말에서 조선 초 사이로 추정된다. 예전의 용천수가 있던 우물터(또는 불턱) 주변에도, 애월초등학교와 고내리 포구 중간 지점에도 환해장성이 남아 있다. 그동안 파괴된 환해장성을 복원하여 구축하는 일은 우리의 문화재를 되살리는 일이기도 하다.

　고내리 바닷가에는 용천수와 불턱의 오래된 흔적도 있다. 하지만 안내의 글이 없어 해녀들이 사용한 불턱인지 또는 용천수에서 물을 길어 날랐던 공동우물인지 명확하지가 않다. 이 근처의 구축물들은 근대유산으로 지정될 만큼 연륜과 조형미가 빼어나다. 고증을 거치고 시멘트를 걷어내어 적절하게 복원이 된다면 역사문화적 가치가 높은 해안가의 명물로 재탄생할 수 있으리라 여겨진다.

제주에서 가장 오래된 초상화의 주인공은
고내 출신 문백민

• • •

문백민의 초상화인 귤수소조^{橘叟小照}는 제주도 지정 유형문화재이다. 문백민^{文百敏}은 고내리 출신의 호장^{戶長}으로 제주성 안에 1,000그루의 귤나무 과수원을 지닐만큼 부유했다. 문백민의 초상화는 보존 상태가 매우 양호하며, 제작 배경과 제작연대, 초상화의 주인공을 그린 작가도 명확하다. 이 초상화는 제주 선인을 대상으로 그린 초상화 중 가장 오래된 것으로, 비단 바탕의 채색화로 규격은 68~36cm이다. 이 초상화를 그린 화가는 남종화의 대가인 소치^{小癡} 허련^{許鍊}의 큰아들 미산^{米山} 허은^{許溵}이고 소치가 찬하였다. 그림 양식이 소치 가문의 전형적인 화풍을 보여주고 있다는 점에서 미술사적 가치를 인정받고 있다. 다음은 문백민 초상화에 쓰인 내용이다.

귤수는 탁라(제주의 또 다른 이름)인이다. 나는 십수 년 전에(1840년 제주에 유배해 온 추사김정희를 만나러) 제주바다를 건너 3번 제주에 왔다. 귤수(문백민)와는 남달리 알고 지내온 사이인데, 오늘 갑자기 내가 머무는 곳에 찾아온 것 역시 다른 뜻이 있기 때문이다. 내 아들 미산(허은)에게 이 어른의 초상을 그리게 했고, 아들은 광대뼈와 얼굴, 이마와 털을 상세하게 그렸다. (초상화를) 잘 그렸는지 혹은 못 그렸는지에 대해 얘기하는 것을 잠시 접어두고 나는 비단 바탕의 여백에 다음과 같이 찬한다. '그대 집 울 안의 과원에 두툼한 귤잎 눈 내린 듯하고, 천 그루 귤나무는 맑은 꽃향기 가을 귤을 그려보게 하네. 해가 지는 줄도 모르

제주에서 가장 오래된 문백민의 초상화 귤수소조

제8장 | 영산 고내봉이 한라산을 살포시 감춘 마을 고내리 349

고 귤나무 사이 오가며 노는 것을 그 무엇에 비교하랴. 이런 정취에 깊이 빠져들까, 용기 내어 물러 나오니 시간이 빨리도 지나갔구나.' 1863년(철종 15) 이른 봄 완성의 선교 옆 객사에서 소치 허련이 쓰다.

橘叟小照. 橘叟乇羅人也, 余於十數年前, 三入瀛海, 而知此人異他矣, 今忽來訪, 亦有異他之意. 命家兒米山試寫, 其眞顴影額毛之, 得失姑不論, 寓余繾綣則存矣, 仍以讚曰, 知君居圃, 厚葉欺雪, 有橘千額, 淸香媚秋, 徜徉一涉, 何以辨此, 成趣則幽, 勇退急流. 歲癸亥首春寫於完城之仙橋僑舍 小癡.

고내리에서의 역사문화 여정은 이것으로 마치고, 발길을 돌려 수산봉과 500년 곰솔나무가 자랑인 수산리로 향해보자.

9장

비경과 비사의 보고인 수산리

제주목 성밖 서녘길
비경과 비사의 보고인 수산리

수산리의 역사문화를 찾아서
• • •

여러 가름(동네)들을 굽어보는 수산봉 바로 동남쪽 기슭 호반에 천연기념물로 지정된 곰솔이 고고하게 서 있는 마을 수산리. 500년 긴 세월을 건너온 곰솔의 나뭇가지는 저수지에 드리워져 '물먹는 나무'로 불리고 있다. 물미 또는 물메라고 불리는 수산리는 아름다운 자연환경과 더불어 오래된 역사문화를 품고 있는 마을이다. 정상에 샘이 있어 수산봉 또는 물메오름으로도 불리어오고 있는 수산리 마을로의 기행을 떠나보자.

물메오름은 왜적의 침입에 대비해 바다를 감시하는 군사적 요충지였다. 사시사철 마르지 않은 샘이 있는 이곳에서 제주목사가 기우제를 올리기도 했다. 수산봉 아래 동쪽에는 제주에서 가장 넓은 인공 저수지가 자리 잡고 있다. 1960년 저수지를 조성하기 이전에는 이곳에 70여 호의 동네가 있었다. 이산離散의 아픈 역사를 담은 호반가에 천연기념물로 지정된 그 곰솔나무가 드리워져 있다. 또한 심은 지 400여 년이 지났을 팽나무와 함께 대나무로 둘러싸인 집터에는 서당이 있었다. 제단이 남아 있는 당동네에 위치한 본향당 터에는 할망당을 지키던 신목의 후손들이 짙은 녹음을 선물하고 있다. 할망당이 있던 이 동네는 '당카름'으로도 불린다.

평화로를 달리다 만나는 한국마사회 제주경마장 지역은 오래전 수산리의 공동목장이었다. 애월읍 유수암리와 고성리 지경에 위치한 수산리 공동목장은 조선시대 국둔마國屯馬의 목양지로 제5소장 지대였으며, 일제강점기에서는 수산목장조합이 운영하던 곳이다.

1609년 제주판관 김치가 방리를 정할 때 이 마을은 제주목 우면 수산촌으로, 우면의 인구가 늘어 1798년 신우면과 구우면으로 나눈 이후에는 신우면 수산리로, 1935면 일제에 의한 행정개편으로 신우면이 애월면으로 바뀜에 따라 애월면 수산리로 불리며 오늘에 이르고 있다.

제주의 역사문화 품은 물메오름 수산봉

•••

물메오름(121m)으로 부르기도 하는 수산봉 정상에는 조선시대의 통신수단인 봉수대가 있었다. 애월진에 소속된 수산봉수는 동쪽으로는

천연기념물 수령 500여 년의 수산리 곰솔

도두봉수, 서쪽으로는 고내봉수와 교신했다.『세종실록지리지』와『탐라순력도』등 여러 문헌은 물메오름 수산봉 정상에는 봉수대가 있다고 기록하거나 그리고 있다. 오래전부터 영봉이라 불리는 수산봉 정상에는 가뭄에도 물이 마르지 않는 연못이 있다. 제주도 전역에 오랫동안 비가 오지 않으면 산천단에서 기우제를 지내고, 그래도 비가 오지 아니하면 수산봉에서도 기우제를 지내기도 했다. 기우제란 가뭄을 끝내고 단비를 내려달라고 풍우뇌우신과 산천 성황신에게 지내는 제사이다. 『조선왕조실록』에는 동자군(童子軍) 150명이 청의를 입고 비 내려달라고 합창하며 기우제를 행했다는 기록도 보인다. 제주도에서는 한라산 산천단, 취병담(용연), 물메오름 수산단, 풍운뇌우단, 사직단 등지에서 제주목사의 주재로 기우축사를 고하여 제를 행했다 전한다.

제주의 봉수와 연대는 조선 초기에 오름 꼭대기나 바닷가의 높은 언덕·동산 위에 설치해서 주변 정세를 살피고 이상이 있을 때 횃불을 올리거나 불을 피워 연기를 올려서 이웃 또는 상급 기관이나 관청에 알리던 제도이다. 봉수와 연대는 모두 연기와 횃불로 비상 상황을 알리던 중세의 통신수단으로서 낮에는 연기, 밤에는 횃불을 썼다. 조선시대에 제주도에는 봉수가 적게는 18곳, 많게는 25곳이 설치되어 있었다. 연대는 17세기에 39곳, 18세기에 38곳, 19세기에는 30곳 정도가 설치되어 있었다. 이렇게 봉수와 연대의 수는 시대마다 다르고, 설치된 곳도 시대마다 달랐다. 연기를 피우는 재료의 경우 육지에서는 토끼똥을 비롯한 야생동물의 배설물을 말려서 이용했다고 하는데, 제주도는 주로 마른 똥(말똥)을 썼다고 한다.

제주도의 봉수와 연대는 기록상으로 조선 세종 때 비로소 축조된다. 『세종실록』 권84 '세종 21년(1439) 윤2월 임오(4일)' 기록에 의하면, 봉화가 있는 곳에 연대(煙臺: 이 연대를 봉화대의 뜻으로 보기도 한다.)를 쌓았는데, 높이와 너비가 각각 10자라고 했다. 당시 제주도의 봉화대, 곧 연대의 높이도 3.12m 정도 되고, 너비도 3.12m 정도 되었음을 추측할 수 있다.

제주의 봉수는 주로 오름 꼭대기에 설치하고, 연대는 바닷가 높은 언덕이나 동산 위에 설치했다. 그렇기 때문에 봉수 이름은 주로 오름 이름에서 앞부분을 가져오고 뒷부분에 봉수나 봉, 망 등을 덧붙여 'OO봉수', 'OO봉', 'OO망' 등으로 불렀다. 봉수가 있는 곳이란 의미에서 '수산봉' 또는 '수산망'이라고 기록되고 있다. 망은 왜구의 침입에 대비하여 망지기를 두어 망보던 곳이다. 봉수대는 일반적으로 산이나 오름 정상 부근에 그리고 연대는 해안선 높은 지역에 설치됐는데, 밤에는 횃불로, 낮에는 연기로 통신했다. 봉수는 일반적으로 석축시설 없이 둥글게 흙을 쌓아 올려 그 위에 불을 피우는 시설을 했고, 대체로 제주 해안을 널리 조망할 수 있는 오름에 설치됐다. 규모는 지형에 따라 다소 차이가 있으나 대체로 높이와 너비가 각각 10척(3m) 내외였다.

수산봉에서 바라 본 마을 전경

수산리 마을 풍경(예원동)

마을의 역사문화가 담긴 다양한 지명과 인물

수산리 지명에 실린 진계백

수산리에는 오래전에 들어선 마을임을 나타내는 지명들이 계승되고 있다. 주진^{住秦}가름터, 진터^{秦趾}, 진밭^{秦田} 등이 그 이름들이다. 최영 장군이 목호의 난을 평정하러 입도하기 전 이미 진씨의 제주입도 시조인 진계백^{秦季伯}이 제주에 들어와 거주하고 있었다. 진계백은 수산리의 여러 용천수 중 하나인 큰섬지물이 있는 주진^{住秦}가름이라 불리는 곳에서 거주했던 것으로 추정된다. 풍기진씨 입도조인 진계백은 고려 공민왕 때 탐라에 들어온 유이민으로 알려져 있다. 공민왕 시절 찬성사(贊成事: 고려시대 문하부 정2품 벼슬)를 지낸 진계백은 권신 간에 알력이 심하여지자 관직을 사임하고 1372년(공민왕 21)경 가속과 노비 등을 거느리고 애월포로 들어왔다. 진계백이 제주에 들어온 배경에는 혹 입을 지도 모를 가문의 멸문지화를 피하고자 함이 있는 듯하다.

진계백이 입도한 2년 후인 1374년에 일어난 '목호의 난'을 진압하러 제주에 온 최영 장군은 난을 평정하고 환도할 때 진계백에게 함께 갈 것을 권했다 한다. 그러나 고려 조정의 혼란과 불의를 내다본 듯한 진계백은 최영 장군과의 동행을 거부했다. 애월읍 곽지리에 있는 과오름 동쪽 애월리 근처인 광명정에 진계백의 묘지가 있다. 진계백의 묘는 본래 고려의 분묘 형태인 방묘였다. 하지만 일제강점기에 도굴되어 원형이 손상되었다고 후손들은 전한다.

광명정에 있는 진계백의 묘

목호의 난과 최영 장군

　제주역사의 커다란 분수령의 현장인 새별오름은 가파른 높이만큼이나 처연한 역사를 안고 오늘도 등산객들을 품고 있다. 제주에서 자주 회자되는 목호의 난은 어떻게 하여 일어났으며 우리에게는 어떤 의미로 남아 있을까.

　원나라의 쇠퇴와 공민왕의 반원^{反元} 정책으로 제주섬은 목호세력과 고려가 수차례 부딪치는 싸움의 현장이었다. 공민왕은 원나라에게 빼앗겼던 동녕부, 쌍성총관부의 회복과 함께 제주에서도 원의 세력을 몰아내고 영토를 회복하고자 시도하였다. 목호의 저항도 있어서 반원정책이 시작되는 1356년(공민왕 5)부터 1369년(공민왕 18)까지 크게 세 차례에 걸쳐서 목호와 고려와의 갈등이 있었다. 본격적인 전쟁이 시작된 것은 명나라의 개입과 말 때문이었다. 1374년(공민왕 23) 신흥국인 명나라는 고려에 제주의 양마 2000필을 요구했다. 원이 망했으니 원나라 소유의 말은 모두 명나라의 것이라는 역사적 논리 때문이다. 이에 고려관리가 제주에서 말을 취하려 하자, 탐라목장을 관할하던 원나라 관리인 목호는 원나라 원수인 명나라에 결코 말을 내어 줄 수 없다면서 300필만 내주었다. 명나라가 2000필을 재차 요구하자, 공민왕은 제주정벌을 위한 출정군을 편성하여 본격적인 목호의 토벌을 명하였다. 고려 정예군 25,605명과 전함 314척으로 구성된 출정군의 총사령관은 최영이었다.

기병 3000여 명과 많은 보병을 거느린 목호군에는 당시 촌락을 이루어 살았던 몽골족, 이들과 결혼한 제주 여자 사이에 태어난 반^{半} 몽골족화 된 제주민과 고려관리의 잦은 수탈에 반감을 품은 제주 선인들이 가세해 있었다. 명월포(지금의 한림읍 옹포)에 처음 도착한 10여 척에 탄 군인들이 모두 목호에게 살해되었다. 처음에는 상륙하는 출정군을 무찌르며 기세를 올렸으나, 이후에는 명월촌에서 새별오름 등지로 밀리면서 어름비(애월읍 어음리), 밝은오름(한림읍 상명리), 검은데기오름(애월읍 봉성리), 새별오름을 거쳐서 연래(서귀포시 예래동), 홍로(서귀포시 서홍동)에 이르기까지 밤낮으로 한 달여간 치열하게 전투가 전개되었다. 고려 관군에게 밀려나 남쪽으로 도주했던 목호군 수뇌부인 관음보^{觀音保}와 석질리^{石迭里} 등이 서귀포 앞바다 범섬으로 대피하자, 최영 장군은 군함 50여 척으로 배다리를 만들어(배연줄이) 범섬을 압박해 들어갔다. 그리고 고려군은 도망가는 목호들을 쫓아가 전부 살해하였다.

토벌군이 처음 상륙한 게 8월 28일이고 정벌을 끝낸 최영이 제주를 떠난 게 9월 23일이다. 목호의 난은 제주 사회의 공동체를 와해시킨 사건이자 제주 선인들에게 큰 희생을 초래한 수난의 역사였다고 전해진다.

수산리 지명으로 보는 제주의 역사문화 엿보기

    수산리^{水山里}에는 정겨운 제주어로 이루어진 지명들이 많은 편이다. 마을 중심인 큰동네, 할망당이 있던 당카름, 수산봉 아랫동네인 오름카름, 넓은 밭들로 둘러싸인 벵듸가름, 마치 운해^{雲海}의 여^{礖}처럼 보이는 동네라는 의미를 담은 '여이'에서 변음한 예원동 등. 병뒤가름으로도 불리는 번대동은 수산저수지를 조성할 때 수몰지구 70여 호의 철거민 중 일부가 옮겨서 형성된 마을이다. 수산리와 하귀리의 경계지점 주변에서 1960년대에 설촌된 번대동은 '평평하다'는 '번듸' 혹은 '벵듸'에서 유래한 동네이다. 조방장^{助防將} 우영(터)과 서부장^{徐部將} 집터 또는 서부장 동산이라는 지명도 있다. 조방장은 조선시대 무신으로 애월진성 등 9진의 우두머리 벼슬이고, 우영은 자그마한 밭을 말하는 제주어이다. 부장은 종6품 벼슬로 군관을 지칭하는 직책이다.

    옛날 장정들이 화살을 날렸던 사장밭과 사장굴, 마을 사당^{祠堂}이 있던 자그마한 밭인 사당우영, 통신수단인 수산망 연대와 관련된 밭인 연디왓, 개인의 수명과 집안의 안녕을 관장하는 제석신^{帝釋神}을 모셔 제석굿을 하던 제석동산, 폐허가 된 절집으로 추정되는 지새(기와의 제주어)가 발견된 지새왓, 게다가 '중숫가름'이란 지명도 있다. 중수리는 위 아래 짝이 잘 돌아가도록 맷돌 가운데 구멍에 세우는 쇠나 나무를 지칭하는 말이다. 그런 의미를 담은 중숫가름은 맷돌의 중심부처럼 마을의 요지라는 의미를 지닌다. 머리를 빗는 참빗처럼 생긴 지형인 췡빗왓 수산저수지와 물메오름.
수산저수지는 식량 생산을 목적으로 한 농업용 저수지다.

은 수산저수지를 조성하면서 물에 잠겨버린 동네의 이름이다.

광대동산에서 광대는 농악(걸궁) 등을 하면서 사람들을 즐겁게 하는 예인藝人의 별칭이다. 오래전 제주도에는 마을마다 농악이 조직돼 영등굿 등 마을 축제에 흥을 돋우곤 했다. 광대놀이 하던 동산이 이곳에도 있었던 거다. 도갓都家빌레는 공공장소 또는 공회당을 뜻하는 도가에 모여 마을의 관심사들을 의논했던 곳이다. 빌레는 곧 너럭바위를 뜻하니, 도갓빌레는 마을 공회당 주변에 있는 넓고 평평한 바위가 있는 지역을 일컬음이다.

망모루는 마을의 높은 지대에 올라 사방을 살펴보는 곳으로, 외적을 살피거나 잃은 마소를 찾기 위해 망을 보는 모루 즉 중요 지점이란 뜻이다. 물미오름에는 관립망대를 두어 망을 보는 망지기를 배치했다.

수산리에는 홍유학 우영도, 맹도암밧이란 지명도 있다. 유학幼學이란 벼슬을 하지 아니한 유생을 일컫는 말이다. 지금도 수산리에는 홍씨 성을 지닌 주민들이 많이 살고 있다. 명도암은 제주성지 안에 있는 오현단의 향현사에 모신 김진용 선생의 아호로, 이곳의 맹도암밧은 명도암 선생의 후예들이 살고 있는 지역을 일컫기도 한다. 솟대왓이란 지명도 있다. 고을의 성역이었던 소도蘇塗에서 기원한 것으로 보이는 솟대란, 과거에 급제한 사람을 선양하기 위하여 마을 입구 혹은 급제자의 집에 높이 세우던 붉은 장대이다. 장대 끝에는 푸른 칠을 한 나무로 만든 용을 달았다. 솟대를 세워 마을의 명예를 드높인 인물들을 자랑하기도 했었을 것이다. 이러한 취지에서 수산리가 낳은 홍달훈과 고경준 등 문과 급제자들을 소개한다.

갑인년 흉년에 치룬 과거 급제자 홍달훈

우포 홍달훈(洪達勳)은 1756년(영조 32) 수산리에서 홍수택의 차남으로 태어났다. 1794년(정조 18) 갑인년 전후 제주 전역에 몰아친 흉년으로 큰 피해를 입은 제주선인들을 위무(慰撫)하고자 정조대왕이 보낸 순무어사 심낙수(沈樂洙: 이후 제주목사로 재임)가 내도하여 치른 과거에서 문과에 7명과 무과에 10명을 뽑았다. 이때 홍달훈은 승치삼천(騄馳三千: 좋은 말 3000마리)이란 부제로 급제하였다. 다음해의 식년문과에서도 급제한 홍달훈은 사헌부 장령과 병조좌랑을 거쳐 전라도 장성군의 청암찰방과 경상도 풍기군의 창락찰방을 역임하였다. 1795년 제주에서 치른 식년문과 초시에서는 론(論)에는 변성붕(신도), 책(策)에는 부종인(토평), 시(詩)에는 고명학(상효), 부(賦)에는 홍달한(수산), 명(銘)에는 이태상(유수암), 송(頌)에는 정태언(상도)이 각각 수석으로 하였다. 또한 특별히 책에는 80이 넘은 고령자인 김명헌(중문)이 차석으로 급제하였다.

수산리가 낳은 판관 고경준

　1839년(헌종 5) 수산리의 오름가름에서 태어나 15세에 노형동 너븐드르(광평廣坪) 현씨 집안에 장가든 영운 고경준高景晙은 고향과 처가를 오가며 귤림서원에서 공부하였다. 1863년(철종 14) 제주찰리사 이건필이 내도하여 연 과장에서 궐포귤유석공부(厥包橘柚錫貢賦: 귤과 유자를 보따리에 싸서 조공함)로 문과별시에서 을과乙科로 뽑힌 그는, 1865년 승문원의 부정자(副正字: 문서 교정을 맡아보던 종9품 벼슬)가 되었다. 같은 해 고종임금이 친림하여 글을 짓게 한 바, 고경준이 지은 글이 최고 수작으로 뽑혀 그의 문장이 중앙에도 알려졌다. 부사과(副司果: 종6품 벼슬)를 거쳐 성균관 전적, 병조좌랑, 사헌부 지평, 전라도사, 강원도 원주의 보안찰방, 예조좌랑 등을 거쳐 1883년부터 2년간 제주판관으로 재직했다.

　고경준은 제주판관 재임 중, 이조판서 김상현金向鉉에게 올린 '근조상십사謹條上十事'라는 상소문을 통해 제주 선비들이 한성시나 호남시를 보기 위해 출륙하는 번거로움과 경비를 줄여줄 것을 호소하기도 했다. 또한 고경준은 흥선대원군의 서원철폐령으로 1871년(고종 8) 훼손된 삼성사 중창을 주도하고 제주향교 명륜당을 개수, 향현사 유허비의 건립 등 유적의 보존과 수호에도 앞장섰다. 향사당 중수기, 삼성묘 중수기, 향현사 유허비 등 그의 해박한 지식이 미치지 않은 곳이 없을 정도였다. 두모리에 있던 판관고공경준선정비判官高公景晙善政碑는 고경준에 대한 선정비로 역시 제주판관으로 재직 당시 극심한 흉년으로 기근에 처해 있는 백성이 부담

할 환곡을 녹봉으로 감하여 준 공을 기려 동년 5월에 당시 구우면 두모 백성들이 세웠다. 4·3사건 당시 오인사격에 의해 훼손되어 방치된 비를 1956년 후손들이 삼성혈 동쪽에 옮겨 세웠다. 59세로 서거한 이후 그의 생애를 기리는 선정비가 삼성사와 화북동 비석거리 등에 세워졌다.

대제학과 목사가 남긴 도내 유일의 묘갈문과 고비문

수산저수지에서 물메오름으로 오르는 중턱 전망 좋은 곳 한편에는 앞서 소개한 고경준의 선친인 고한주(高漢柱: 중추부사)의 묘가 자리 잡고 있다. 이 묘의 묘갈문墓碣文과 고비문古碑文은 제주의 여느 비문과 달리 대제학이 짓고 제주목사가 쓴 기념비적인 유물유적이다. 묘갈문이란 무덤 앞 자그마한 돌비석에 새긴 글이다. 고경준이 한양에 10년간 있을 때 김상현의 집에서 학문을 주고받았던 인연으로 묘갈문과 고비문을 마련했다 한다.

고경준 선친묘의 고비문은 이조판서와 대제학을 지낸 김상현이 지은 글로, 제주도에 대제학이 남긴 비문으로는 유일한 것이다. 또한 제주목사가 붓글씨로 쓴 비문 역시 본도에서는 유일하다. 이 비문은 같은 시기에 판관으로 재직했던 고경준이 행정뿐 아니라 인간적으로도 홍규洪圭 제주목사와 가깝게 지냈음을 알 수 있는 증거라 하겠다. 1884년(고종 21) 12월 입도하여 1886년 5월 제주를 떠난 홍규 목사가 제주에서 시행한 각면

훈장설치절목^{各面訓長設置節目}은 제주도 각 면에 훈장을 두어 교육에 종사토록 하는 규약으로 홍규 목사의 애민관이 담겨있는 문서이기도 하다.

수산리와 관계된 제주의 역사적 사건들

수산리에는 제주에서 일어난 크고 작은 역사적 사건들과 연루되면서 당해야 했던 아픈 사연들도 더러 있다. 그중 소덕유·길운절 역모 사건과 김지의 난, 그리고 이재수 난과 관련된 사연을 소개한다.

소덕유·길운절 역모 사건

임진왜란이 일어나기 전 선조의 집권 시기에 정씨가 왕이 된다는『정감록』의 이야기가 퍼지고, 임진왜란을 전후하여 여러 차례 '역모 사건'이 발생하였다. 1589년(선조 22) 정여립^{鄭汝立}의 역모 사건은 정치권력의 지형을 바꿀 만큼 사회 각 분야에 큰 영향을 미쳤다. 1601년 제주에서 일어난 역모 사건도 그중의 하나였다. 정여립 첩의 사촌으로 이미 역모 사건에도 가담했던 소덕유^{蘇德裕}는 비밀이 샐 염려가 적은 제주에서 역모를 다시 꿈꿨는데, 이렇게 하여 제주에서 일어난 사건이 이른바 '소덕유·길운절 역모 사건'이다. 정여립의 모사인 길운절^{吉雲節}은 미리 제주 수산봉(수산망) 정상에는 조선 시대의 통신수단인 봉수대가 설치되어 있었다.
봉수가 있는 곳이란 의미에서 지금도 이곳을 수산봉(烽) 또는 수산망(望)이라 불린다.

수산봉(烽) 또는 수산망(望)

에 온 소덕유와 1601년 제주에서 만나 문충기를 비롯하여 홍경원·김정 걸·김대정·이지·김종·고효언 등 제주 선인들을 가담 시켜 제주에서의 모반을 준비하고 있었다. 정3품 무관인 절충장군 납마첨지인 문충기는 제주의 토호세력으로 주변에 큰 영향력을 발휘하고 있었다. 임진왜란과 정유재란이 일어난 후인지라 조정의 행정력이 제주에 제대로 미치지 않을 뿐만 아니라, 특히 도민들을 학대하는 성윤문成允文 목사가 민심을 잃고 있는 등 당시의 제주는 역모 사건에 가담할 자를 회유하기에 좋은 조건이었다.

　겨울인데도 성윤문 목사가 성을 쌓도록 강제하여 도민들의 원성이 매우 높았고, 진상과 부역 등으로 중앙정부에 대한 불만이 높아가고 있었다. 역모 가담자들은 목사와 경래관을 죽이고 무기와 전마를 징발하여 바다를 건너 한양을 점거한다는 무모한(?) 계획을 세우고 있었다. 그런데 길운절의 애첩인 기생 구생其生이 음모를 엿듣고 길운절을 추궁하며 고발하겠다고 나서자 상황은 돌변하였다. 역모의 주모자 격인 길운절은 성공한 후에도 제주의 병권은 문충기에게 돌아갈 것이고, 실패하면 목숨 보전도 어렵다고 판단하여 거사계획을 고변告變하기로 마음을 돌렸던 것이다. 거사 2일 전 길운절은 성윤문 목사에게 변란 계획을 몰래 알렸다. 이에 제주목과 조정에서는 주모자 18명을 체포하여 한양으로 압송하여 소덕유·문충기·홍경원·김대정·이지·김종·강유정 등은 능지처참으로 다스렸고 길운절 역시 처형되었다. 또한 제주 유림 30여 명이 심문을 받으니 제주의 민심은 흉흉해졌다.

수산봉 중턱에 조성된 강씨 선영.
김운절·소덕유 난에 가담한 문충기의 사위 강응현의 묘가 위치해 있다.

조정에서는 1601년 제주안무어사 겸 안핵사로 청음 김상헌(제주오현)을 보내어 진상을 조사하고, 동요하는 도민들을 위무하기 위해 제주에서 과장^{科場}을 열기도 했다. 소덕유·길운절 난으로 제주의 사회가 요동칠 때 그 여파가 수산리에도 크게 미쳤다. 문충기의 사위인 강응현이 수산리 출신이었기 때문이다. 강응현의 묘는 수산봉 중턱에 조성된 강씨 선영에 있다.

김지가 일으킨 김진사의 난

1858년(철종 9) 진사시에 합격한 김지^{金志}는 애월읍 하귀리 출신으로, 당시 삼정^{三政}의 문란과 탐관오리의 부패가 만연된 실상에 분노하는 이들을 모아 저항운동을 일으켰다. 김지는 동조하는 세력을 모아서 1890년(고종 27) 11월 민란을 일으켜 주성을 함락하고 탐관오리의 집을 파괴하였다. 이때 제주목사 조균하^{趙均夏}는 이방 김중옥^{金仲玉}을 시켜 김지에게 뇌물을 주어 민란을 무마했다. 전도에 만연된 부패에 분연히 반기를 들고 민란을 일으킨 김지가 오히려 관으로부터 뇌물을 받은 것이 탄로가 나, 난에 참여한 군중은 김지를 붙잡아 발길질하고, 결국 관군의 발길에 밟혀 김지는 처참하게 죽었다. 김지가 수산리 출신인 박일호의 외숙이었던 인척 관계로 인하여, 김지와 관련된 집과 사람들을 수색하고 조사 심문하느라 수산리 마을은 공포의 분위기에 휩싸여야 했다.

이 사건을 '경인민란, 김지의 난, 또는 김진사의 난'이라 부른다.

이재수의 난과 수산리

　1901년 일어난 이재수의 난(신축민란 또는 항쟁)도 수산리와 관계가 깊다. 삼의사 중 한 사람인 오대현이 장두로 나선 서군이 명월진성에서 가톨릭 교도들에게 잡혀가자, 대정군의 관노인 이재수가 서군의 장두로 나서면서 등소(等訴; 여러 사람이 이름을 잇대어 써서 관청에 올려 호소함)운동은 비폭력에서 격렬한 저항으로 치달았다. 강우백이 장두로 나선 동군과 이재수가 장두로 나선 서군이, 지금의 제주시 화북동에 위치한 황사평에서 합류하니 수만의 민군으로 불어났다. 이렇게 이루어진 수만의 민군(반란군)은 제주성 안에 있는 부녀자 등의 도움으로 무장한 교도들이 지키는 성문을 열고 전세를 장악했다. 그리고 행패를 일삼던 사이비 교도 200명 이상을 처형했다. 이재수와 의거병 반란군이 수산봉 기슭을 통과할 때 수산리 사람늘은 진창원 경민장(이장)이 주동이 되어 식량과 음료수와 담배를 모아 전달하였으며, 또한 식량을 등짐으로 져서 황사평으로 운반하기도 했다. 수산리에서는 장정 20여 명이 의거군에 가담하여 이재수의 난(항쟁)에 참여하였다고 전한다.

태초의 신비 간직한 영험한 신의 보금자리
• • •

본향당이 있어 당카름으로 불린 마을

당동^{堂洞}으로도 불리는 당카름은 오래전부터 수산 마을 사람들의 신앙처인 당신^{堂神}을 모셨던 데서 유래한 이름이다. 이곳에 있었던 할망당을, 서쪽으로 난 길목을 뜻하는 서목당(섯가름당)이라고도 불린다. 본향당의 제단이 남아 있는 마을 광장은 1945년 조국 광복을 맞아 목 놓아 부르는 수산리 선인들의 감격적인 만세 소리와 1950년대 후반 저수지 속으로 사라지는 마을을 걱정하며 외치는 함성소리를 지켜보았던 곳이다. 당 오백 절 오백이 상징하듯 제주에는 수많은 할망당이 있으나, 마을과 동네 이름에 당의 의미와 흔적이 담긴 지명을 남긴 마을은 드물다. 수산리 당카름은 제주문화를 담고 있는 지명이기에 더욱 애정이 가는 동네이고 이름이다.

당카름 중심가에는 수령 500년이 넘는 매우 오래된 팽나무가 있었다. 오래된 팽나무는 사라호(1959) 태풍으로 무너지고, 지금은 후손목^{木} 세 그루가 폐허가 된 본향당을 지키고 있다. 본향당은 마을의 생산^{生産}, 물고(物故: 죽음), 호적^{戶籍}, 장적^{帳籍}을 차지하는 가장 중요한 당이다. 제주의 신당 중 민속(문화재) 자료로 지정된 본향당은 수산(성산읍 수산리) 본향당을 비롯하여 송당본향당, 새미하로산당, 와흘본향당, 월평다

본향당 신목의 후손목
당가름 중심가에 있던 수령 500년이 넘는 팽나무는 태풍에 무너진 후 후손목 세 그루가 폐허가 된 본향당을 지키고 있다.

라쿳당 등 5곳이다. 이들은 역사성, 의례, 본풀이, 신앙민, 형태 등과 관련해 제주를 대표하는 당들이다. 하지만 이 외에도 제주도에는 잘 알려지지 않은 할망당들이 더러 있는 데 그중 하나가 아래에 소개하는 항다리궤당이다.

수산리에 이웃한 항(황)다리궤당의 비경

제주 최고라고 해도 지나치지 않을 할망당이 수산리 인근에 있는 소웽이(소앵동) 항다리궤당이다. 애월읍 수산리와 (사)질토래비 사이에 제주역사문화 공유를 위한 협약을 맺는 자리에서 오간 이야기 중에는 다음도 있었다. "혼자 가면 소름이 끼칠 정도로 두려워 갈 수 없다고, 외국인 민속학자에게 안내했더니 외국인이 하는 말인 즉 제주에서 이런 할망당은 처음이라고, 지하로 내려가는 곳에 숨어있어 찾기가 힘들다고, 할망당과 하르방당이 같이 있다고, 등등" 이런 말들을 듣고 저절로 호기심이 생긴 (사)질토래비 답사팀은 찾아간 소웽이 항다리궤당에서 여태 경험하지 못한 전율을 느껴야 했다. 그곳은 영혼의 보금자리로 그리고 신의 보금자리로 손색이 없을 정도였다.

수산리 예원동 사람들이 단골로 다니고 있는 이곳은 이웃 마을인 상귀리 소앵동에 위치하고 있다. 거리적으론 수산리와도 가까우면서도 상귀리 본향당이기도 한 이곳은 음험하고 영험한 기운이 사방에서 우러나

소앵동에 위치한 항다리궤당

는 곳처럼 보인다. 할망당에 다니면서 비념(무당 한 사람이 요령을 흔들며 기원하는 작은 규모의 굿)하는 사람들을 일러 '단골' 또는 '당골'이라 한다. 단골들이 이곳을 신성시해서인지 항다리궤당은 매우 청결한 상태를 유지하고 있었다. '태초의 신비 또한 간직한 항다리궤당이여, 영원하라' 하고 마음으로 되뇌길 여러 번이다.

항다리궤는 동백나무를 비롯해 늘 푸른 나무들이 우거져 있어 한여름에도 신이 강림하고 어둠이 내린 듯이 그늘이 사뭇 짙은 신당이다. 자연이 만든 신당 안쪽에는 송씨할망이 자리 잡고, 울타리 바깥쪽 문간방에는 강씨하르방이 자리 잡고 있다. 원래 이 부부는 함께 앉아서 신앙인들의 공양을 받았다. 하지만 성깔이 도도한 송씨할망이 남편 강씨하르방을 문간방으로 쫓아내 사랑방 안쪽을 둘째딸과 차지하고 있다. 궤란 바위그늘을 일컫는 제주어이다. 애월읍 유수암리에서 발원하여 하귀리 가문동 바다로 흘러가는 소웽이 내창도 전해오는 얘기를 들으려 이곳에 들린다는 항다리궤당의 할망하르방 이야기는 다음과 같다.

하루는 강씨하르방이 바닷가에 놀러 갔다가. 마침 해녀들이 바다에서 태왁망사리 가득 소라 전복을 잡고 올라오는 게 보였다. 술 생각이 절로 난 강씨하르방은 해녀들이 주는 소라와 전복 등 바다 냄새 물씬 나는 해산물 안주에 기분 좋게 술 몇 잔 걸치고 돌아왔다. 술 냄새 맡은 송씨할망은 갯 비린내 나서 못살겠다며 잔소리를 퍼부었다. 또 어느 날은 하르방이 마을로 내려갔더니 남정네들이 모여 돼지 추렴을 하고 있었다. 입안에 저절로 군침이 돈 강씨하르방은 돼지고기에 술을 먹다보니 곤드레만드레가 되었다. 이리 비틀 저리 비틀 걸음 옮길 때마다 술 냄새 돼지고기 냄새가 진동했다. 황다리궤로 들어서니 마누라 송씨할망이 머리꼭대기까지 화가 나서 소리쳤다. "아이고 술 냄새야! 이제부터 당신은 이 안에 들어오지 못허쿠다." 하르방은 우두커니 서서 물었다. "게난 난, 어디강 살렌 말이라?' 그러자 송씨할망은 '저기 저 바람 아래쪽 문간에서나 지냅서." 한다. 그 후로 두 부부는 따로따로 앉아서 단골들의 위함을 받았다. 강씨하르방은 비록 바깥쪽으로 쫓겨나긴 했지만, 마누라 눈치 보지 않고 돼지고기와 해산물을 실컷 먹을 수 있어 좋기만 했다. 식성이 달랐던 이 부부는 그래도 슬하에 딸 넷이나 두었다. 큰딸은 소길리 연폭낭 아래에, 둘째는 상귀리 황다리궤에 어머니와 함께. 셋째는 장전리 연폭낭 아래에, 막내딸은 엄쟁이(구엄리·중엄리·신엄리) 오당빌레에 좌정하여 신앙인들을 잘 보살펴주고 있단다.

천연기념물 곰솔과 포제단

수산봉 아래 조성된 인공 저수지 근처에 있는 수령 500년이 넘어 보이는 곰솔은, 1971년부터 제주도기념물로 지정되어 보호받아 오다가, 2004년부터는 국가 지정 천연기념물로 승격이 되었다. 학처럼 고고하고 위엄이 서린 소나무에 눈이 내리면 마치 백곰처럼 보인다 하여 '곰솔'이라 불린다. 곰솔 주변과 저수지 호반 사이로 난 길에는 수많은 시비^{詩碑}와 이웃하며 시골길의 분위기를 자아내고 있다. 수산봉 자락에 숨은 듯 보이는 아담한 기와집으로 조성된 포제단 등이 곰솔과 호반과 어울리며 품어내는 역사문화 향기는 수산마을을 건너 제주 도처로 흩어져 퍼지는 중이다.

곰솔 주변의 시석과 포제단

예원동 노천 포제단(구)

경관 좋은 곳에 위치한 포제단

수산리에는 경관이 빼어난 곳에 2개의 포제단이 위치하고 있다. 수산저수지를 바라보는 물메오름 중턱에 기와로 지붕을 올린 포제단과, 예원동의 전망 좋은 동산 북쪽에 위치한 포제단이 그곳이다. 한 마을에 포제단이 두 곳에 있음이 이채롭다. 더욱이 500년 곰솔과 수산저수지를 바라보는 전망 좋은 곳에 기와집으로 지은 포제단 주변에는 시비들도 있어 새로운 명물 거리로 등장하고 있다.

조선시대 제주는 무속신앙과 불교가 성행했던 사회였다. 당굿과 포제는 풍요와 안녕을 기원하는 제주 선인들의 제천행사이며 마을 축제였다. 조선의 유교 정책이 펼쳐지면서 19세기 전후하여 유교식 제사인 포제가 남성 중심으로 행해지고, 이때부터 마을제가 여성 중심의 당굿과 남성 중심의 포제로 나누어졌다. 음력 정월에는 마을 수호신에게 인사를 드리는 신과세제, 음력 2월에는 영등신을 모시는 영등제, 한여름에는 우마의 번성과 농사의 풍년을 기원하는 백중제(마불림제), 9월과 10월에는 1년 농사에 대한 고미움을 표시하는 시만국대제, 부자가 되게 해 달라고 비는 칠성제, 바다 수호신에게 비는 용왕제, 산신제, 풀무고사제 등 다양한 형태의 굿과 제의가 행해졌다.

소앵동 항다리궤당 가는 초입에 위치한 예원동의 노천 포제단은 그 자체가 문화재 같은 제단이었다. 자연 암석 주변에 포제단을 수수하게 차렸었다. 옛 예원동 포제단은 제주도에서도 노천에 형성된 보기 드문 포제단이었기에 더욱 정감이 가던 곳이었다. 하지만 이런저런 이유로 기와지붕을 입혀 지금은 현대식 포제단으로 변형되었다. 온고지신의 의미를 되새겨본다. 오래된 유물유적 보존과 미래를 담아내는 새로운 의식이 필요한 요즈음이다.

혼란의 시대 피해 온 입도조들
• • •

진씨^{秦氏}가 설촌했다 해서 주진촌^{住秦村}이라고도 불리는 수산리는 제주도에서도 유독 수신피라 불리는 입도조들이 많은 편이다. 그중 남평문씨 수산파 입도조인 문맹현, 밀양박씨 입도조인 박후신, 이천서씨 입도조인 서희례, 진주강씨 수산파 등에 대하여 기술한다.

남평문씨 수산파 입도조 문맹현

문맹현^{文孟賢}은 1435년경 제주로 건너와 애월읍 수산리에 정착했다. 이 가문은 경남 산청군에 살던 중 1406년에 일어난 종친에게 닥친 어려움을 피해 다니다가 부모·형제들은 전라도에 정착하고, 막내 문맹현 혼자서 제주 바다를 건너 수산리에 정착했다. 문맹현은 어려서 배운 지식을 토대로 서당을 열고 학문을 훈육하니, 배움을 청하는 자가 많아

서부장(徐副將) 동산
서희례는 1613년 수산리에 낙향, 서당을 열고 학동을 훈학했다. 그가 묻힌 묘 부근을 서부장동산이라 부른다. 수산리 외곽지역에 있는 서부장동산에는 서희례와 그의 아들과 손자의 무덤이 있다.

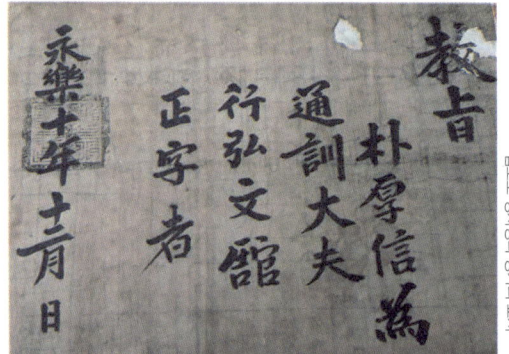

일도조 정자감파 중기의 교지

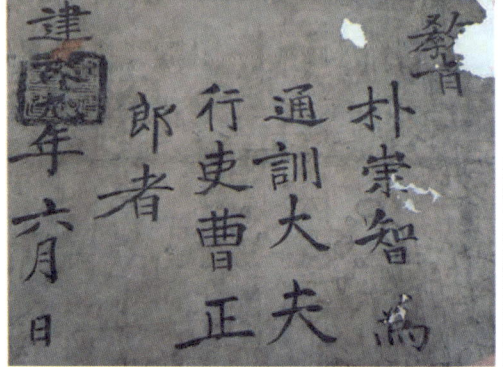

박후신의 부친 박송지가 받은 교지

서당이 전부 수용하지 못할 정도였다 한다. 부인 제주고씨와 함께 수산리 동쪽 300m 지점인 애월읍 하귀리 학원동(서돌전)에 묻혔다. 슬하에 삼형제를 두었는데, 번성한 후예들은 남평문씨 (충선공 계열) 수산파 일가를 이루며 애월읍 수산리와 납읍리와 고성리 등 전도 일원에 분포돼 있다.

부자의 교지를 가보로 전승하고 있는 수산리 박씨 종가

선대의 고향인 경상도 창녕을 떠난 박후신^{朴厚信}이 제주에 들어온 것은 임진왜란이 일어난 직후이다. 박후신이 통훈대부로 홍문관 정자의 벼슬에 오르고 아버지 박숭지 역시 통훈대부로 이조정랑이라는 관직에 있었음에도 그가 제주도로 낙향한 것은, 임진왜란으로 가문이 전란에 휘말리는 것을 막고 난세를 피하기 위함이라 전해진다. 일찍이 과거에 급제하여 장사랑^{將仕郞}으로 홍문관^{弘文館} 정자^{正字}를 역임했던 박후신은 제주도 낙향 후 후진을 가르치는 데 전념해 교학 진흥에 기여한 바가 컸다. 박후신은 입도 당시 선조 임금이 내린 발령 교지와 부친의 교지를 지니고 입도하여 후손에게 전했다. 오늘날 애월읍 수산리에 있는 밀양박씨 정자공파 종가에는 부자의 두 교지가 가보로 전승되고 있다. 마을 근처에 있는 속칭 정자동산은 정자공 박후신의 행적을 잘 설명하고 있으며, 이와 이웃한 개천(내창)의 명칭도 정자내이다. 박후신의 후손들은 애월읍 일대에 퍼졌으며, 종가가 수산리에 있다 하여 세칭 수산 박씨^{水山朴氏}라 한다.

수산리 서부장동산에 묻힌 이천서씨 입도조 서희례

일찍이 소년의 몸으로 무과에 급제한 서희례^{徐希禮}는 임진왜란과 정유재란을 거치며 벼슬이 가선대부, 정2품인 훈련원 부수계(副壽階: 낙향 이후 마을에서는 훈련원 부장으로 불린 것으로 추정)에 이르렀다. 1613년에 홀로 수산리에 낙향하여 서당을 열어 학동을 훈학했다. 서당터 또는 서당우영으로 부르기도 하는 서희례가 살았던 집터에서는 기왓장이 출토되고 있다. 제주고씨를 부인으로 맞아들여 훈학을 하며 살았던 서희례의 집터 울타리에는 수령 400년이 넘어 보이는 팽나무가 지금도 자라고 있다. 그가 묻힌 묘 부근을 '서부장^{徐副將} 동산'이라 부른다. 수산리 외곽지역에 있는 서부장동산에는 서희례와 아들, 손자의 무덤이 있다. 서희례가 입도할 당시의 시대 상황은 임진왜란 이후 보위에 어렵게 오른 광해임금과 대북파가 영창대군의 옥사에 이어 인목대비에 대한 폐모론 등을 주도하던 혼란한 때였다. 제주의 역사문화와 관련한 서씨 성을 가진 인물로는 1512년 제주판관으로 내려와 김녕사굴의 큰 뱀을 물리친 전설적인 인물인 서린^{徐憐} 판관 등이 있다.

진주강씨 입도조 강철과 장손 강우회

부친을 일찍 여읜 후 6촌 형인 대사간 강형의 보살핌 속에서 김종직의 문하에서 수학한 강철은, 무과에 급제하여 출사하였다. 1504년(연산 10) 갑자사화 때 6촌형 강형이 연산군의 생모 윤씨의 복위를 부당하다고 직간한 죄로 그해 10월 참형을 당하였다. 김종직의 문하생들이 참화를 당하고 근친족들에 대한 박해가 여전함을 목격한 강철이 절해고도 제주도로 낙향하니, 이때가 연산군 집권 마지막 해이자 중종반정 원년인 1506년이다. 20대의 독신으로 제주도에 들어온 강철은 중종반성으로 들어선 새 조정에 입조하기를 포기하고 제주시 오라동 속칭 도령지에 정착하여 진주강씨 입도조가 되었다.

경주 이씨를 배우자로 맞은 강철은 농경 생활로 생계를 꾸려가면서 아들 형제를 두었다. 장남이 어모장군을 지낸 데 이어 장손 강우회 역시 무과에 급제하고 어모장군이 되어 애월읍 수산리에 정착하였다. 애월진 방어사로서 임진왜란을 전후하여 왜적을 막는데 공훈을 남기기도 했던 강우회는, 이후 수산봉 남쪽 기슭에 정착하였다. 강우회는 집 주변에 여러 나무를 심었는데 그중 하나인 천연기념물 곰솔이 남아 수산리의 역사를 전하고 있다. 곰솔 주변에는 오래된 집터인 구택지의 흔적이 있고 그곳에서 가까이 있는 수산봉 자락에는 강씨 선영이 자리하고 있다. 강우회의 무덤도 이곳에 있다. 제주의 5대 성씨 중 하나인 진주강씨는 어도 강칩(어강)과 수산 강칩(수강) 등으로 나누며, 수산리가 속한 애월읍에 강씨 후예들이 가장 많이 살고 있다.

물 관련 수산리의 역사문화

2022년 작고한 향토사학자인 남헌 김찬흡(애월읍 곽지 출생) 선생은 애월읍의 옛 명칭인 신우면 가운데서 8개의 경치를 선정해 '신우8관'이라 명명했는데, 그중 하나가 수산리의 '물미호반'이다. 물미호반은 봉수대가 있던 물메오름과 잔잔한 은파銀波가 이는 호수가 연출하는 멋진 풍광을 말한다. 애월읍의 신우8관과 더불어 수산리에서도 '호반8경'을 선정해 마을을 널리 알리고 있다. 또한 수산리에서는 호숫가의 노송과 마을 제청祭廳이 고풍스러워서, 이를 문촌고풍文村古風이라 표현하고 있다. 유서 깊은 수산봉 서쪽에는 전몰군경을 안장한 국군묘지가 조성되어 있다. 충혼묘지를 이곳에 조성한 것은 편안하고 안락한 영세를 누릴 만한 풍광이 이곳에 있기 때문이기도 하다.

큰섬지와 뒷못

제주도는 용천수가 많이 솟아나는 바닷가 중심으로 마을들이 들어섰다. 수산리는 중산간 마을인데도 용천수가 많은 편이다. 이런 조건이

조기 설촌의 배경으로 작용했을 것이다. 수산봉 서쪽에서 솟아나는 새섬지와 동쪽에서 솟는 공섬지, 그리고 명새왓섬지 등은 1970년대 이전까지는 주민들의 중요한 식수원이었다. 섬지 또는 샘지는 수산리에서 흔히 말하는 샘의 의미이다. 수산저수지로 흘러 들어가는 수산천 옆으로도 연중 마르지 않는 샘물이 솟고 있다. 한라산 자락에서 발원한 이 물은 지하로 흐르다가 마을 어귀인 이곳 바위틈에서 솟는 큰섬지라는 샘물이다. 설촌과 더불어 이곳 주민들은 수량이 풍부한 큰섬지 물을 주로 음용해왔다. 인근 마을에서도 가뭄에도 마르지 않은 큰섬지 물을 이용해 식수를 해결하곤 했다. 이외에도 마을에 산재해 있는 동녘샘지, 새샘지 등의 지명들이 수산리가 물의 고장임을 보여준다 하겠다.

뒷못은 수산리 마을 뒤에 숨어 있다 해서 붙여진 연못의 이름이다. 예전에는 주민들의 생활용수와 마소의 음용수로 사용됐다. 이 습지에는 마름·창포·부들 등의 수상식물들과 맹꽁이·개구리 등의 양서류와 유혈목 등의 파충류가 자라고, 왜가리와 철새들이 날아들어 서로 어울리는 자연생태 습지이다. 지금은 나무 데크를 놓아 생태공원으로 가꾸어 놓았다. 바로 지척에는 물메오름 정상으로 오르는 나무계단이 오솔길처럼 조성되어 있다. 이곳에서 보는 영봉 한라산은 수산봉의 곰솔과 수산저수지와 어울리는 한 폭의 동양화를 연상케 한다. 이 밖에도 여웃못·장동못·예원못·감남새미(泉) 등의 못이 산과 어울리는 마을이 물메 마을 수산리이다.

지하수 혁명의 상징인 심정굴착 제1호의 마을

수산리는 제주도 지하수 혁명의 상징인 심정굴착 제1호의 마을이다. 지하수 관련 시설이 빈약한 당시에는 내리는 빗물 대부분이 다공질로 구성된 현무암 지질 특성상 지하로 흘러 들어갔다. 1950년대 후반 제주도의 물 문제가 현안 과제로 제기되자 제주도(도지사 김영관)는 1961년 수산리에서 미국 기술진과 함께 수맥을 찾는 데 성공했다. 그래서 미국에서 공수된 심정 굴착기를 이용해 지하수를 개발하는 관정 굴착 기공식을 수산리에서 가졌다. 우리나라에서도 처음으로 심정굴착이 이곳 수산리에서 이루어져 성공했던 것이다. 심정굴착이 이루어졌던 수산리 동산지역에는 새로운 주거 단지가 들어섰다. 대부분이 외지에서 들어온 주민들에게 수산리에 대한 역사문화를 알리는 것 역시 더불어 사는 지혜이고 세상일 것이다. 그런 의미에서 이곳에 이에 대한 안내판이 세워지길 기대해 본다.

1961년 12월 지하수 개발의 신호탄인 심정굴착이 이뤄지고 있는 모습

물속으로 사라진 마을 오름가름 그리고 …

　물메오름 아랫동네를 하동 또는 오름가름이라 부른다. 그러나 지금 오름가름은 물속으로 사라진 마을 이름이다. 이곳은 제주지역에서 유일하게 수몰^{水沒}의 아픈 역사를 품고 있는 곳이다. 천연기념물 곰솔이 굽어보는 수산저수지는 처음에는 쌀 생산을 위한 농업용으로 조성됐다. 제주도는 1959년 3월 식량 생산을 목적으로 마을을 흐르는 수산천(속칭 답단이 내)을 막는 저수지 공사를 시작하여 1960년 12월 준공했다. 수산저수지의 면적은 12만 7169㎡, 제방 높이는 9.3m, 제방 길이는 420m, 저수량은 68만 1000t, 수로 길이는 4369m의 규모이다. 당시 자유당 정부는 제주에서 가장 넓은 인공저수지인 이곳을 조성하는 과정에서 오름가름과 원뱅디에 거주하던 사람들을 비롯한 수산리 이민들의 반대에도 공권력을 동원해 토지를 몰수했다. 이 과정에서 오름가름 및 벵디가름에 거주하는 70여 세대가 철거돼야 했으며, 이들은 제주시와 번데동, 당동, 구엄리 모감동 등으로 이주해야 했다.
　수산저수지는 1960년대에는 식량 증대에 일부 공헌을 하기도 했다. 1970년대에는 유원지로 개발해 놀이 기구와 유락 시설이 들어서며 성황을 이루던 때도 있었다. 그러나 현재 수산저수지 주변에는 식당과 수영장으로 사용됐던 건물과 놀이 시설 등이 방치돼 있다. 수산저수지의 관리는 수산리 마을이 아닌 한국농어촌공사가 맡고 있다. 자치 시대를 맞아 적합한 활용 방법을 창출해야 할 때이다.

물메 둑 길

시석 "물메 둑 길에서" / 시인 송두영

수산저수지에 있는 물메 둑 길. 물메 둑길 입구에는 수산리 출신 송두영 시인이 수산저수지에 묻힌 동네의 아픔을 읊은 시 '물메 둑 길에서'의 시석이 있다.

애월읍 수산리 물메 밭담길 안내

저수지에 비친 수산봉의 반영을 쫓아 물메 둑길을 걸으면, 잔잔한 저수지의 물결 속에 녹아 있는 수몰 마을 사람들의 비애가 느껴진다. 가끔 저수지 주변에서 여유롭게 낚시를 즐기는 사람들을 만날 수 있다. 그들이 드리우는 낚싯줄에 물속에 잠겨있는 마을의 못다 한 꿈이라도 낚아 올릴 수 있기를, 수몰된 마을의 희생을 기억할 수 있기를 고대해 본다. 그런 염원을 담아 물메 둑길 입구에 있는 시 한 편을 소개한다.

다음은 수산리 출신 송두영 시인이 수산저수지에 묻힌 동네의 아픔을 읊은 '물메 둑 길에서'라는 시의 전문이다.

있는 듯 없는 듯 둑길을 넘던 바람
수몰된 밭과 집터 손에 잡히는 옛 추억
까치발 치켜 세우는 내 고향, 어린 동심
시퍼렇게 어둠을 헤쳐 달려온 별빛
아롱진 얼굴들 저수지 수면에 채우면
세월을 헤집어 세운 수몰마을 수산리 하동

세계농업유산으로 지정된 흑룡만리 제주밭담은 수산리에서도 빛난다. 제주도가 지정한 밭담길로는 애월읍 수산리의 물메 밭담길을 비롯해 구좌읍 월정리의 진빌레 밭담길, 평대리의 감수굴 밭담길, 성산읍 난산리의 난미 밭담길, 신풍리의 어멍아방 밭담길, 한림읍 귀덕1리의 영등할망 밭담길, 동명리의 수류촌 밭담길 등이 저마다의 특색을 자랑하며 우리를 과거와 현재로 그리고 미래로 안내한다. 특히 수산리는 물메 밭담길 곳곳에 시인 100인의 시비^{詩碑}들을 세워 오가는 이들에게 문자의 향기도 선물하고 있다.

 수산리는 제주도에서 가장 많은 시비가 조성된 마을이다. 2016년 창의 아이디어 사업으로 한국시인협회와 MOU를 체결해 100인의 시비를 마을 곳곳에 세웠다. 수많은 시비들 사이로 떠오르는 시 하나 암송하는 것도 여행이 주는 즐거움일 것이다.

제주목 성밖
서녘길을 마치며

　애월읍의 중산간 마을들인 소길리·장전리·유수암리와, 해안마을인 고내리 그리고 중산간과 해안 사이에 위치한 수산리 등 5개 마을 도처를 거닐며 숨은 보물찾기 하듯 과거로의 여행을 즐겼다. 여행은 보는 즐거움과 함께 연상하는 즐거움이 있을 때 더욱 정겨울 것이다. 보는 것이 과거로 미래로 생각의 날갯짓을 하게 한다면 그 또한 정겹고 즐거운 여행이 아니겠는가.
　인생은 의미 두기 나름이라고 곧잘 말한다. 더 나은 현재인 미래를 만나기 위해 (사)질토래비에서는 과거에 더 의미를 두기도 한다. 이런 마음으로 찾아 나선 길이 제주목 성밖 서녘길이다. 이 길은 도심의 길이 아니라 시골의 길이고 지연과 벗하는 길이다. 시골과 자연에서 만나는 역사문화는 또 다른 별미를 우리에게 선물하기도 한다.
　잃어버린 마을 원동은 처참한 4·3광풍이 휩쓸고 간 아픔의 자리였다. 한편으로 오래전 제주목과 대정현을 오가는 길손들을 쉬어가게 하는 역참과 같은 원이 있던 곳이기에, 우리도 쉬어가고 싶은 곳이다. 이곳에서도 우리는 자연을 보면서 과거를 연상하고 교훈을 생각해 본다. 유수암천이 제공하는 물을 모았던 장전리와 소길리의 물통은 세 마을이 공유했던 유물유적이기도 하다. 그리고 그들이 사용했던 공동수도 간이 물통은 문화재로 지정될 만큼 역사성과 조형미를 지니고 있다. 목축문화를 공유하던 소길리와 장전리 그리고 유수암리는 지금, 초등학교를 공유하고 있다. 공유하는 삶은 아름답다!
　애월읍에서 오래된 마을로는 고내리식 토기를 생산했던 고내리를 단연 뽑을 수 있을 것이다. 한라산을 살포시 감춘 고내봉에는 봉수대와 과원 그리고 경관이 그만인 고릉유사를 품고 있다. 그뿐인가, 농경지가 협소한 반면, 바다밭이 드넓은 고내리 바닷가에는 노천박물관 같은 다락빌레 쉼터가 조성되어 오가는 사람들에게 쉼터 역할을 톡톡히 하고 있다.

애월읍에서 비경과 비사 많기로는 수산리를 손꼽아야 할 것 같다. 천연기념물 곰솔과 오래된 역사문화가 있는 반면, 오름가름이 수몰되는 아픔이 있었던 마을이기도 하다. 그리고 많은 인물들이 오가며 삶을 개척하고 공유했던 흔적이 곳곳에 남아있는 마을이기도 하다.

목축문화와 관련 있는 중산간 마을들인 애월읍 소길리·유수암리·장전리, 고내봉이 한라산을 감춘 영험한 마을인 고내리, 수산봉과 500년 곰솔이 지키는 마을인 수산리 곳곳을 거닐며, 그곳만이 지니는 비경과 비사를 만나기도 했다. 이곳 도처에서 만나는 비경과 비사가 우리에게 주는 선물이 무얼까 생각해 본다. 비경과 비사마다 우리에게 쉼터를 내주며 쉬어가라 한다.

제주도의 읍·면 중에서도 가장 많은 26개 행정리를 거느리는 읍이 애월읍이다. 본 제주목 성밖 서녘길에 포함되지 않은 나머지 20여 마을들 구석구석에도 상당한 역사문화가 담겨 있다. 이곳에 관한 역사문화 역시 다음을 기약하며 제주목 성밖 서녘길의 답사를 이쯤에서 마치고자 한다.

제5부

서귀포
역사문화깃든길

서귀포 역사문화 깃든 길을 열며

　제주도에는 1416년부터 나뉜 제주목·정의현·대정현 3읍 체제가 해방 후 최근까지 이어졌으나, 지금은 제주시와 서귀포시 두 도시 행정체제로 양분되어 있다. 그러기에 서귀포시의 역사문화를 쓴다는 것은 옛 정의현과 대정현의 역사문화를 쓴다는 의미이기도 하다. 하지만 여기에서는 옛 서귀포에 한정하여 기술하려 한다. 정의현과 대정현에 대한 역사문화는 너무나 방대하여 차후 연차적으로 발간할 예정이다.

　(사)질도래비에서는 2019년 9월 서귀포중학교와 서귀포도서관과 협약 후 '서귀포 역사문화 깃든 길'을 개장하였다. (사)질토래비의 가치는 제주 역사문화 정보 공유이다. 더욱 많은 사람들에게 제주의 소중한 역사문화를 소개하며, 이에 대한 자료를 공유하기 위해 앞으로도 여러 단체와의 협약은 계속해서 이뤄질 것이다.

　대한민국 최고의 관광지인 서귀포는 수려한 자연경관만큼이나 다양한 역사문화도 품고 있다. 제주도에서 최초로 형성된 서귀포층과 선사 유적인 천지연 생수궤를 비롯하여 정방폭포와 천지연 등의 빼어난 풍광과 함께 다양한 역사문화 유물·유적들을 도처에 간직하고 있다. 역사문화 깃든 길이 많은 만큼 '서귀진성 터'를 중심으로 하여 동녘의 정방폭포의 발원지인 정모시와 자구리 해안 등을 돌아보는 여정과, 서녘에 위치한 서귀포항 주변 바닷가에서 관찰할 수 있는 패류화석과 하논 등을 돌아보는 여정으로 나눠 기술하고자 한다.

　역사문화는 미래를 보는 혜안이자 역량이다. 보이지 않은 것을 보게 하는 혜안이 곧 우리가 지니고자 하는 역량인바, 이 역량의 원천 중 하나는 바로 보이지 않은 미래의 올레를 찾아가게 하는 질토래비일 것이다. 오래전부터 서귀포항과 천지연폭포 사이에 있는 넓은 주차장 광장에는 적지 않은 논밭과 사장(射場)이 있었다. 제주선인들이 정모시에서 끌어당긴 물은 서귀진성 우물을 넘치게 하였고, 그 넘치는 물을 이용하여 주변에 논밭을, 그리고 (성의 바깥을 흐르는 성 밖 내가 음이 변천된) '선반내'에서 발원하여 천지연을 넘치게 한 물을 이용하여 논밭을 또한 일구었다. 서귀진성을 지키던 장졸들이 이곳 사장밭에서 활을 쏘고 말을 타며 달리는 모습을 상상하며 탐방길을 나서보자.

서귀진성 > 자구리문화예술공원 > 소남머리 > 정방폭포와 4·3위령비 > 4·3 학살 터에 세운 서복전시관 > 서귀진 집수정의 원류 정모시 > 정방사 석조여래좌상 > 소암기념관 > 이중섭거리 > 서귀포관광극장 노천무대 > 서귀 본향당 > 천지연 생수궤 > 서귀포칠십리시공원 > 하논 > 삼매봉 > 서귀포층 패류 화석산지 > 새연교 > 벼락마진디 할망당 조형물과 해신당

서귀포 역사문화깃든길

- 서귀포1청사
- 일호광장
- 중앙동
- 천지동주민센터
- 서귀본향당
- 정방동
- 천지연 생수궤
- 이중섭거리
- 중앙동주민센터
- 소암기념관
- 서귀포중학교
- 정방사
- 서복전시관
- 정방폭포
- 서귀포초등학교
- 서귀진성
- 소남머리
- 자구리문화예술공원
- 서귀포 할망당
- 서귀포해양경찰서
- 서귀포파출소
- 새연교
- 서귀포항
- 새섬

질토래비

제주
역사문화의
길을
열다

10장

서귀포 역사문화 깃든 길을 나서며

서귀포 역사문화 깃든 길
서귀포 역사문화 깃든 길을 나서며

서귀포시에는 인명이 들어간 곳이 많은 편이다. 이중섭미술관·소암기념관·김정문화회관·기당미술관·강창학경기장·서복전시관·왈종미술관·작가의 산책길에서 만나는 인명 등등, 유명 이름들이 깃든 이곳에서 사람들은 미래를 알려주는 역량을 찾아내기도 또는 닮고자 하는 현자들과 만나기도 한다. 이 또한 서귀포의 매력이기도 하다.

이번 역사문화 걷는 길에서는 장수의 별인 남극노인성을 볼 수 있는 남성정도 삼매봉도 들린다. 이 길을 걷는 모든 이에게 장수의 별과 행운의 별이 반짝이길 두 손 모은다.

서귀포시와 정방동의 약사(略史)

• • •

서귀포는 고려시대와 조선시대까지도 홍로현의 포구로 이용되었던 자그마한 어촌이었다. 세종 때 제주목 9진의 하나인 서귀진성이 타 진에 비해 일찍 들어서고, 진성 주변에 마을이 형성되면서 서귀포리·서귀리·서귀마을 등으로 불려왔다. 19세기 말에서 20세기 초에는 풍덕리(豊德里)로 개명했다가 다시 '서귀리'라는 원래의 이름을 되찾았다. 일제강점기 초입인 1910년대에도 솔동산 일대에는 몇 가구가 살지 않았지만, 1915년 지금의 '동홍동 굴왓' 지경에 있던 면사무소가 이곳 정방동으로 옮겨오고, 1920년대 서귀포항 주변에 고래 공장이 들어서면서 자그마한 어촌이었던 서귀리는 홍로현을 능가하는 중심마을로 커갔다.

1914년 4월부터 정의군 우면을 제주군 우면이라 했고, 1935년 4월부터 제주군 우면을 제주군 서귀면이라 했고, 1946년 8월부터 제주군 서귀면을 남제주군 서귀면이라 했다. 1956년 8월 남제주군 서귀읍으로 승격됐고, 1981년 7월 서귀읍 일원과 중문면을 통합해 서귀포시로 승격됐다. 이때부터 서귀1리와 서귀2리를 통합하여 정방동이라 칭하기 시작했는데, 정방이란 행정명은 정방폭포에서 비롯됐다 여겨진다.

18세기 말에 편찬된 『제주읍지·정의현』에는 "서귀마을은 정의현 관문에서 서쪽으로 70리의 거리에 있다. 민호는 49호, 남자는 136명, 여자는 156명이다(西歸里 自官門西距七十里 民戶四十九 男一百三十六 女一百五十六)."라고 기록되어 있고, 『삼군호구가간총책·정의군 우면』(1904)

에는 "풍덕豊德마을의 연가는 92호이다. 남자 187명과 여자 223명을 합해 410명이고, 초가는 275칸이다."라고 기록돼 있다. 두 기록에서 보듯, 19세기 말과 20세기 초 기록에는 서귀포를 풍덕리로 기록하고 있다. 앞의 기록에서 보듯 한말韓末의 한 시점에서 서귀포는 풍덕리豊德里로 불리었다. 이후 어선들이 어로 작업을 하러 바다에 나갔다가 화를 자주 당하는 것이 마을 이름(풍덕리의 풍덩풍덩) 때문이라고 생각한 마을 사람들은 풍덕리를 다시 서귀포로 고쳐 부르기 시작하여 오늘에 이르고 있다.

일제강점기 시절인 1920년대 들어 일본인 어부 다섯 세대가 어장을 확보하려 이주해 와서는 지금의 천지연 주차장 부근인 '내팟'에 거주하며 고래 공장을 세웠다. 그리고 서귀포 인근의 바다에서 포획한 고래를 가공하여 일본으로 가져갔다. 사진에서 보는 고래 공장은 1980년대에도 흔적이 남아있었다. 지금의 서귀포층 패류 화석산지 바닷가 위에 있는 동산 잡초 우거진 곳에는 난파된 포경선 추도비가 세워져 있다. 1960년 초대 민선 도지사를 지낸 법환동 출신 강성익(호: 남주)은 일제강점기 때 단추 공장과 해산물 등 통조림 공장을 세워 운영하였고, 이 시기를 거치며 서귀포는 외형적으로 일대 큰 변화를 가져오기 시작하여 오늘에 이른다. 호가 남주인 강성익은 1956년 남주학원을 설립하기도 했다.

1920년대 제주에서 잡힌 대형 고래와 고래공장 | 자료_제주전통문화연구소

포경선 난파추도비

『탐라순력도』로 보는 서귀포시 역사문화 기행

　순력^{巡歷}은 관찰사가 경내의 각 고을을 순회하는 것을 말한다. 하지만 전라도 관찰사가 제주도의 삼읍을 순력하는 일은 매우 어려운 일이었다. 그러한 사정으로 전라도 관찰사는 자신의 임무 중 일부를 제주목사에게 위임했는데, 순력 임무 역시 그중 하나다. 제주목사 이형상은 1702년(숙종 28) 10월 29일부터 11월 19일까지 21일 동안 순력을 실시했다. 그 과정에서 이형상 목사는 화공 김남길에게 제주도의 역사·풍속·자연 등을 그리도록 했다. 이렇듯 순력한 내용을 다룬 그림들을 편찬한 화첩인 『탐라순력도』는 1979년 2월 보물(제652호)로 지정되고, 제주시에서는 1998년 경북 영천에 사는 이형상 목사의 후손으로부터 매입하여 오늘에 이른다.

　『탐라순력도』 그림에 묘사된 풍물 등은 제주도의 역사·민속 등에 관한 매우 중요한 사료로 이용되고 있다. 화첩에는 순력의 모습을 담은 그림 28면, 행사 관련 11면, 제주도 일대의 지도인 '한라장촉^{漢拏壯矚}' 1면 등 총 41면의 그림이 수록돼 있다. 『탐라순력도』는 김남길이란 화공의 이름이 남아있고 그 화필의 수준이 중앙 화원들이 그린 의궤도^{儀軌圖}를 능가한다는 평이다. 이형상은 모든 그림의 상단에 제목을 달고 하단에 설명을 첨가했다. 다음은 『탐라순력도』 41폭 중 서귀포 역사문화 깃든 길에 관련된 3개의 화폭에 대한 설명이다.

『탐라순력도』 정방탐승

『탐라순력도』 천연사후

『탐라순력도』 서귀조점

제10장 | 서귀포 역사문화 깃든 길을 나서며

정방탐승 正方探勝

정방탐승은 정방폭포를 탐승^{探勝}하는 모습을 그린 그림이다. 폭포 위에 있는 소나무를 강조해서 그린 인상이 짙고, 정방연^{正方淵} 아래에 펼쳐진 수려한 바다에서 배를 타고 나들이를 즐기고 있다. 이형상이 지은『남환박물』에 따르면, 정방연은 정의현에서 서쪽 68리에 위치해 있으며 폭포 위에는 큰 소나무들이 있고, 아래에는 바다가 있어 폭포가 바다에 직접 떨어져 가히 제일명구^{第一名區}라고 기록돼 있다.

천연사후 天淵射帿

천연사후는 천지연폭포에서 활을 쏘는 광경을 그린 그림으로, 폭포의 반대편에 과녁을 설치해 화살을 쏘고 있는 모습이다. 폭포의 좌우에 줄을 동여매고 그 줄을 이용해 좌우로 이동하고 있는 추인(芻人: 짚이나 풀로 만든 인형)의 모습이 이채롭다.

서귀조점 西歸操點

서귀조점은 서귀진의 군사 조련과 군기 및 말을 점검하는 그림이다. 서귀진의 위치와 주변 섬의 위치가 잘 나타나 있다.

11장

서귀포 역사문화 깃든 동녘길

서귀포 역사문화 깃든 길
서귀포 역사문화 깃든 동녘길

대한민국 관광 1번지 격인 서귀포에는 볼거리와 숨은 이야기들이 많은 편이다. 비경과 비사가 많은 서귀포 동지역을 둘러보기 위해서는 옛 서귀진성을 중심으로 하여 동쪽 지역과 서쪽 지역을 나눠 답사하고자 한다. 우선 서귀포 역사문화 기행의 중심인, 일부 복원된 서귀진성 터를 둘러보고 난 후 돌아 볼 서귀진성 동쪽 지역을 편의상 동녘길이라 하고, 서쪽 지역을 서녘길이라 칭해 소개하고자 한다.

제주9진 중 초기에 구축하여 옮긴 서귀진성

• • •

서귀포 탐방길 첫 여정에서는 조선시대 제주 방어시설인 서귀진성과 영주십경 중 제4경인 정방폭포를 둘러보고, 이곳에 서려있는 역사문화의 흔적들을 더듬어 볼 예정이다.

이형상 목사의 『탐라순력도』 41폭 중 하나인 서귀조점(西歸操點)은 서귀진성에서 군사를 조련하고 병기 등을 점검하는 모습이다. 서귀포 세칭 '솔동산' 동쪽 지역인 서귀동 717-1번지 주변에 위치했던 서귀진성은 잦은 왜구의 침략에 대비하기 위해 서귀포 지역 방어를 담당하던 제주의 9진 중 하나였다. 처음에는 1439년(세종 21) 목사 한승순이 천지연 상류에 있는 홍로천 위에 쌓았었다. (이러한 연유로 홍로천의 서귀진성 외각 주변을 '성밖내'라 부르기도 했을 것이다. 하지만 수 세기를 거치며 '성밖내는 선반내'로 음이 변천되었으리라 추정된다. 지금도 홍로천 주변을 '선반내'라 부른다.) 이후 이옥 목사가 1589년(선조 22)과 1592년 사이 왜적의 침입 상황을 살 관찰할 수 있는 현재의 장소로 옮겨 쌓았다. 당시 서귀진에는 성정군 68명, 목자와 보인 39명 등 100여 명이 주둔한 것으로 기록돼 있다.

이원조 목사가 편찬한 『탐라지초본』에 의하면, 정방연인 정모시에서 서귀진성까지 수로를 파서 물을 끌어들여 저장했고, 남은 물을 활용하여 주변의 농토로 물을 흘려 논농사를 짓도록 했다. 2010년 발굴조사 과정에서 수로와 우물 유구(遺構: 옛날 토목건축의 구조와 양식 따위의 실마리가 되는 잔존물)가 확인돼 당국에서는 2013년 우물 등을 수리, 복원했다. 1873년에 편찬된 김성구 판관의 『남천록』에 따르면, 서귀진은 성곽 규모가 둘레 233m, 높이 2.8m로 동서에 두 개의 성문과 객사, 무기고, 군관청, 창고 등 11동의 건물이 있었다. 『탐라순력도』의 서귀조점에도 당시의 성곽 모습이 잘 그려져 있다.

1901년 서귀진성이 진성으로써의 역할이 폐지된 이후, 서귀포항 구축 시 일부 성담이 헐렸고, 관아 건물은 서귀공립심상소학교(서귀포 주재 일본인 자녀들이 다녔던 학교로 추정됨) 등으로 개조돼 사용됐으며, 4·3사건 때는 서귀진성 성곽을 헐어내 동네 주변의 성을 쌓는 데 이용됐다. 이후에는 집의 울타리나 밭담으로 활용되면서 서귀진성 대부분이 훼손됐다. 2000년 제주특별자치도 지정 문화재(기념물 제55호)가 된 서귀진지는 이후 부지 등을 매입해 2013년 서귀진성 사적화 사업에 따라 현재의 모습으로 정비되어 지금에 이른다.

서귀진성 터

서귀진지 안내판 | 『탐라순력도』 서귀조점(西歸操點)

서귀진 집수정(集水井)의 원류인 정모시

• • •

　1995년 국가지정 명승(제43호)으로 지정된 정방폭포는 해안절벽과 바다와 만나는 곳에 위치하고 있다. 한라산 남쪽 하천의 끝 지점인 이곳은 주변에서 솟는 용천수가 발달한 곳이다. '애이리내'라고도 불리는 동홍천 용천수가 끝 지점에서 해안절벽을 만나 폭포수가 되어 직접 바다로 떨어진다. 동양에서 유일하게 해안으로 떨어지는 폭포가 정방폭포이다. 정방폭포는 특히 더운 여름철에는 시원한 물줄기가 더욱 돋보인다. 선인들은 25m의 물줄기가 서귀포 바다의 푸른 절경과 어우러지는 장관을 영주십경의 하나인 '정방하폭'이라 이름 지었다. 정방폭포는 너위를 가시게 하니, 여름철 이곳은 마치 별천지가 된다는 의미이다.

　정방폭포는 진시황이 불로초를 구하러 서복 일행을 보낸 곳이기도 하다. 서복이 불로초를 구하러 제주에 왔다가 이곳을 지나면서 서불과지(徐市過之)라는 글자를 정방폭포 암벽에 새겼다 전한다. 이러한 전설로 인해 서귀포라는 지명이 생겨났다 한다. 조면안산암 주상절리로 구성된 정방폭포의 해안절벽 일대는 해안침식에 의해 절벽이 만들어졌을 것이다. 정방폭포 바위지대와 해안선 주변 바닥에서는 조면안산암의 불투수층 역할로 인하여 지하수가 뿜어져 나오고, 이로 인해 자연적으로 폭포가 형성되었다는 것이다.

　정방폭포라는 이름은 폭포 상류에 위치한 '정모시'라는 상수원에서 유래한다. 오래전부터 정모시 주변 도처에서 지하수가 용출하여 사방팔방

현대식으로 복원된 서귀진 집수정

으로 물줄기가 흘러나가 마치 물의 도시를 방불케 했다. 선인들은 이곳에서 서귀진성까지 수로를 연결하여 집수정을 만들었던 것이다. 이곳 주변을 거닐면 수로의 흔적도 발견할 수 있고, 1km쯤의 거리를 수로로 연결하여 물을 흐르도록 한 제주선인들의 지혜가 서린 곳임을 확인할 수 있어 좋다. 다음은 서귀진성에 세워진 집수정 및 수로에 대한 안내 내용이다.

서귀진 집수정은 축성 당시 성에 주둔하는 병사들의 식수로 사용하기 위해 만든 것이다. 수로는 정방폭포 상류에 있는 정모시正毛淵에서 물을 끌어다 쓰기 위해 만들어 놓은 물길을 말한다. 성 동쪽 아래로 구멍을 뚫어 집수정까지 물을 끌어다 썼는데, 사용하다 남은 물은 성 서쪽 밖으로 내보내어 논농사를 짓도록 했다. 2010년 서귀진 2차 발굴조사 때 확인된 집수정은 바닥이 목조로 조립돼 있었고, 수로는 잡석을 쌓아 만들었다. 서귀포시는 2013년 서귀진 터를 정비하고 수로 일부를 수리하며 발굴조사 때 확인된 집수정을 원형 그대로 남겨두고 그 위에 83㎝ 두께의 흙을 덮고 나서 모형을 만들었다.

다음 글은 2022년 제주문화원에서 역주한 『탐라일기耽羅日記』 중 정방폭포에 관한 내용이다. 『탐라일기』는 제주목사 이원조의 형인 이원호李源祜가 1841년 제주도로 오는 여정과 제주도에 도착해 경험한 일 등을 다룬 기록이다. 그는 서귀포 천지연과 중문 천제연에도 들렸는데, 걸음을 옮길 때마다 백중지세를 이룰 정도로 주변의 경치가 아름답다고 감탄하곤 했다.

폭포의 양쪽 언덕배기는 모두 석벽이 깎아지른 듯이 서 있다. 혹은 구멍이 나기도 하고 혹은 움푹 파이기도 한 것이 마치 방房室과 계단 같기도 하고, 형형색색하고 기기괴괴하다. 그 아래에는 큰 파도가 부딪혀 그 소리가 댕댕댕 종소리처럼 울렸다. 위에는 오래된 나무들이 숲을 이루어 언덕에 우거져서 그윽하고 울창하다. … 만약 이것을 육지의 누대 앞에 옮겨놓으면 그 뛰어난 경치가 어찌 관동팔경에 모자람이 있겠는가. … 이미 날이 저물었다. 이윽고 말을 타고 달려가 서귀진의 객사에 들어가 묵었다.

서귀포 관련 다양한 시비詩碑 소개

• • •

천지연폭포 주변과 자구리 해안가를 비롯한 솔동산 문화의 거리 등에는 다양한 시비들이 설치돼 있다. '작가의 산책길' 위에서 만나는 시비들은 읽어줄 독자들을 기다리고 있다. 이에 화답하려 서귀포에 관련한 시 두 편과 소남머리에 세워진 소암 선생의 화풍청천和風晴天을 소개하는 것으로 대신한다.

김광협 시인과 시 '유자꽃 피는 마을'

내 소년의 마을엔, 유자꽃이 하이얗게 피더이다.
유자꽃 꽃잎 사이로, 파아란 바다가 출렁이고

바다 위론 똑딱선이 미끄러지더이다.
뒷마루 위에 유자꽃 꽃잎인 듯 백발을 인 조모님은 조을고
내 소년도 오롯 잠이 들면 보오보오 연락선의 노래조차도
갈매기들의 나래에 묻어 이 마을에 오더이다.
보오보오 연락선이 한 소절 울 때마다 떨어지는 유자꽃
유자꽃 꽃잎이 울고만 싶더이다.
유자꽃 꽃잎이 섧기만 하더이다.

천지연 입구 광장 북동쪽 한편에 1996년 건립된 위 시비의 주인공인 김광협 시인은 서귀포시 호근리 출신으로, 서귀중과 서귀산과고를 거쳐 서울대학교 사범대 국어국문과와 동 대학원을 졸업했다. 1963년 월간 『신세계』에 '빙하를 위한 시'로 등단, 1965년 동아일보에 입사, 1981년 대한민국 문학상을 받았다. 특히 '돌하르방 어디 감수광'이란 제주어 시를 발표하면서 제주어의 대중화에도 힘썼다. 이후 방송 등에도 '돌하르방 어디 감수광' 란 제목이 등장하기도 했다.

한기팔 시인의 시 '西歸浦에 와서는'

西歸浦에 와서는 누구나 한 번은 울어버린다
푸른 바다가 서러워서 울고 하늘이 푸르러서 울어버린다
촉새야 촉새야
소남머리 거벵이 바위틈에 앉아 우는

외짝눈이 촉새야

바람이 불면 어찌 하리요 노을이 지면 어찌 하리요

물결은 달려오다 무너지며 섬 하나를 밀어 올린다

하얀 근심이 이는 날 저문 바다

먼 파도 바라보며 울고

사랑이 그리움 만큼

水平線 바라보며

울어버린다

소남머리에 세워진 소암 현중화 선생 안내판

항기풀 시인의 西歸浦에 와서는 시가 새겨진 바위

절경인 자구리 해안과 소남(낭)머리

서귀포 자구리 해안가에서는 자구리물과 소남머리물이 사시사철 솟아나고 있다. 용출되는 물과 아름다운 바다 풍경 등을 상품으로 하여 이곳에서는 매년 여름 자구리 해안가 축제가 열린다.

자구리물은 서귀포항 동측 해안가 여러 암반 틈새에서 솟아나는 산물이다. 수도가 가설되기 오래전부터 이곳에서 솟는 풍부한 자구리물을 허벅으로 길어 날라 식수로도 사용했다. 제주어 닮기도 하고 안 닮기도 한 '자구리'라는 어휘의 유래를 더듬어 본다. 물이 좋은 이곳에 오래전엔 소와 돼지 등을 도축하는 시설이 있었다. 도축장 등지에서 주변에서 솟는 물을 사용했던 연유로, '소를 잡으러 가자'란 뜻이 와전돼 '잡으러가 자구리'로 불렸다는 얘기도 전해온다. 서귀포에서 태어나고 자란 주민들에게 자구리의 유래를 물었으나 거의 대개는 예부터 그냥 그렇게 말해 왔다고 들려주었다.

다음의 설은 (사)질토래비에서 추정하는 이야기이다. '자구리'에서 '구'를 빼면 '자리'가 남는다. 자리는 자리돔을 뜻하는 제주어이다. 제주의 자리돔 같은 자그마한 물고기인 '밴댕이'를 경기도에선 방언으로 '자구리'라 부른다. 일제강점기와 한국전쟁기를 전후해 전국 곳곳에서 외래인들이 서귀포로 밀려와 그중 일부는 이곳 자구리 해안가에서 생활한 적이 있었다. 당시 경기도에서 온 이들이 밴댕이(자구리) 물고기처럼 보이는 자리돔이나 작은 물고기들이 이곳 바닷가에서 유영하는 것을 보

서귀포시 서귀동 94-1에 있는 소남머리 절벽
소남머리 지명은 지형이 소머리 모양으로 생겼다는 설과 소나무가 많은 암석이 머리 모양으로 보이는 데서 유래했다는 설이 있다.

자구리 해안에 바다로 길게 뻗어나간 용암유로.
썰물 때면 주민들이 바릇잡이 하던 곳으로
화가 이중섭 작품의 무대가 되기도 했다.

고 자구리라고 말하기도 했을 것이다. 자구리라는 말을 자주 듣다 보니 어감도 좋아, 자구리라는 어휘는 이후 알게 모르게 서귀포 시민들에게 퍼져 나가 지금의 '자구리 해안' 이름으로 정착된 듯하다.

자구리물의 원형이라 할 수 있는 용천수가 이곳 동측 절벽 밑에서 다량으로 바위틈을 헤치고 솟아 나와 바다로 흘러내리고 있다. 현재 이 산물을 이용하는 담수욕장 구조물이 들어서 있고, 또한 해안 경치를 구경할 수 있도록 전망대 시설물도 들어서 있다. 여러 조형물과 편의시설에 힘입어 자구리 해안가는 사람들을 불러 모으는 자구리문화예술공원으로 각광받고 있다. 특히 바다 풍광을 볼 수 있도록 조성된 설치대를 따라 걷다 보면, 인간 아닌 자연이 조성한 수로 같은 기이한 용암이 바다로 뻗어 나간 독특한 모습도 볼 수 있다. 전문가들은 얕은 바다에 잠겨있던 서귀포층이 지금으로부터 180만 년 전에 솟아났다고 한다. 서귀포층이 다져진 이후 어느 시점부터 자구리 해안에서 솟아나는 산물과 더불어 또 하나 솟아난 조물주의 선물이 바로 특이한 지형인 용암유로이다. 용암유로 근처 바닷가에는 해방 전후 사람이 만든 인공수로도 있어 대조를 보인다.

자구리물에서 동측으로 100m 정도 떨어진 해안가 절벽에서는 소남머리물이라는 산물도 용출된다. 이 물은 절벽 밑 암반 틈의 여러 지점에서 연중 솟아 흐르고 있다. 예전에는 식수로도 사용했던 이 용천수 주변에는 남녀 멱 감는 곳도 있다. 남탕과 여탕으로 구분돼 있으며, 남·

여탕 앞 넓은 곳에는 남녀 구분 없이 노천욕을 즐길 수 있도록 원형의 노천탕도 조성되어 있다.

소남머리물이 솟는 이 해안가를 '소남머리'라 한다. '소낭머리' 또는 '소남머리'라는 지명은 소나무가 많은 지형이 소머리 모양으로 생겼다고 해서, 또는 바다 쪽으로 돌출되어 있는 암석이 머리 모양으로 보인다고 해서 유래되었다고 한다. 지금도 해안가 언덕에는 소나무들이 군락으로 숲을 이루고 있다. 수량이 연중 풍부한 이곳에서 일제강점기에는 일본인들이 여러 공장들을 짓고 운영하기도 했었다.

정방폭포와 4·3 그리고 잃어버린 마을 무등이왓
...

정방폭포와 자구리 해안 주변에는 서복전시관, 작가들의 산책로, 특히 용암유로와 인공수로를 관찰할 수 있는 곳이기도 하다. 인공수로는 일제강점기를 전후하여 이곳에 설치된 주정공장 등의 폐수를 바다로 보내는 통로로 여겨진다. 이곳은 또한 4·3의 아픔이 짙게 배어 있는 곳이기도 하다.

일제강점기에 시설되었으나 해방 후 가동되지 않았던 공장 건물들은 4·3 때 중산간 마을이 초토화되면서 끌려온 양민들이 수용되었던 곳이다. 이곳은 또한 260여 명의 양민들이 처참하게 목숨을 잃은 학살의 현장이다. 특히 안덕면 중산간 마을인 무등이왓 주민들이 1948년과

1949년 겨울 볼레오름에서 붙잡혀와 이곳에 수용됐다가 정방폭포에서 비극적인 생을 마감해야 했다.

무등이왓은 4·3 당시에는 동광리의 가장 큰 중심 마을이었다. 산남 서쪽 중산간 마을인 안덕면 동광리는, 무등이왓·조수궤·사장밧·간장리·삼밧구석이라는 다섯 개의 동네로 이뤄져 있었다. 200여 호로 이뤄진 동광리에는 무등이왓이 120여 호로 가장 큰 촌락이었다. 그러나 4·3 이후 이 마을은 영원히 사라지고 말았다. 4·3으로 잃어버린 마을 중 가장 많은 주민들이 살던 삶의 터전이었다. 무등이왓은 300여 년 전에 들어선 마을로 주민들은 화전 등을 일구며 농사지으며 살았다. 무등이왓이라는 지명은 지형이 '춤을 추는 어린이를 닮았다'는 의미도, '등급이 없는無等 세상을 꿈꾸는 선각자들이 사는 고장'이라는 의미도 깃들어 있다. 4·3은 공동체적 성격이 강하고 진취적이었던 이 마을을 영원히 앗아가 버렸다. 현재 마을터에는 무성한 대나무 숲과 제주도에서 세운 '잃어버린 마을 표석'만이 찾아오는 이들을 맞고 있다.

마을 주민의 희생은 1948년 11월 15일 시작됐다. 군인 토벌대들이 주민들을 집결시킨 후 10여 명을 마을 중심지에 있는 우영팟에서 총살했다. 11월 21일에는 마을 주민 모두가 소개되고, 그들이 오랫동안 살아온 집들은 토벌대에 의해 불에 타 잿더미로 변해갔다. 이를 지켜본 주민들은 마을에서 떨어져 있더라도 좀 더 안전한 곳을 찾아 숨어 지냈는데, 그중 도너리오름 곶자왈에서 주로 숨어 살고 있었다. 이어 큰넓궤를 발견한 주민들은 폭설이 쏟아지자 이 굴로 숨어들었다. 큰넓궤는 입구가 좁은 대신 굴 안은 넓어서 주민들이 숨어 살기에 적당하다고 여겼기 때문일 것이다. 그 후 이 굴로 찾아든 주변 마을 주민들은 120여 명이나 되었다 한다.

당시 모슬포 주둔 국군 제9연대(연대장 송요찬 중령) 3대대 중심의 토벌대들은 동광마을 소개 이후에도 계속해서 마을 주변을 돌아다니며 주민들을 학살했다. 특히 1948년 12월 12일과 13일에 있었던 잠복학살은 토벌대가 행한 비인간적인 만행의 극치를 보여준다. 잠복학살이란 토벌대가 주민 일부를 학살한 후 숨어 있다가 학살된 시신들을 거두러 오는 유족들을 다시 학살한 사건을 말한다. 시신을 수습하려고 주민들이 모여들자 무등이왓 대나무밭에 숨어 기다리던 토벌대가 그들 앞에 다시 나타난 것이다.

토벌대는 주민들을 한 곳에 모은 뒤 그 주위에 짚더미나 멍석 등을 쌓아 불을 질러 생화장을 시켰다. 처참한 고통 속에서 죽어간 시체들이 이곳저곳에 흩어진 채 쓰러져 죽은 모습을 본 마을 사람들은 잔인한 학살에 분노를 삼키며, 언젠가는 자신들도 당할지 모른다는 공포심 때문에 더욱 꽁꽁 숨을 수밖에 없었다. 이 사건의 희생자들은 여성과 어린이 그리고 노약자가 대부분이었다.

50여 일 피신해 있었던 큰넓궤가 토벌대에 발각된 후 무등이왓을 비롯한 안덕면 여러 마을에서 숨어들어온 주민들은 눈이 무릎까지 차오른 산길을 걸어 한라산 남쪽 영실 부근의 볼레오름까지 올라가 피신했다. 그들의 남긴 눈 위의 발자국을 따라 산을 에워싸며 올라온 토벌대는, 보이는 사람들을 체포하거나 총살했다. 토벌대는 주민들을 정방폭 포 인근의 단추공장 건물에 일시 수용했다가 정방폭포 위에서 모두 집 단 학살했다. 그중에는 동광리 주민들이 가장 많았다 한다.

소남머리·정방폭포 4·3 위령비
• • •

당시 서귀면 서귀리에 있던 서귀면사무소(이후 서귀포시청 건물로 활용되다 최근 철거됨)엔 2연대 1대대 본부가 주둔했었고, 취조를 담당하는 정보과(대대2과)가 있었다. 군경이 강제 연행한 4·3 혐의자 및 중산간 초토화 이후 야산을 헤매던 피난민들을 이곳 군부대에서 취조하고 처형하였다. 그 학살 장소가 정방폭포로 이어지는 소남머리였다. 흔히 정방폭포에서 희생당했다고 하는 희생자 대부분이 이곳에서 학살당했다. 서귀리 및 서귀면 일대의 주민뿐만 아니라 중문면과 남원면 의귀, 수망, 한남리 주민, 더욱이 멀리 떨어진 안덕면 동광리 주민 등 산남지역 전체에 이를 정도로 많은 양민들이 이곳에서 삶을 마감해야 했다. 이곳에서 학살당한 희생자 수는 수백에 이른다고 하나, 정확한 수를 파악하기란 어려운 실정이다.

소남머리와 정방폭포 지경에서 학살당한 선인들을 기리는 4·3 위령비는 이제야 겨우 세워졌다. 아름다운 풍광 속에 깃든 처절하게 슬픈 역사를 되돌아보려 발걸음을 돌려 다시 정방폭포 주변을 어슬렁거린

2023년 3월, 서복공원 내에 정방폭포 4·3 희생자 위령비와 추모공간이 조성되었다.

다. 허무하게 생을 마쳐야 했던 슬픈 영혼들을 위해 잠시 걸음을 멈추고 두 손을 모은다. 동백꽃이 우수수 지듯 끌려온 사람들이 학살되어 시신이 떨어진 주변에는 지금, 서복전시관이 들어서 있다. 그곳 어디에도 이곳의 아픔을 전하는 표지석과 안내의 글이 없어 아쉬웠는데, 추모공간을 마련하는 데에도 유족과 주민들과의 의견 충돌이 있다는 소식에 더욱 안타까웠다. 정방폭포 주변에 4·3 위령비를 세우고자 함은, 이 일대가 4·3 당시 산남지역 최대 학살 터이자 많은 토벌대가 주둔했던 역사적 사실을 알리고, 희생된 영령들의 넋을 기리기 위함이다. 제주도는 당초 정방폭포 인근에 있는, 전망 좋고 사람들이 많이 찾아오는 자구리공원에 위령비를 설치할 계획으로 2021년 12월 위령비 설치 공사를 시작하려 했다. 하지만 지역주민들의 반대로 인해 무산되었다. 위령비 설치 예정지 맞은편에는 칠십리 음식특화거리가 위치한다. 이곳에서 음식업에 종사하는 주민들이 4·3위령비가 장사에 악영향을 미칠 수 있다며 반발했다는 것이다. 이에 정방폭포 교차로 옆 서복전시관 주차장 부지에 위령비를 설치하려 했지만, 이번에는 유족들이 인근에 화장실이 있어 희생자들을 기리는 장소로는 부적절하다고 문제를 제기했다. 결국 제주도는 서복공원 부지에 위령비와 추모공간을 조성하기로 하고 주민설명회를 거친 끝에 2023년 2월 초 공사를 시작할 수 있었고, 최근에야 서복공원 내에 정방폭포 4·3 희생자 위령비와 추모공간이 조성될 수 있었다. (사)질토래비 답사팀도 비로소 그 공간에서 묵념을 하며 희생자들에 대한 추모의 예를 갖출 수 있었다.

4·3 학살 터에 세운 서복기념관

정방폭포 바로 서쪽 절벽 위 소낭머리 일대에는 서복공원이 조성되어 있다. 공원에는 전시관과 함께 중국풍의 정자와 갖가지 조형물과 꽃나무들로 아름답게 꾸며져 있다. 진시황에게서 불로초를 구해오라는 명령을 받은 서복 일행이 영주산인 한라산 일대를 누비고 정방폭포 주변을 다녀갔다는 전설에 착안하여 조성된 공원이다. 정방폭포 벼랑에 한자로 새겨져 있었다는 서불과지 徐市過之 또는 서불과차 徐市過此 라는 마애명은 '서불이 이곳을 지나가다'라는 뜻으로 서귀포라는 지명도 여기에서 유래되었다고 전한다. 지금은 찾을 수 없는 글자에 관한 전설의 진위 여부는 차치하더라도 이곳에 이런 중국풍의 공원을 만든 것은 경제 논리가 깊이 작용한 것 같다. 하지만 서복공원이 들어선 장소가 어떤 곳인지를 알았다면 서복전시관이 들어설 수 있었을까? 이후에라도 이곳의 비극을 안다면 공원 조성에 관계한 이들은 어떤 표정을 지을까?

이곳은 4·3 당시 죽음을 앞둔 사람들이 집단 수용되었던 단추공장과 전분공장 그리고 통조림공장 등이 있던 곳이다. 이유도 모르는 채 이곳에 끌려와 벼랑 위에서 학살당하기도 하고, 더러는 어디론지 끌려가 생사조차 모르는 지경이다. 이러한 짙은 아픔이 배어 있는 장소에 영령들을 위로해 줄 위령탑이나 안내 팻말 하나 없이, 기억을 지우듯 그곳의 흔적을 없애고 중국풍의 공원을 만들었으니. 서복공원을 찾아오는 국내외 관광객들이 문전성시를 이룬다면 그나마 위안이라도 삼을 수도 있으련만, 지금 서복공원은 투자한 자본에 비해 수익은 거의 없는 형편이라 들린다.

슬픈 역사가 깃든 이곳에 들어선 서복공원을 다시 생각한다. 제명대로 살지 못한 선인들이 죽어간 장소에, 제명을 살고도 더 살고자 욕심 내었던 사람의 흔적을 이렇게 만들어야 했던 이들은 지금 무슨 생각을 하고 있는지를.

서복불로초공원

지방문화재인 정방사 석조여래좌상

• • •

정모시 서쪽에 위치한 정방사라는 절에는 도지정 유형문화재인 석조여래좌상 및 복장유물이 있다는 글을 읽고 여러 번 찾아갔으나 대면하지를 못했다. 다행히 절에서 일하는 분을 뵈어 여래좌상의 위치 정보를 얻을 수 있었다. 대웅전이 아닌 주지스님의 방에 모셔져 있다고 했다. 며칠 후 다시 찾아간 절의 대웅전에서 부처님께 경배와 함께 불전을 올리고 관계자의 양해를 얻어 드디어 불상을 뵐 수 있었다.

전체 높이 61.5㎝, 무릎 너비 42㎝인 정방사 소장 석조여래좌상은 1702년(숙종 28) 전남 순천 대흥사에서 수일이란 사람이 조성한 불상이라 한다. 머리카락은 곱슬머리인 나발^{裸髮}이고 정수리에 솟은 상투 모양의 육계^{肉髻}는 작게 표현되어 있다. 불상의 법의^{法衣}는 양어깨를 모두 덮은 통견^{通肩}을 하고 있고, 불상의 허리 아래를 덮은 치마 모양으로 띠 매듭이 없는 일자형이다. 정방사 석조여래좌상은 복장의 확인으로 비사부불^{毗舍浮佛}임이 밝혀졌다 한다. 불교계에서는 과거에서부터 미래에 이르기까지 부처가 출현해 중생들을 제도하게 되는 데, 과거에는 모두 7불이 있었다고 전한다. 그중 비사부불은 과거 7불 중 제3불로 과거 장엄겁에 마지막으로 출현해 세상을 교화시킨 부처님이고, 과거 7불이 봉안된 경우는 우리나라에서 보기 드문 것이란다. 비사부불은 단독으로 조성됐다기보다는 과거 7불의 특성상 일곱 개의 상이 함께 조성됐을 가능성이 크다고 한다. 조선시대 전남 순천 동리산 대흥사에서 조성되었다는 기록을 근거로 나머지 여섯 불상을 찾아내 이들과 연관된 학술적 연구가 필요하다는 점에서도 의미 있는 불상이란다. 관음사 등 제주에 있는 여러 불사에도 지방문화재로 지정된 불상이 모셔져 있다. 지방문화재로 지정될 만큼 오래된 10여 점의 불상들이 제주에 들어오게 된 사연을 들여다본다면, 거기에도 또한 제주 선인들의 종교관도 엿볼 수 있을 것이다.

서귀포 정방사 석조여래좌상 및 복장유물 일괄

(사진: 한국민족문화대백과사전)

정방하폭은 영주10경의 몇 경?

・・・

영주^{瀛洲}는 제주의 또 다른 이름이다. '瀛'자의 옛 문자 형태는 '용을 잉태한 여성'의 모습이다. 그러므로 '영주'란 생명을 창조하는 섬이란 의미도 깃들어 있다. 오래전부터 삼신산의 하나인 영주산이 있는 제주도를 중국에서는 동쪽에 있는 영주라 하여 '동영주'라 칭하였다. 중국에도 영주라는 지역이 있는데, 거란족이 살던 경치가 빼어난 지역이 그곳이란다. 추사 김정희의 제자이기도 한 매계 이한우(진)는 제주도 경치 중에서도 빼어난 경관들을 지역적 특색과 자연의 생성 이치를 반영해 영주10경으로 선정했다. 그가 10경을 선정한 데는 자연의 심오한 생성이치를 담은 다음과 같은 인문학이 있다.

해가 뜨고 지니(성산일출·사봉낙조), 사계절이 운행되고(영구춘화·정방하폭·귤림추색·녹담만설), 음양의 조화가 이루어지니(영실기암·산방굴사) 동식물과 사람이 태어나더라(고수목마·산포조어). 제주의 자연미와 우주의 생성 이치를 담아낸 것이 바로 영주10경인 셈이다. 제주선인들은 매계의 영주10경을 제주 최고의 시가 있는 풍경으로 선정해 오늘도 읊조리고 있다. 이에 더해 영주12경으로 용연야범^{龍淵夜帆}과 서진노성^{西鎭老星}을 추가하기도 한다. 용연야범은 제주시 용연에서 즐기는 밤배 놀이의 멋스러움이고, 서진노성은 서귀진성에서 장수의 별인 노인성을 보는 즐거움을 의미한다. 다음은 영주십경 중 정방하폭 등 4계절을 읊은 시어를 원문과 한글로 옮긴 내용이다.

▶ 제주목 성밖 방선문의 봄 경치를 읊은 제3경 영구춘화(瀛邱春花)
名區天作石門開 (명구천작석문개) 신선 사는 곳에 하늘은 돌문을 열고
百紫千紅滿目來 (백자천홍만목래) 갖가지 붉은 꽃 온통 눈에 가득 차네

▶ 서귀포 정방폭포의 여름 풍광을 읊은 제4경 정방하폭(正房夏瀑)
九天河落雷聲鬪 (구천하락뇌성투) 구천에서 울리는 천둥소리인 듯
五月山寒雪影噴 (오월산한설영분) 오월 산 차가운 눈보라 뿜어내고

▶ 제주목 성안 귤림서원의 가을 과원을 읊은 제5경 귤림추색(橘林秋色)
滿樹玲瓏照夕陽 (만수영롱조석양) 나무마다 가득히 석양빛 영롱하고
家家籬落黃金色 (가가리락황금색) 집집마다 황금빛 울타리 둘러치네

▶ 한라산 백록담 겨울만설 읊은 제6경 녹담만설(鹿潭晩雪)
鹿潭五月放新晴 (녹담오월방신청) 백록담 초여름 맑은 기운 뿜어내고
殘雪玲瓏一鏡淸 (잔설영롱일경청) 잔설은 맑은 거울처럼 영롱하게 맺혀있네

서귀포를 빛내는 인물 현중화·이중섭·변시지
• • •

서귀포에는 사람 이름이 들어간 기념관들이 꽤 많은 편이다. 법환동 출신으로 재일교포 기업가인 기당 강구범씨가 기증한 기당미술관에는 변시지 화백 등의 그림이 전시되고 있다. 재일교포 여성사업가인 김정이 기증한 김정서귀포문화원과 사업가로 상당한 땅을 기증하여 붙인 강창학 경기장 등 기념물 이름에 지방을 빛낸 인물들의 이름을 넣어 작명하

는 일은 역사문화를 가꾸는 일이기도 하다. 그중 소암 현중화, 대향 이중섭, 그리고 변시지 화백 등 세 분의 위대한 삶을 소개한다.

소암 현중화

서귀포시 법환동 태생인 소암 현중화 선생은 일본 유학시절 서예공부를 시작, 광복을 맞아 귀국하여 국전추천 초대작가 및 심사위원을 역임하며 한국서단에서 주목받는 활동을 하였다. 일본 유학에서 귀국한 소암은 1957년 51세라는 늦은 나이에 국전에 입선한 후 1979년까지 활발한 활동을 하며 다양한 실험과 창작활동을 통해 소암만의 독자적인 예술세계를 구축했다. 교단에 서기도 했던 선생은 한국, 일본, 대만에서 작품전을 여는 등 국제적으로도 활발한 작품 활동을 하였다. 모든 서체를 자유자재로 구사하여 한국 서단의 거목으로 추앙받은 소암은 제주의 자연을 사랑하고 평생 글씨와 벗하며 살았던 예술가였다.

소암은 서귀소옹^{西歸素翁}으로 자호하면서 글씨에 묻혀 그의 예술세계를 추구하였다. 서귀소옹의 의미는 그저 서귀포에 사는 한 노인일 뿐이라는 뜻으로, 자신을 낮춰서 표현하고자 함이다. 소암은 행초서 등의 이질적 요소와 미감을 혼용시킨 독특한 예술세계를 완성시켜 우리나라 서단에 활력과 다양성을 제공하였다고 평해진다. 평생 서귀포 자연과 함께 예술혼을 불태우며 영원한 자유인으로 살았던 소암 선생 탄생 100주년을 기념하여 서귀포시에 소암 현중화 기념관이 건립되었다.

제주교육 가족들의 연수기관인 탐라교육원 로비에는 1986년 개원과 함께 소암 현중화 선생이 쓴 글을 커다란 목판에 서각하여 전시하고 있다. 그 내용은 다음과 같다.

浮生存沒速流電 (부생존몰속류전) 부질없는 헛된 삶이 빛처럼 빠르기는
脫却籠頭早着忙 (탈각농두조착망) 몇 푼 벼슬자리에 허둥대는 모습이란
鐵壁那邊飜一轉 (철벽나변번일전) 궁벽한 이곳에서 몸 한 번 돌이키면
此時方得到家鄉 (차시방득도가향) 마침내 고향집으로 가는 것을

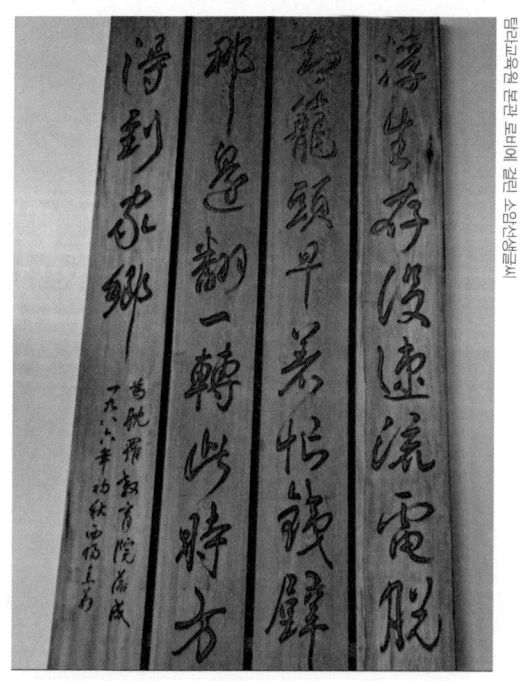

탐라교육원 건물 로비에 걸린 소암 현중화 선생의 서각

국민화가 이중섭

서귀포는 천혜의 자연환경 못지않게 인문환경도 조성되어 있다. 그 중심에는 불운의 천재화가 이중섭이 있다. 평안남도 평원군에서 부농의 아들로 태어나 유복한 유년 시절을 보낸 이중섭은 한국전쟁 발발로 1951년 제주도로 피난을 와서, 서귀포 앞바다가 보이는 언덕의 작은 방에서 '서귀포의 환상, 섶섬이 보이는 풍경'과 같은 따스하고 아름다운 명작을 그렸다. 서귀포시는 이러한 유작을 남긴 이중섭이 살던 집 주변의 거리를 '이중섭거리'로 이름 붙여 조성했다. 불꽃 같은 삶을 살다간 화가 이중섭의 이야기를 품고 있는 이중섭미술관은 이 거리 동쪽 골목길에 2002년 들어섰다. 문화의 거리로 유명한 서울의 인사동과 이중섭거리가 있는 정방동은 2008년 자매결연을 맺고 감귤 판촉 행사 등 다양한 교류를 해 오고 있다. 이를 기념하여 이중섭로와 인접한 지역 이름을 명동로로 부르고 있다.

삼성그룹 고 이건희 회장이 평생 모았던 미술품 중에는 이중섭 화가의 원화 작품, 이중섭 서지 자료 및 유품 등을 합하면 96점이나 된다고 한다. 2021년 4월 이건희 회장의 유족은 천재화가 이중섭의 대표 작품 '섶섬이 보이는 풍경' 등 총 12점의 원화를 제주도에 기증했다. 기증품들은 서귀포시 이중섭미술관에 소장되어 전시되고 있다.

불운한 시대의 천재화가였던 이중섭이 가족과 함께 한국전쟁 당시 제주에 피난 와서 거주하였던 집과 자그마한 방과 그 주변이 지금은 문화예술 관광지로 떠오르고 있다. 집 주변에는 이중섭공원과 이중섭미술관이 자리 잡고 있다. 더욱이 이중섭 가족이 살던 초가 동쪽으로 나 있는 주변 골목이 참으로 포근하고 제주답다. 그 동쪽에 위치한 정방동사무소가 위치한 곳에는 일제의 측후소와 신사가 있었고, 해방 후에도 측후소가 있었다. 한국전쟁 당시 이곳 주민인 송태주·김순복 부부가 방을 내주어 이중섭 가족은 이 집에서 피난생활을 할 수 있었다. 이곳에서 이중섭 가족은 아주 자그마한 방에서 서로의 숨소리까지 들으며 찬 없는 밥을 먹고 고구마나 깅이(게)를 삶아 끼니를 때우는 생활이었지만 행복한 시간을 보낼 수 있었다. 초상화 그리기를 좋아하지 않았던 이중섭이지만 이곳에서만은 이웃 주민과 집주인을 위해 초상화를 그리는 등 작품활동을 하며 1년여를 생활하다 부산으로 거처를 옮겼다. 이중섭이 서귀포에서 그린 초상화는 4점이다. 한국전쟁에서 전사한 이웃 주민 세 사람과 집주인 초상화이다. 이중섭은 그들의 간곡한 부탁을 받고 마당에 쌓아 놓은 땔감 위에 세 전사자의 사진을 올려놓고 초상화를 그렸다고 한다.

부산 영도에도 이중섭을 테마로 하는 거리가 조성되어 관광의 명소로 소개되고 있다. 이후 가족과 헤어진 화가는 여러 도시를 전전하며 가족에 대한 그리움을 술로 달래다가 1956년 9월 서울적십자병원에서 숨을 거두었다. 이중섭 화가가 가족과 함께 살았던 골방 천장에는 당시의 전

이중섭거리

이중섭이 일본에 있는 가족에게 편지와 함께 보낸 그림
「그리운 제주도 풍경」

이중섭이 거주했던 방 내부 모습
이중섭은 한국전쟁 당시인 1951년 제주도로 피난 와서
서귀포 앞바다가 보이는 언덕의 작은 집에서 1년여 살았다.

구가 매달려 있고, 자그마한 선반 위에는 이중섭 초상화와 함께 다음의 시가 그려져 있다.

소의 말 李仲燮

높고 뚜렷하고
참된 숨결
나려나려
이제 여기에
고웁게 나려
뚜북뚜북
쌓이고 철철
넘치소서
삶은 외롭고
서글프고
그리운 것
아름답도다
여기에 맑게
가슴 환히
헤치다.

이중섭 초가 앞에 청동으로 조성된 '이중섭 기념비'에는 구상의 시가 다음과 같이 새겨져 있다.

겨레의 참변으로 이곳에 피난하여
이 고장 풍물들을 화폭에다 담아서
이 나라 현대미술의 명작들로 남겼네
그 옛집 이 거리와 저 바다 저 하늘을
님의 꿈 님의 얼이 낙원으로 삼아서
그 그림 보는 이마다 서귀포를 기리네.

이중섭과 절친했던 시인 구상은 이중섭의 창작열을 다음과 같이 전하고 있다.

중섭은 참으로 놀랍게도 그 참혹한 상황 속에서도 그림을 그려서 남겼다. 판자집 골방에서 시루의 콩나물처럼 끼어 살면서도 그렸고, 부두에서 짐을 부리다 쉬는 참에도 그렸고, 다방 한 구석에 웅크리고 앉아서도 그렸고, 대폿집 목로판에서도 그렸고, 캔버스나 스케치북이 없으니 합판이나 맨종이, 담뱃갑 은지에다 그렸고, 물감과 붓이 없으니 연필이나 못으로 그렸고, 잘 곳과 먹을 것이 없어도 그렸고, 외로워도 슬퍼도 그렸고, 부산·제주도·통영·진주·대구·서울 등을 표랑^{漂浪} 전전하면서도 그저 그리고 또 그렸다.

이중섭의 은지화는 그의 삶을 가장 잘 표현해 주는 작품이다. 은지화는 담뱃갑 속의 은지에 송곳과 같은 날카로운 것으로 홈이 생기도록 드로잉을 한 선각화^{線刻畵}이다. 이중섭의 은지화를 처음 미국에 알린 사람은 아더 맥타가트(Arthru. J. Mctaggart)이다. 당시 대구미문화원 책임자였던 그는 이중섭 개인전시회에서 3점의 은지화를 구입해 뉴욕근대미술관(MoMa)에 기증했다.

폭풍의 화가 변시지

서귀포 삼매봉 기슭에 자리 잡은 기당미술관은 변시지 화백의 그림으로 채워져 있다. 서귀포시에서 태어난 변시지는 1931년 가족과 함께 일본 오사카로 이사했다. 학교 씨름대회에서 상급생과 겨루다 다쳐 평생 지팡이에 의지하여 살았다. 1945년 오사카 미술학교를 졸업하고 동경으로 옮겨간 그는 당대 일본 화단의 거장 데라우치 도쿄대 교수의 문하생으로 들어가, 서양 근대미술을 배웠다. 이 시기에 인물화와 풍경화를 집중적으로 그렸던 변시지는 1948년 당시 일본 최고의 중앙화단으로 알려진 광풍회 공모전에서 최연소로 최고상을 받았다. 일본에서 화려한 조명을 받으며 작업하던 변시지는 24세에는 광풍회 심사위원을 맡기도 했고, 1957년 서울대 교수로 초빙되어 귀국했다. 그러나 한국 사회와 화단에 낯설어 한 변시지 화백은 1년도 안 되어 서울대를 떠나야 했다. 이후 고교 교사와 여러 대학에서 강사로 전전하다가 50세에 제주도로 귀향하여 은둔자처럼 지내며 그림에 몰두한다.

제주에 귀향한 변시지 화백은 기존 화풍을 버리고 제주의 향토성을 세계 최대 박물관인 미국 스미소니언이 2007년부터 10년간 상설전시했던 변시지 '난무'(1997) 생존 작가로는 처음으로 상설전시되어 화제가 되었던 작품이다.

변시지 화백의 작품 '폭풍'

제11장 | 서귀포 역사문화 깃든 동녘길

담으려 치열하게 고민하며 작품 활동에 몰입한다. 제주도 초기시절의 그림이 황톳빛과 먹선으로 제주의 색을 찾는 과정을 보여준다면, 1990년대 이후의 그림에는 휘몰아치는 바람이 두드러진다. 1991년 집중적으로 그린 검은색 연작인 거센 폭풍 한가운데서 날갯짓하는 까마귀, 반면 후반의 그림에선 작가 특유의 황톳빛과 선이 더욱 밝고 온화해진 것을 볼 수 있다. 작가는 생전에 "현대 문명에 밀려 사라져 가는 제주의 원형을 찾아 헤매고 다녔다."고 회고한 바 있다. 특히 황토색은 작가가 40년 넘게 익숙한 모든 색과 기법을 버리고 찾은 제주의 색과 빛이었다.

　소년과 지팡이를 짚은 사람, 조랑말, 까마귀와 해, 돛단배와 파도 휘몰아치는 바닷가, 초가집과 소나무 등이 변시지 화백이 자주 찾던 주제들이다. 특히 격랑 이는 가운데 점처럼 그려진 돛단배 한 척은 거의 모든 작품 속에 등장한다. 거친 물살에 위태롭게 흔들리지만 침몰하지 않고 꼿꼿하게 어디론가 향해하는 모습이다. 서양화가 안진화는 박사논문인 「변시지의 회화세계」에서 서양의 기법에서 시작해 오랜 실험과 탐색을 거친 후 동양의 정신과 기법을 수용한 결과물들이라며, 그의 그림은 단순히 풍경화가 아니라 동양의 문인화 정신을 반영한 한 편의 시라고 평가하기도 했다.

　변시지의 모든 작품에서 압도적인 존재감은 바람이다. 바람을 맞으며 온몸을 구부린 채 서 있는 사람, 지붕이 날아갈 듯한 소박한 초가, 흐린 수평선 멀리 떠나간 돛단배는 마치 운명에 맞선 개인을 넘어 수난의 역사를 딛고 살아가는 탐라선인을 상징하듯 일렁이는 바다와 하나로 그려진다. 미술평론가들은 고향을 잃어버린 현대인의 실존을 애잔하고 비극적으로 표현한 것이라 했고, 변시지 개인이 창조한 세계라기보다는 제주도라는 풍토가 창조해낸 세계로, 그만큼 순수하고 자생적이라고도 평한다. 변시지 화백이 제주에서 보낸 시간은 예술적 정체성을 찾아가는 여정이라 할 것이다.

서귀포관광극장 노천무대와 서귀본향당
• • •

정방동 주민센터와 이중섭공원 주변을 둘러보고 언덕을 조금 오르면 현무암 노천무대가 있는 옛 서귀포관광극장 안 노천 무대를 만날 수 있다. 3층으로 층층이 현무암으로 쌓은 노천무대에는 오랜 세월을 거치며 낀 이끼와 담쟁이도 장식품처럼 달려 있다. 이러한 노천무대가 그야말로 노인성이 어른거리는 장수 하늘을 담고 있다는 생각이 들 정도이다. 이곳에서 국제관악제가 열리기도 한다. 그리고 노천무대를 나와 조금 더 오르면 아주 자그미한 골목이 나타난다. 아이 하나 업고 아이 하나 데리고 바닷게를 잡으러 가는 엄마를 묘사한 그림과 조각들이 새겨져 있는 골목 풍경이 앙증맞다. 이중섭의 작품을 골목에 형상화하였나 보다. 골목 끝에 다다르니 서귀 본향당이란 푯말이 보인다. 서귀본향당의 당신堂神의 이름은 보롬웃도(또는 바람웃또)이다.

하늘 홍토나라의 대감집 아들인 보롬웃도가 삼신산을 보기 위해 지상으로 내려온 곳은 지금의 내몽고 지방이었다. 내몽고를 유람한 후 중국으로 여행을 간 보름웃도는 어느 대신의 집에 유숙하러 들어갔다가, 그의 딸을 보고 한눈에 반했다. 대신에게 딸과의 결혼을 청하는데, 대신은 바둑을 두고 이기면 청을 들어준다 했다. 대신과의 내기 바둑을 이겨서 딸과 혼인을 하게 되는데, 첫날밤 신방에 들어가 신부의 너울을 걷어보니 얼굴에 곰보가 있는 추녀였다. 작은딸을 보고 청혼했는데, 큰딸인 고산국을 맞게 된 것이다. 그래도 첫날밤을 치러야 했다. 이후 보름웃도는 처제인 지산국과 서찰을 주고받더니 눈이 맞아 삼신산이 있는 제주도로 도망쳤다. 고산국은 얼굴은 못생겼지만 똑똑하고 무예에 능한 여장부였다. 제주도로 도망친 것을 알게 된 고산국은 남장을 하고 무쇠 활과 화살을 들고 칼을 차고 뒤쫓아 왔다. 고산국은 보름웃도와 동생이 보이기만 하면 바로 사생결단을 내려고 했지만, 막상 얼굴을 보니 그것도 못 할 노릇이었다. 자매가 고향에 돌아가면 남부끄러운 일이니 여기서 살되 고산국은 동생에게 아버지 성을 쓰지 말고 어머니 성을 쓰면 살려준다고 했다. 그 후 동생은 어머니 성을 따라 지씨가 돼 지산국이라고 불리게 됐다.

그리고 고산국은 서홍마을을, 지산국은 동홍마을을, 보름웃도는 서귀 아랫마을을 차지하게 됐다. 이때부터 세 지역의 땅과 물을 가르게 되었는데, 동홍과 서홍 마을 간에는 혼인은 물론 밭을 매매할 수가 없게 됐다. 혼인을 금한 것은 같은 부부의 자식이기 때문이고 밭 매매를 금한 것은 사이가 나쁘기 때문이란다. 특히 서귀본향당에 다니는 사람들은 닭이 울어 천지를 개벽했기 때문에 제를 지내는 날에는 닭고기를 먹지 않

옛 서귀포관광극장 노천무대

는다는 이야기가 내려온다.

　일제강점기에는 민족종교 말살정책의 일환으로 서귀본향당 신낭^{神木} 위에 일본 신사를 세웠으며, 해방 후 제3공화국 때는 미신 타파라는 명목으로 서귀본향당이 헐릴 위기에 직면했지만 화를 면할 수가 있었다. 이곳을 찾는 단골들은 서귀본향당이 화를 피할 수 있었던 것은 이곳 본향당의 기운 덕이라 전한다.

서귀본향당으로 가는 골목 풍경
한 손으로는 한 아이를 업고 다른 한 손으로는 다른 한 아이의 손을 잡고서 바닷게를 잡으러 가는 엄마를 묘사한 그림이다.

제11장 | 서귀포 역사문화 깃든 동녘길 451

질토래비

제주
역사문화의
길을 열다

12장

서귀포 역사문화 깃든 서녘길

서귀포 역사문화 깃든 길
서귀포 역사문화 깃든 서녘길

비경과 비사가 많은 서귀포를 둘러보기 위해 서귀진성을 중심으로 한 동녘길 탐방에 이어, 서귀진성 서쪽 지역의 서녘길을 다음과 같이 소개한다.

서귀포 지명에 깃든 역사문화

아름답고 다양한 경관들을 품은 서귀포는 전국민의 사랑을 받는 관광지이다. 거기에 더하여 서귀포 지명의 유래 또한 안다면, 아는 만큼 서귀포를 더 들여다볼 수 있을 것이다.

다음은 이익태 목사가 1696년 제주를 순력하여 쓴 『지영록知瀛錄』(김익수 역, 제주문화원, 1997)에서 빌려온 글이다.

의귀촌사^{衣貴村舍}에서 말을 먹였다. 거리는 35리이고, 촌마을은 40여 호이다. 상하쇠돈^{上下牛屯}을 지나 홍로천(洪爐川: 홍로천은 서홍리 소재 선반내를 가리키나 여기에서는 동홍천으로 여겨짐)을 건넜다. 이곳에 도착하니 생수^{生水}가 솟고 있었다. 홍로는 면의 이름이고, 한라산 정남^{正南} 방향의 산기슭에 있으며 땅이 비옥하고 샘물이 달아, 비록 한 겨울이라 하더라도 항상 봄처럼 따뜻하다. 해 저무는데 서귀소^{西歸所}에 도착했다. 성^{城}은 해변에 임해 있는데 바로 요해처^{要害處}에 해당된다. 정방과 천지 두 연폭^{淵瀑}이 그 좌우에 있고, 여러 마장^{馬場} 안에는 기승^{奇勝}이 볼만했다.

당시에도 정방폭포와 천지연폭포가 서귀포를 대표하는 명승지로 기승이었던 셈이다. 지금의 정모시로 여겨지는 곳에서 솟구쳐 나오는 생수는 나그네의 갈증을 달래기에 충분하고, 겨울인데도 기후 또한 온화했던 모양이다. 위의 『지영록』보다 40여 년 전에 편찬된 이원진 목사의 『탐라지』(1653)에는 "서귀포(서귓개)는 정의현 서쪽 70리에 있다. 서귀포는 원나라에 조공할 때 순풍을 기다리던 곳이다(西歸浦在顯七十里朝元時候風處)."라 쓰여 있다. 1940년대 가수 남인수의 노래 제목이기도 한 '서귀포 칠십리'는 몽골이 탐라를 지배하던 시기에 원나라로 진상하는 물건을 실어 나르기 위해 이용하였던 길이었다. 정의현에서 서귀포 포구까지의 70리 거리인 이 길은 근대까지 이용됐던 한질^{大路}이다.

중국인들을 비롯한 여러 나라의 사람들도 오래전부터 제주도의 아름다움을 알고 바다를 건너며 탐라(제주)와 왕래했다. 진시황이 보낸 서복

(불) 일행이 거쳐 간 데서 유래한 말이 서귀포라고는 하지 않는가! 서귀포 하면 빼놓을 수 없는 전설상의 인물이 바로 서복이다. 서복은 삼신산의 하나인 영주산에서 불로초라 여긴 영지버섯 등을 구한 후 정방폭포 암벽에 서불과지^{徐市過之} 즉 '서불(복)이 이곳을 지나가다'라는 글자를 새겨 놓고 서쪽으로 돌아갔다 전한다. 서귀포^{西歸浦}라는 지명도 서복이 돌아간 포구라고 불리다가, 서쪽으로 돌아간 포구로 불렸다고 전해진다. 조선 말 제주학자인 김석익이 편찬한 『파한록』에 의하면, 1877(고종 14) 제주목사 백낙연이 사불과지 전설을 듣고 정방폭포 절벽에 긴 밧줄을 타고 내려 글자를 탁본했다. 글자는 12자인데 글자 획이 올챙이처럼 머리는 굵고 끝이 가는 중국의 고대문자인 과두문자^{蝌蚪文字}여서 해독할 수가 없었다고 전한다.

서복 일행이 제주에 도착한 곳은 지금의 조천포구로, 옛날 지명은 금당포^{金塘浦}이다. 서복은 이곳에서 아침에 떠오르는 해를 보고 영주산에 무사히 도착하게 도와주신 천신에게 감사하는 제사를 드리고, 조천^{朝天}이라는 글자를 바위에 새기기도 했다 한다. 조천이라 새긴 바위는 고려시대 조천관을 건립하면서 매몰된 것으로 전해진다.

경남 남해 상주면 양아리 금산 거북바위에는 가로 1m 세로 50㎝ 크기로 서불과차^{徐市過此} 즉 '서불이 이곳을 지나가다.'라는 의미의 그림문자가 새겨져 있다고 한다. 이 석각은 진시황의 명령을 받은 서복이 불로장생약을 구하기 위해 남해를 다녀가면서 새긴 것이라 전한다. 석각은 1974년 경상남도기념물로 지정됐다. 서복이 삼신산 중 하나인 봉래산인 금강

서귀포 칠십리 유래 조형물

서귀포 칠십리 유래 비석

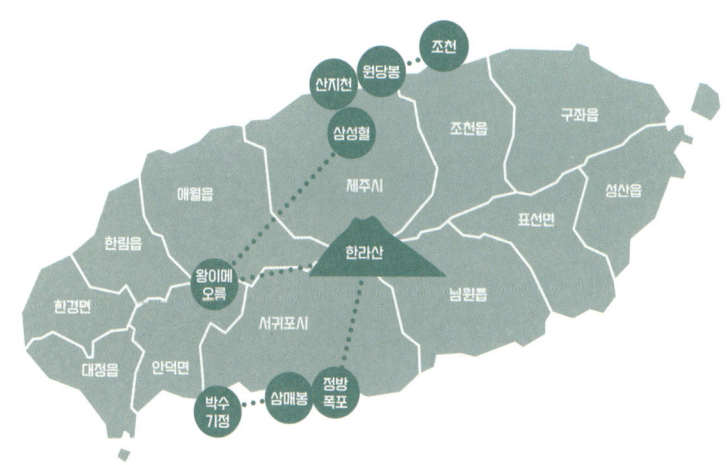

서복이 제주에 남긴 발자취

제12장 | 서귀포 역사문화 깃든 서녘길

산과 지리산 방장산을 찾아갔던 흔적으로 보인다. 눈여겨볼 것은 경남에서는 서복과 관련된 지역을 지방기념물로 지정 보호하고 있다는 점이다.

'서복 일행이 동쪽으로 건너갔다'라는 서복동도^{徐福東渡}의 역사적 배경은 신선사상의 유행에 있었다. 중국의 신선사상은 불로장생하는 신선의 존재를 믿고 그 경지에 오르기를 바라는 사상이다. 신선사상의 불로장생술은 도가의 노자, 장자 사상과 음양오행설, 불교, 유교, 무격신앙 등에서 형성되었다 전해진다. 신선사상은 형해소화^{形解所化} 즉 형태를 벗고 귀신과 같은 일을 할 수 있는 신이 된다는 데에서 연유된 기복사상이다. 중국의『사기·봉선서』에는 제나라의 위왕과 선왕 그리고 연나라의 소왕이 신선과 불로장생약이 있다는 봉래, 방장, 영주의 삼신산을 찾았다는 기록이 남아있다고 한다. 진시황과 서복 그리고 제주와 관련된 내용은『진시황의 사자 서복, 역사인가 전설인가』(김하종, 문현, 2021)를 참고할 만하다.

구석기 선사인이 살았던 천지연 생수궤
• • •

빼어난 절경인 천지연은 제주를 찾는 많은 이들의 사랑을 받는 관광지이다. 천지연은 바다가 육지의 내부로 들어간 곳에 위치하고 있다. 바다의 작은 만이 끝나는 지점에는 기암절벽이 형성되어 있다. 내해가 발달해 바람의 영향을 막아줘 배가 접안하기 좋은 입지조건이다. 또한 외부

천지연 생수궤

의 침입을 막아주고 바다가 제공하는 먹거리도 풍부해 사람이 살기에도 좋은 천혜의 지형이다. 게다가 자그마한 천연동굴이 있고 주변에는 음용할 용천수가 있다. 서귀동 795번지인 이 지역에는 지금도 용천수가 흐르고 있는데, 이 용천수의 이름이 생수궤이다. 다음은 이곳 한 구석에 세워진 안내판의 내용이다.

> 천지연 생수궤는 천지연 하천의 하구에 형성되어 있는 너비 270cm, 높이 600cm의 바위 그늘 집으로서 제주어로는 '궤'라고 한다. 이 유적은 영남대학교 정영화 교수가 문화인류학과 학생들과 함께 졸업 답사를 위해 제주도에서 지표조사를 하던 중 당시 이곳에서 전형적인 긁개 1개, 돌날 3개, 박편 2개, 작은 박편에 만들어진 홈날석기 1개 등 모두 7점의 유물을 찾아내어 발표함으로써 공개되었다. 이 유물은 기원전 2만 5000년 전, 제주도가 한반도와 연결되었던 연륙 시기의 유물로 추정되고 있으며, 서귀포시의 구석기 문화를 유추할 수 있는 문화유산으로서의 가치가 매우 커 서귀포시 지정 향토유산으로 (2005년 3월 16일) 지정했다.

천지연 생수궤를 찾아가면 그곳이 선사인들이 거주하기에 적합한 곳이구나 하고 여기게 될 것이다. 식수와 해산물을 구할 수 있고 적의 침입을 조망할 수 있는 이곳은 거주하기에 알맞은 곳임을 선사인들도 간파할 수 있었을 것이다. 하지만 이곳에 살았던 선사인들은 다가오는 빙하기를 거치며 멸종되었다 한다. 현존하는 우리의 조상은 다음의 간빙기를 거치며 대륙에서 내려온 신석기인으로 알려져 있다.

『남천록』에 등장하는 서귀포 명소

• • •

호가 팔오헌(八吾軒)인 김성구는 숙종 시 파란만장한 정국 속에서 사헌부 장령에서 좌천되어 1679년 정의현감으로 부임하였다. 『팔오헌선생문집』에서 제주와 연관된 기록이 『남천록』이다. 『남천록』에는 경작지 확보를 위해 개간을 권장한 일, 귤과 말을 공진한 일, 백록담에서 기우제의 제관으로 참여한 일, 서귀포에 나타난 외국의 배를 경계한 일, 배우러 찾아온 향리 자제를 가르친 일 등이 기록되어 있다. 기우제를 지내기 위해 백록담에 오르던 중 영실을 지나서 백록담 남쪽 기슭을 외구불음(外求佛音: 밖에서 부처님의 소리가 들림)이라 적었는데, 이는 현재의 선작지왓이다. 다음은 『남천록』에 등장하는 정방연과 천지연에 대한 기록이다.

천지연을 보기 위해 찾아갔다. 흐르는 시냇물이 한라산에서 발원하여 수십 리를 지나온 물줄기가 곧바로 천지연에 쏟아진다. 대낮에 우레와 같은 소리가 울려오고 물보라를 일으켜 사람에게 쏟아지니 가까이 갈 수 없었다. 깊이를 알지 못하는 못을 몸이 떨려 굽어볼 수가 없었다. 양쪽 언덕은 푸른 절벽이 깎은 듯이 솟아 있고, 동쪽 언덕에는 대나무 지주 대에 매달아 과녁을 세웠으나 사람이 발을 붙여 오갈 곳이 없었다. 물었더니 곧 구경하러 찾아온 사람이 말하길, 과녁에 활을 쏘기 위해 동쪽과 서쪽 양 절벽에 줄을 묶어 놓고 인형을 만들어 화살을 주워 그 인형에게 지우면 줄을 잡아당겨서 오간다고 하였다.

이어 정방연으로 갔다. 흐르는 물이 매우 얕아서 천지연의 뛰어난 장엄함에는 미치지 못했다. 깊은 못은 없었지만 찾아와 즐기기엔 더없이 좋았다. 점심은 의귀원에서 먹었고 달빛을 받으며 현청으로 돌아왔다. 정의현 관아에서 의귀원까지는 30리가 되며 의귀원에서 서귀진까지는 40리가 된다. 그러나 길이 모두 바다와 나란히 있어 험한 곳은 없다. 70리 길을 걷는 동안 의귀와 쇠둔(효돈) 두 마을을 제외하면 사람이 사는 곳이 전혀 없었다. 누런 띠가 끝없이 펼쳐졌다. 북쪽으로는 한라산이 하늘을 이었고 남쪽으로는 커다란 바다가 하늘에 접하여 있었다. 때로는 말과 소들이 떼를 지어 있는 것을 보았는데, 혹 수백 마리의 떼가 물과 풀이 무성하게 자란 곳을 가려 오가며 먹고 마시는 것이 마치 구름 같은 비단을 모았다가 펴는 듯하였다.

수많은 목사와 현감이 제주 도처를 순력하며 다녀갔지만, 그들 모두가 제주에 관한 글을 남긴 것은 아니다. 이런 이유로 위에서 소개한 『지영록』의 이익태 목사, 『탐라지』의 이원진 목사, 『남천록』의 김성구 현감 등이 남긴 정의현에 관한 기록은 더욱 소중하다 할 것이다. 특히 김성구 현감은 서귀포항의 바람을 막아주는 새섬을 방문하여 초도(草島: 새섬)라는 기록을 처음으로 남겼으며, 또한 새섬을 진절승처眞絶勝處 즉 진실로 경치가 매우 뛰어난 곳이라 평하기도 했다.

천지연 입구를 지키는 돌하르방

∙∙∙

천지연 입구에 있는 돌하르방 군락이 유난히 눈에 띈다. 돌하르방에 대한 안내판도 설치돼 있다. 안내판에는 돌하르방이 지방문화재 민속자료로 지정된 점은 적혀 있으나, 돌하르방이 이곳에 무리지어 세워진 이유는 생략됐다. 게다가 이곳에는 지방문화재로 지정된 돌하르방은 하나도 없다. 아마도 제주도 지방문화재로 지정된 48기 중 45기의 돌하르방을 상징하려 군락으로 세운 듯하다. 다음은 이곳에 설치된 돌하르방에 대한 설명이다. 다만 관광지 안내판의 내용은 관광객들에게 사실로 인식되는 만큼, 전문가를 통해 다음 안내판에 실려 있는 내용에 대한 수정이 필요할 것으로 보인다.

제주도 방언으로 돌하르방이라는 뜻으로 (마을 입구가 아닌) 성문 입구에 세워져서 수호신을 해왔다. 한라산 일대에 흔한 용암석으로 만든 돌하르방은 용암석 특유의 다공질^{多孔質}의 재질을 잘 살려 입체감을 더하고 두 주먹을 불끈 쥐고 쏘아보는 듯한 야무진 눈망울로 마을에 침입하는 잡귀나 잡인을 쫓아내었다. 벙거지를 꾹 눌러쓴 불룩한 뺨 옆에는 길쭉한 귀가 달려 있고 두 손으로는 가슴을 부여잡고 있다. 험상한 얼굴에 미소마저 듬뿍 담고 있어 보는 사람들에게 퍽 익살스러운 인상을 주기도 한다. 돌하르방의 명칭은 지역에 따라 약간씩 달라 제주 시내에서는 우석목^{偶石木}, 보성리(保城里: 옛 대정)에서는 무석목, 성읍^{城邑}에서는 백하르방 이라고도 일컬었다. 또한 한학자 간에는 옹중, 옹중석^{翁仲石}, 돌부처, 미륵이라고도 불렸다. 돌하르방의 기원을 몽골풍에서 찾는 주장도 있다. 제주도 민속자료(제2호)로 지정·보호되고 있다.

서귀포시는 1915년 정방동으로의 면사무소 이전과 1920년대에 서귀포 항구 주변에 지어진 고래공장 준공을 계기로 하여 발전된 도시이다. 제주시가 천년의 구도시라면 서귀포는 백년의 신도시이다. 돌하르방은 그보다 훨씬 이전인 1754년 제주목·정의현·대정현 3읍의 성문들을 지키는 파수꾼으로 세워졌다. 돌하르방에 대한 자세한 역사적 내용은 본서 제1부인 '동성·돌하르방 길'과 제2부인 '탐라·고을·병담 길'의 내용을 참고하길 권한다.

돌하르방 군락을 지나 아름답고 신비한 계곡으로 들어선 나그네는 이곳이 곧 무릉도원인가 하고 넋을 놓기도 한다. 저 멀리 물소리 폭포소리 들리고 계곡 양안에 우거진 상록활엽수에 가린 하늘이 저만치 가물거린다. 맞닿은 하늘과 땅이 갈라지기 전에 조성된 못이라는 의미를 담고 있는 천지연폭포가 거기에 있었다.

천지연 입구 돌하르방 안내판

천지연폭포와 난대림지대 그리고 무태장어

• • •

천지연 계곡의 절벽은 화산활동으로 인해 생성된 조면안산암으로 구성돼 있다. 천연기념물로 지정된 담팔수의 자생지이자 특정 야생동식물로 지정된 솔잎란과 백량금 등 희귀식물이 분포하고 있는 천지연 계곡은 계곡 전체가 천연기념물로 보호되고 있다. 천지연 계곡의 양안에는 주로 구실잣밤나무, 담팔수와 종가시나무, 산유자나무와 푸조나무 등의 상록활엽수림이 우거져 있다. 또한 동백나무, 백량금, 산호수 등의 난대식물이 계곡 도처에 숲을 이루고 있다. 이곳 암벽에서 자라고 있는 솔잎란은 뿌리와 잎이 없고 줄기만 있는, 식물 중에서는 가장 원시적인 식물이라 한다. 멸종 위기의 희귀식물로서 본도의 천지연과 천제연 등 기후가 따뜻한 지역의 암벽에서만 자란다고 전해지며, 주로 열대지방에 많이 분포한단다.

천지연폭포의 명물로 '이보다 더 이상 큰 장어가 없다'는 뜻을 지닌 무태(無太)장어는 바다와 민물을 오가는 독특한 물고기이다. 2m의 크기에 이를 정도로 자라며, 천지연 또는 천제연 폭포에서 지내다 동남아시아 부근의 바다로 나가서 알을 낳는다. 알에서 태어난 새끼들은 해류를 따라 다시 천지연 또는 천제연 폭포로 돌아온다. 유감스러운 것은 양식이 가능하다는 이유로 이러한 무태장어가 천연기념물에서 해제됐다는 점이다. 그래서인지 제주의 여느 음식점에서도 무태장어 요리가 가능하단다. 천지연 진입로 동쪽 담벼락에 새겨진 기다란 장어 모습은 바로 천지연

새연교와 새섬 전망대 주변 풍경

천지연폭포 전경

명물인 무태장어를 상징하고 있는 듯하다.

서귀진성 사장터를 둘러보고 남성모루에 오르다
• • •

이미 앞서 살펴보았듯이 서귀포항과 천지연폭포 사이에 있는 넓은 주차장 광장은 예전에는 논밭과 사장^{射場}이었다. 서귀진성은 제주도에 있는 왜구 방어를 위해 쌓은 9진 중 가장 먼저 구축되었지만, 규모가 가장 작은 진성 중 하나이다. 이렇게 비좁은 진성 안에서 군사훈련을 하기보다는 이웃에 있는 자연환경을 이용하여 훈련을 했던 현장이 곧 서귀신성 주변이다. 진성의 위쪽에 위치한 동네인 솔동산 역시 화살을 날리며 왜적 방어를 위한 훈련을 했던 역사를 반영하여 솔동산 입구에는 커다란 화살 모형을 형상화하였다. 이곳은 소나무가 우거지기 이전에는 병사들이 화살을 날리던 사장이었다.

『탐라순력도』의 41그림 중 하나인 '천연사후'에서 추인(인형)을 향해서 화살 쏘는 장면에서 보듯, 이곳 주변은 군사들이 훈련하는 최적의 환경이었을 것이다. 또한 이곳에는 서홍동을 가로질러 흘러내리는 선반내에서 발원해 천지연을 넘치게 한 물을 이용해 논밭을 일구었던 현장이기도 하다.

또한 이곳 천지연 광장 서쪽 구석에는 숨겨진 길이 비경처럼 숨어 있다. 오래전부터 조성된 이웃 마을인 남성리로 가는 샛길이다. 장수의 별

솔동산 입구에 세워진 화살모형

서귀진성 사장터였던 천지연 버스정류소와
남성모르로 가는 계단 입구

인 노인성을 볼 수 있는 마을의 의미를 담고 있는 남성리南星里로 가는 높은 고갯길을 남성모루라 한다. 숨어 있는 소롯길 위로 조성된 나무데크 계단을 오르면 이내 나타나는 정상에는 우리의 눈을 호강시켜 주기에 충분한 '새섬전망대와 칠십리공원'이 최근 조성되어 있다. 이곳 전망대에 오르면 서귀포 미항을 관조하는 즐거움과 한라영봉을 올려다보는 희열을 덤으로 갖게 될 것이다. 게다가 조금은 발품을 팔고서라도 남성대가 있는 삼매봉을 오르기를 강권하고 싶다. 삼매봉에 오르면 보이는 곳이 하논분화구이기 때문이다. 덤에 덤을 더하여 받는 기분이란 이런 지경을 두고 하는 말일 것이다. 하논분화구! 보기만 하여도 마음 설레는 곳이다. 진정 설레는 마음을 억누르지 못한다면 하논분화구까지 걸어보시라. 그곳에 깃든 역사문화를 알려 과거로 떠나기도, 하논분화구의 복원을 그려보는 미래로의 여행도 즐기게 될 것이기에.

하논과 삼매봉에 깃든 역사문화를 찾아서

• • •

　35만여 평이 넘는 하논은 광활한 가마솥과 같은 커다란 화구가 칼데라호로 이중 분화구이다. 게다가 평지보다 낮은 마르형 분화구이다. 이곳의 지질을 시추했던 전문가들은 5만 년 전부터 최근까지의 여러 지층을 발견했다고 한다. 마라도 면적(30만 ㎡)의 3배가 넘는 하논분화구는, 5만 년 전의 기후와 식생을 간직한 생태계 타임캡슐로 불릴 정도로 자연 생태계의 보고이기도 하다. 오랜 세월을 거치며 쌓인 습지의 퇴적물이 바로 타임캡슐인 셈이다.

　한논(大畓) 즉 커다란 논밭의 의미를 담은 하논은 또한, 지질의 타임캡슐처럼 제주의 다양한 역사문화가 묻힌 곳이기도 하다. 2021년은 제주에서 자주 회자되는 신축봉기가 일어난 지 120주년이 되는 해다. 민란의 진원지 중 한 곳으로 알려진 하논성당(서홍동 1003번지 일대)을 소개하는 것은, 제주의 수많은 봉기(민란·항쟁) 중 하나인 신축봉기(이채수의 난)를 공유하기 위함이기도 하다.

　하논분화구를 찾아가는 길 중 가장 선호하는 길은 서쪽에 숨어 있는 경사로를 따라가는 길이다. 하논 입구 주차장을 나서면 서쪽 등성이에 위치한 봉림사라는 사찰이 우선 눈에 들어온다. 그리고 주차장 한편에는 하논분화구를 알리는 안내판과 함께 있는 잃어버린 마을 표석이 또한 눈길을 끈다. 그곳에는 하논의 다양하고 슬픈 역사문화가 쓰여 있었다.

잃어버린 마을 하논

서귀면 호근리에 속한 하논마을은 16여 호 100여 명의 주민들이 농사와 축산에 종사하며 살아가던 자연마을이었다. 1948년 11월 19일 무장대의 습격으로 주민 1명이 사망하고 소개령이 내려진 이후 경찰토벌대에 의해 마을이 소각되어 오랜 역사를 지닌 하논마을은 사라지게 되었다. 이 비극의 와중에 살아남은 주민들은 인근의 남성리·호근리·서귀리 등지에 소개되어 정착생활을 하면서 하논마을은 재건될 수 없었다. 또한, 1960년대 이후에는 대부분의 토지가 감귤과수원으로 변해버림으로써 하논마을은 사람들의 기억에서 사라지고, 주민들은 소개지에서 생활하면서도 도피자 가족으로 몰려 곤욕을 치르기도 했다. 현재 하논마을 옛터에는 4·3사건으로 전소되었던 봉림사가 복원되어 있으며 주민들의 삶의 흔적인 올레와 대나무 숲, 팽나무 등과 서귀포 지역 천주교 선교의 산실이었던 하논성당의 옛터가 남아있어 4·3으로 사라져 버린 마을의 비극을 묵묵히 전하고 있다. 다시는 이 땅에 4·3과 같은 아픈 역사가 되풀이되지 않기를 간절히 기원하면서 이 표석을 세운다.

하논 4·3 표지석

4·3 표지석 곁으로 난 자그마한 골목길을 따라 내려가니 이내 하논성당 유허지가 나타난다. 그곳(호근동 194번지)은 산남지역 최초의 성당인 하논성당이 1900년 설립되었던 사적지이다. 하지만 1901년 일어난 신축민란으로 성당은 전소되어 1902년 서홍동으로 이전되었다가, 1937년 현재의 서귀포성당으로 이전된다. 하논성당 터에 황사평 묘역(제주시 화북)에 세운 것과 같은 모형의 '화해의 탑'과 함께 다음의 내용도 새겨져 있다.

> 이곳 하논 본당은 신축교안 전후 제주도민과의 충돌의 소용돌이에 있던 소중한 역사적 장소입니다. 신축교안 120주년을 맞아 다시금 과거 제주의 역사 안에서 발생한 일에 대한 우리의 성찰과 서로 간의 참된 화해와 상생의 마음을 기억하며 '화해의 탑'을 여기에 세웁니다. - 천주교 제주교구 신축항쟁 120주년 기념사업회

'화해의 탑'이란 제목이 보여주듯 위의 글은 매우 조심스러워 보인다. 봉기(민란·항쟁·교안)의 원인 제공은 하였지만, 그로 인한 수많은 신도들이 목숨을 잃은 슬픈 역사를 다시는 되풀이하지 말아야 함에 초점을 둔 그러한 문장이라 여겨진다. 이즈음에서 신축교안·신축항쟁 등 여러 이름으로 불리는 '이재수 난'에 대하여 약술하고자 한다.

하논성당터

제12장 | 서귀포 역사문화 깃든 서녘길

하논성당과 신축봉기(교안·항쟁) 관련 인물들

　1901년 일어난 신축봉기는 상무사원^{商務社員}과 천주교도 간의 충돌로 발생한 사건이다. 상무사는 1901년 4월 채구석·오대현·강우백 등이 대정 군민들과 함께 일본인들의 어장침투, 경래관들의 탐학, 봉세관의 남세^{濫稅}와 일부 천주교도의 적폐로부터 스스로를 지키기 위하여 설립한 단체였다. 상무사의 지도자이며 당시 대정군수였던 채구석은 난이 진압되는 동안 관민 측과 목사 사이를 오가며 유혈충돌과 난의 확산을 막고, 또 프랑스 신부 보호 등에 진력하였다. 봉세관인 강봉헌의 무고로 그는 억류되어 조사를 받고, 혐의가 없는 것으로 밝혀졌지만 군수직에서 파면되고 그 뒤 3년간 금고생활을 하였다.

　가혹한 세금 때문에 일어난 방성칠의 난(1898)을 진압하지 못했다는 죄로 3년 전에도 대정군수 직에서 면직되었던 채구석은 1899년 재차 대정군수로 부임하였다. 그러나 다시 이재수의 난(1901)이 일어나 민군과 천주교 사이에서 거중조정^{居中調停} 역할을 하지만, 또다시 파직당하는 비운을 겪어야 했다. 결국 민란 주동자였던 이재수·오대현·강우백은 교수형에, 도민의 원성을 샀던 봉세관 강봉헌은 사형이 구형되나 도망치고, 채구석은 금고형에 처해졌다. 이후 채구석의 석방을 위해 제주도민들이 청원하고, 당시 제주목사인 홍종우(조선인 최초의 프랑스 유학자)도 프랑스인 라크루(Marcel Lacrouts. 한국명 구마슬) 신부에게 요청함으로써 배상금을 책임지는 조건으로 1903년 석방되었다. 한편 채구석의 아들 채몽인은

474

현재의 애경유지를 창업하여 대기업으로 육성시켰으며, 채몽인의 아들 채형석은 제주항공을 제주도와 합작으로 창업하기도 했다.

하논을 떠올리면 생각나는 사람들이 적지 않다. 그중에는 프랑스에서 온 타케(Emile Joseph Taquet. 한국명 엄택기) 신부와 포오리(Urbain Jian Faurie. 한국명 방소동) 신부도 떠오른다. 신축봉기 1년 후 이곳에 온 타케 신부는 식물학자로도 널리 알려진 인물이다. 그는 제주에서 신부로 13년 재직하면서 본당을 홍로로 이전하였으며, 일본에서 온주 밀감 13그루를 도입하여 하논 서북쪽 과수원에 심어 감귤 산업화에도 기여하였다. 특히 왕벚나무 자생지를 최초로 발견하고, 한라산 구상나무 등 수많은 나무와 식물을 채집하고 분류하는 등 제주를 알리는 데 기여한 인물이다.

타케 신부는 일본을 거쳐 1907년 제주에 온 포오리 신부와 함께 제주도 약용식물의 채집 연구에도 공헌하였다. 그들은 한국의 약용식물 연구로는 최초의 연구자이자 선구자로도 알려져 있다. 타케로 명명한 제주 식물이 26종이고, 포오리가 9종이다. 타케 신부와 포오리 신부는 틈틈이 식물 채집을 하고 표본을 유럽으로 보냈다. 특히 1908년 관음사 부근에서 채취한 벚꽃 나무 일부를 유럽으로 보냈었는데, 이 벚나무는 당시 베를린 대학 식물학의 대가인 케네 교수에 의해 일본 에도에 있는 요시노사쿠라의 한 품종으로 밝혀지기도 했다. 이로 인해 벚나무는 한국에서 일본으로 전해졌음이 국제적으로 인정받는 계기가 되었다 한다. 한편

1939년 일본의 저명한 식물학자 오수미(小泉源一)도 가장 아름다운 품종인 요시노사쿠라의 원산지가 제주도임을 인정했다. 즉 제주도의 벚나무가 일본으로 건너가 일본 국화로 지정된 것임을 밝힌 것이다.

최근 국립수목원 발표에 의하면 제주산 왕벚나무와 일본 왕벚나무는 서로 다른 별개의 종(種)이라 한다.

하논분화구 복원을 그리며

하논에서 감귤과원을 경영하는 친구의 안내를 받으며 일행들과 다시 하논을 답사하였다. 하논을 걷는다는 것 자체가 과거로의 여행이고 미래로의 유혹이었다. 이 일대 과수원 주변에는 물길 따라 미나리가 곳곳에서 파릇파릇 자라고 있었고, 벼를 수확한 넓은 논에는 가끔 왜가리와 백로도 날갯짓도 하고 있었다. 타게 신부가 일본의 지인으로부터 얻어온 13그루의 감귤 묘목을 심었다는 오래된 과수원과 일제강점기에 이곳에서 시작되었다는 근대 감귤과원의 돌담들이 예사롭지가 않다. 최근 쌓은 돌담이 아님을 직감으로 알 수 있을 만큼 오래된 돌담이 층층이 이어지고 있었다. 이곳에는 일인(日人)들이 경영하는 감귤과원이 먼저 자리 잡았었다. 일제의 패망으로 그들이 남긴 이곳의 감귤과원은 대개 그들과 함께 과원을 가꾸던 이들이 여러 유형으로 물려받았다고 전해온다.

하논 서쪽 입구에서 출발한 답사팀은 동북쪽 전망대에서 하논을 내

하논분화구 전경

려다보고 있었다. 그때 한 청년이 떼 지어 가는 답사 일행에게 어디서 왔냐고 묻기에, 그냥 '질토래비 여행'이라 말했다. 그는 반갑게도 질토래비를 잘 안다고 했다. 뭐 하는 분이냐고 물었더니, 하논분화구 안내센터에서 일한다고 했다. 다음은 그가 주문한 말이다. "(사)질토래비가 널리 알려지고 있는데 하논 복원에도 앞장서 달라."라고. 우리 모두가 나서야 할 일을 말한 그에게서 왠지 모를 동료의식이 들기도 했다.

2023년 3월, 한국하천협회 전문 인사들과 함께 다시 하논을 찾았다. 이번에는 서쪽이 아닌 동쪽에서부터 탐사하였다. 동행한 한 인사는 동쪽에 흙으로 쌓은 하논 수문과 제방을 근내화 과정에서 무너뜨려 도로를 만들었다고도 했다. 또한, 수문 흔적이 남아 있었다는 기록도 보인다. 1653년 이원진 목사 때 편찬된 탐라지에는 '세매양오름(삼매봉)에 물망소가 있다. 나중에 동쪽 가장자리를 뚫어 물을 내어 논을 만들었다.'라는 기록이 있다. 물망소는 하논의 북동쪽에 위치한 용천을 지칭하는 말인데, 용출하는 물의 양이 많아 가물어도 벼농사를 짓는 데 문제가 없다고 했다. 호수처럼 고인 물을 이용하여 논 농사를 지었다고 한다. 하논의 방대함에 저절로 고개가 끄덕여졌다. 그곳에는 '5만 년 생명정보가 담긴 지구의 보물 제주하논 마르분화구'라는 제목으로 다음의 글이 실려 있었다.

하논분화구는 지금으로부터 약 5만 년 전 제주도 일대의 지각변동 과정에서 강력한 수성화산의 폭발로 세계적으로 귀하고 아름다운 경관인 마르형 화구호수가 만들어졌다. 빙하기를 거치며 그 호수 바닥에는 지구생태계의 변천 과정에 관한 귀중한 정보가 축적되기 시작했다. 이곳에는 마르 퇴적층이 매년 한 층씩 1천년에 30-40센티가 쌓여왔고, 수만 년이 지난 후에도 그 상태가 상하지 않는 생태계 타임캡슐이 만들어져 보관되어 왔다. 마지막 빙하기 이후 세계적으로 지구온난화와 해수면 변동에 의해 기후는 현재보다 더 온난하고 습윤한 상태가 되면서 쇄설성^{碎屑性} 입자, 유기적 퇴적물 등이 호수 바닥에 쌓이며 수심이 얕은 지역은 습지를 이루었다.…

위의 내용에서 보듯 하논은 한반도 유일의 마르형 분화구와 퇴적층으로, 제주도의 오래전 기후와 미래의 기후를 분석하고 예측할 수 있는 중요한 장소이다. 직경이 약 1.2km로 한반도 최대의 분화구로 알려진 하논은 화산분출 과정에서 마그마가 지하수층과 만나 순간적으로 가장 강하게 분출된 화산이다. 또한 하논은 화산분출 뒤 지하 마그마방의 붕괴로 나타나는 칼데라 호로, 한반도 화산분화구 중에는 최대의 규모라 한다. 전체 면적이 1,266㎡이고 분화구 바닥면적은 216㎡인 하논분화구를 복원한다면 어떤 모습일까?

백두산 천지처럼 하논분화구에는 세계적으로 희귀하고 아름다운 경관인 호수가 있었다 한다. 표고 143m, 비고 90m, 분화구 직경 1km가 넘는 하논분화구는 지금 사유지로 변해 있다. 30만 평이 넘는 사유지를 공유화하여 하논분화구를 복원할 수 있는 날이 오길 기대해 본다. 우리의 후손 어쩌면 후손의 후손들이 이 일을 할 수 있으리라 믿어본다.

하논을 내려보고 남극노인성을 올려보는 삼매봉

　시립미술관인 기당미술관 남쪽으로 난 길을 따라가다 만나는 마을이 남성리이다. 남성마을은 수명을 관장하는 별로 알려진 남극노인성과 관련된 이름이다. 『탐라순력도』 41개의 화폭 중 제주양노·정의양노·대정양노의 그림은 당시 80세 이상 어르신들이 참여하는 노인잔치의 모습을 그린 것으로, 100세 이상 노인들도 그림 속에 등장한다. 선인들은 사람의 수명을 하늘이 정한다 하여 인명재천이라 하였다. 그런 염원을 담아 하늘의 별들에게 제사를 지내기도 했는데, 삼매봉 자락에 위치한 남성대南星臺도 그러한 제의가 깃들어 있는 곳 중 하나이다.

　제주선인들이 장수의 별인 수성壽星으로 여겼던 남극노인성은 천체에서 두 번째로 밝은 별이다. 북반구에서는 보기 어려운 별이라 이 별을 보는 사람은 장수를 누리고 복을 받는다는 이야기가 전해온다. 『고려사』에는 노인성이 떠오르자 왕이 신하들을 불러 잔치를 베풀었다는 기록이, 조선시대에도 노인성에 제사를 지냈다는 기록이 여러 번 등장한다. 추사 김정희 등 유배객들의 글에도 노인성이 자주 등장하며, 추사가 머물던 처소를 그의 제자인 매계 이한우는 수성초당壽星草堂이라 이름 짓기도 했다. 이처럼 중요하게 여긴 무병장수의 상징인 노인성을 잘 볼 수 있는 곳이 한라산과 삼매봉三梅峰이란다.

　'남당머리'라고 불렸던 데서 유래하는 남성리는 '주엇뱅뒤', 일제강점기에는 '주어동[走魚洞]'이라 불리었으며, 지금은 행정적으로 서홍동에 속한다. 남성리에 있는 삼매봉은 서홍로 809-1번지 일대의 오름으로 높이가 153m이다. 삼매봉 정상에 오르면 서귀포 시내와 외돌개·문섬·범섬 등의 해안 풍경과 함께 하논분화구가 지척으로 다가온다. 삼매봉 정상에는 삼매양 봉수가 있었는데, 동쪽으로는 호촌봉수(예촌망), 서쪽으로는 구산봉수(하원망)와 교신하였으나, 지금은 봉수대 흔적을 찾을 수 없다. 봉수대 있던 자리에는 남성정[南星亭]이라 불리는 팔각정이 들어서 있다. 남성[南星]은 남극노인성을 일컫는다. 노인성은 '카노푸스'라는 학명의 항성[恒星]으로 춘분에 떠서 추분에 진다고 알려져 있다. 이러한 노인성에 대한 문화를 살리고자 서귀포시에서는 남극 노인성제가 열리고 있다.

하논분화구로 둘러싼 가장 높은 곳인 삼매봉 공원은 최근 무병장수의 별인 남극노인성을 보는 명소로 조성되어 있다. 한라산과 서귀포시에서만 보인다는 남극노인성은 오래전부터 노인성[老人星] 또는 수성이라 부르는 별이다. 『토정비결』의 저자인 이지함은 이 별을 보기 위해 한라산을 세 번이나 올랐다 한다. 노인성이 밝게 보이면 국운이 융성하고 전쟁이 사라지며, 이 별을 세 번 보면 무병장수한다고 하여 조선시대에는 국가제사로 노인성제를 매년 춘분과 추분에 지내기도 했다 한다. 오래전부터 서귀진에 있던 노인성단을 1904년 수리해 노인성각을 지었으며, 1968년에는 이곳 삼매봉에 남극노인성을 바라보는 정자인 남성정[南星亭]과 남성대를 세웠다.

다음은 서귀포시 삼매봉 정상에 있는 남성정에 게시된 노인성 관련 시 중 이원조 목사의 宿西歸鎭曉見老人星(숙서귀진효견노인성: 서귀진성에서 새벽에 노인성을 바라보며)라는 시이다.

鷄宵鎭吏候門屛 (계소진리후문병)
닭 우는 새벽에 서귀진의 아전이 문 앞에서 문안드리기를
宿雨纔晴現極星 (숙우재청현극성)
밤새 내리던 비 겨우 개어 남극성이 보인다고 하여
箕分衡岳遙相望 (기분형악요상망)
기성(箕星)은 중국의 형산에서 아득히 바라다 보일 뿐인데
天爲吾東錫萬齡 (천위오동석만령)
하늘이 우리나라에만 무병장수의 별을 내리셨다네.

삼매봉 남성대 표지석

서귀포층과 패류화석 그리고 명물 새연교

• • •

서귀포층 패류 화석산지와 새섬을 잇는 새연교는 이웃하고 있는 만큼 같은 장에서 나눠 다음과 같이 소개하고자 한다.

서귀포층 패류화석

제주도에서 가장 먼저 형성된 지층이 서귀포층이다. 제주도가 형성되기 전인 180만 년 전, 제주도에는 얕은 바다가 펼쳐져 있었다. 약 180만 년 전에서 55만 년 전 사이의 길고 긴 시간 동안, 바다 밑에서 올라온 뜨거운 현무암질 마그마는 차가운 바닷물을 만나 아주 강력한 폭발을 했을 것이다. 이렇게 마그마가 물을 만나 생기는 화산을 수성화산이라 하는데, 제주도는 무려 100여 개의 수성화산으로 이루어진 섬이다. 이 긴 시간 동안 수많은 수성화산이 태어나고, 용암이 쌓이고 깎이고 다시 쌓이기를 반복하면서 넓은 대지를 만들었다. 이때 쌓인 퇴적층을 서귀포층이라 부른다. 서귀포층은 제주도의 튼튼한 기반이 되고, 물을 잘 통과시키지 않아 지하수를 저장하는 역할을 하게 된다. 그리고 서귀포층에는 그 당시 살았던 거대한 조개·가리비·산호와 같은 다양한 해양생물들이 화석으로 남아있어서 지금의 서귀포 패류 화석층을 구성하고 있다.

2012년 8월 제주에 불어온 강력한 태풍인 볼라벤의 영향으로 서귀포 해안절벽에서 떨어져 내려 노출된 화석층에서는 기존과는 다른 화석 종류가 밝혀졌다. 높이 50여 m의 절벽에서 40여 m의 퇴적암층이 노출된 곳은 현무암으로 덮여 있었다. 노출된 퇴적층은 제주도의 화산 퇴적층 중에서 가장 밑에 있는 해양 퇴적층으로, 신생대 제4기 초인 100만 년 전에 바닷속의 해양식물이 묻힌 퇴적암이 융기해 절벽을 이루고 있었던 것이다. 서로 다른 패류 화석 퇴적층들이 100만 년 전의 바닷속과 만나는 일은 제주 어느 곳에서 경험할 수 없는 장관이다. 100만 년 전 바다였던 곳에서 형성된 수성 퇴적층을 볼 수 있는 곳은 전국에서도 이곳이 유일하다고 알려져 있다.

땅속에 있는 서귀포층을 눈으로도 볼 수 있는 이곳은 국가지정문화재 천연기념물로 지정되었으며, 또한 세계지질공원의 명소로도 지정되어 있다.

다음은 이곳에 세워진 안내판 내용이다.

서귀포 패류화석층은 해안절벽을 따라 약 40m 두께로 나타나며, 현무암질 화산재 지층과 바다에서 쌓인 퇴적암 지층으로 구성되어 있다. 서귀포층은 제주도 형성 초기에 일어난 화산활동과 그로 인한 퇴적물들이 쌓여 생성된 퇴적층으로, 고기후 및 해수면 변동을 지시하는 고생물학적, 퇴적학적 특징들을 간직하고 있다. 이러한 화석종의 다양성으로 서귀포층은 1968년 천연기념물 제196호로 지정·관리되고 있다.

서귀포층 패류화석 산지

대정읍에 있는 천연기념물박물관에 소장되고 있는 서귀포층 화석

제12장 | 서귀포 역사문화 깃든 서녘길 485

서귀포항의 명물 새연교

자구리 해안을 따라가다 보면 이내 새섬이 보이고, 그곳에서부터 서귀포항이 천지연폭포 쪽으로 길게 이어진다. 내해로 이어진 곳 끝머리 지점에 칠십리 다리가 놓여 있다. 칠십리교를 건너 다시 내해를 따라 새섬으로 가다보면 선착장이 나타나는 주변이 바로 1920년대 고래공장이 들어섰던 곳이다. 지금은 흔적도 없이 사라진 고래공장 터에 대단위 유람선 선착장이 조성되고, 새섬과 연결되는 새연교가 가로 놓여 있다. 제주국제자유도시개발센터(JDC)가 건립한 후 서귀포시에 기증한 서귀포항의 새로운 명물 새연교가 보이는 주변에 서면, 이곳의 맛과 멋이 색다르게 다가오면서 서귀포의 아름다움은 배가 된다. 태평양의 넘실거리는 파도가 막혔던 가슴을 뚫어놓기도 하고, 저 멀리 떠 있는 새섬과 범섬 등지로 이어지는 시선의 곡예를 즐기다 보면 이내 마음이 평온해 오기도 한다. 새연교와 범섬의 풍경을 따라 만보(漫步)를 즐기며, 아름다운 풍경에 얽힌 이야기와 역사적 사건을 떠올리는 것 역시 서귀포가 주는 멋과 맛이리라.

제주시에 용연 구름다리 현수교가 있다면 서귀포에는 새섬을 잇는 새연교가 있다. 두 다리의 공통점은 용연과 천지연이라는 연못 주변에 빼어난 절경과 기암절벽이 장관을 이루고, 맑은 계곡물이 바다로 흘러가는 지점에 축조돼 있다는 점이다. 보기에도 독창적으로 보이는 새연교는 제주의 전통 고깃배인 테우를 형상화하여, 그물을 넓게 펼치는 모양과 만선인 고깃배가 돛을 달고 항구로 돌아오는 모습을 담아내고 있다고 한다.

새섬과 연결하는 새연교 주변 풍경

앞에서도 소개했듯이 새섬은 억새풀인 새^{茅}가 많아서 새섬으로 불렸으므로, 한자로는 초도^{草島} 또는 모도^{茅島}라 한 일제강점기에는 날아다니는 새의 뜻인 조도^{鳥島}로 잘못 표기하는 바람에 조도로 불린 적도 있으나, 한자로는 모도^{茅島}로 표기하는 것이 섬의 특성에 어울린다는 것이 학계의 설명이다. 1965년까지도 농사를 지으며 사람이 살았던 새섬은 최근 난대림 보호구역으로도 지정되어 있다. 또한 그곳에는 자연학습과 생태체험도 즐길 수 있도록 다양한 시설들도 조성되어 있다. 새연교가 들어서기 전에는 새섬에 가기 위해 밧줄을 이용하여 바다와 새섬의 절벽 사이를 건너곤 했던 추억이 서린 곳이기도 하다.

최영 장군과 범섬

새섬과 패류 화석산지 해안에서 서쪽으로 수 ㎞ 떨어진 바다에는 호랑이가 웅크리고 앉아있는 형상을 닮은 범섬이 있다. 섬 위쪽은 평평하고 남쪽 가장자리에서는 용천수가 솟아 1950년대까지 가축을 기르고 고구마 농사를 지으며 사람이 살았다고 한다. 섬 남쪽에는 태평양에서 불어오는 강한 바람 때문에 나무가 자라지 못하는 바위투성이지만 북쪽에는 돈나무·구실잣밤나무·해송 등이 울창하다. 특히 난대성 식물인 박달목서라는 희귀종 10여 그루가 자생하고 있다. 상록활엽수림과 함께 천연기념물인 흑비둘기가 서식하고 있어 섬 전체가 제주도지정 문화재기

법환동 최영 장군 승전비

념물로 보호되고 있다. 섬 주위에는 크고 작은 해식동굴들이 있는데 같은 크기로 나란히 생긴 두 개의 해식동굴을 호랑이 콧구멍이라 하고, 반대쪽의 커다란 해식동굴을 호랑이 똥구멍이라 불리기도 한다.

더욱이 범섬은 제주의 아픔을 현장에서 지켜보았던 역사 증인과 같은 섬이기도 하다. 1374년 원나라 관리 목호들이 일으킨 난을 평정하기 위해 최영 장군은, 314척의 전함과 25,605명의 군대를 이끌고 명월포(한림읍 옹포)를 통해 제주에 상륙하여, 새별오름 등지에서 목호들과 치열한 전투를 벌였다. 전투에서 밀린 목호군의 수뇌부인 석질리필사와 관음보 등이 범섬으로 도망쳐 들어가자, 그들을 쫓기 위해 최영 장군 부대는 범섬 앞 법환포구에 군막을 쳤다. 작은 섬이지만 해안에서 1.3km나 떨어져 있고, 깎아지른 절벽으로 둘러싸인 섬을 공략하기가 그리 만만치 않았다. 그래서 공격방법을 찾던 최영 장군 부대는 결국 전함 40여 척을 이어 묶은 배다리(배연줄이)를 놓아 범섬으로 건너가 목호군을 격퇴했다. 지금도 최영 장군 부대가 군막을 설치했던 수모루와 법환동 일대를 '막동산'이라 부른다.

최영 장군은 외돌개 전설을 낳을 만큼 특별한 병법을 동원해 출정을 승리로 이끌었다. 이러한 역사적 사건으로 인하여 이후 법환포구에는 '막숙'이라는 이름이 붙었고, 범섬과 최단 거리로 배를 연이어 묶은 지점을 '배연줄이 또는 배염줄이'라는 이름으로 전해지고 있다. 최영 장군이 외돌개와 법환포구의 지형을 이용해 배연줄이라는 곳을 거쳐 군사를 이

끌어 범섬을 압박해 들어가자 목호의 수뇌부인 초고독불화와 관음보는 벼랑으로 몸을 던져 자살하고, 석질리필사는 처자식과 함께 항복했다. 최영 장군은 항복한 석질리와 아들 3명을 목 베어 죽이고 자살한 수뇌부의 시신을 찾아내 목을 베어 개경으로 보냈다.

역사는 범섬을 최영 장군이 목호의 난을 평정함으로써 몽골 지배 100년을 마무리한 현장으로 기록하고 있다. 그러나 당시를 살았던 제주 선인들에게 이 땅은 차마 눈 뜨고 볼 수 없는 살육과 희생을 거쳐 지배 세력이 교체된 것 외에는 달라진 것이 없는 비극의 현장이기도 했다.

이러한 역사적 흐름을 아는지 모르는지 법환포구에는 최영 장군 승전비가 제주의 돌이 아닌 거대한 화강암으로 세워져 있다.

벼락마진듸 할망당 조형물과 해신당

서귀진성에서 200여 미터 떨어진 서남쪽 나무 우거진 해안절벽 지역에는 '벼락마진듸'라는 할망당이 있다. 서귀포항이 내려다보이는 전망 좋은 곳인 이곳에서는 오래전부터 용왕신을 모시며 제의를 행해왔다. 당시의 신목은 소나무로, 둘레가 7m에 이를 정도로 우람했었다. 1919년 즈음 신목인 소나무가 벼락을 맞았는데, 이런 사연으로 이곳을 제주어로 벼락마진듸라고 부른다. 정자와 할망당 조형물이 세워진 이곳에는 제의를 지내던 당집(초가)이 있었다.

벼락마진디 할망당 주변의 조형물과 안내판

벼락마진디 조형물 바로 아래 해안도변에 조성된 할망당 조형물과 주변 해안길

오래전 신성한 성소였던 이곳에서는 250년이 됨직한 신목인 소나무가 용왕당(요왕당)을 찾는 단골들을 포근히 맞아주곤 했었다. 그런데 어느 날 취객인 한 나그네가 신목인 소나무 주변에 촛불 켜놓고 자다가 그만 화마를 당하였다 한다. 그래서 그 후 이곳은 성소로서의 명맥을 이어가기 어려웠다 한다. 시간은 흘러 2002 월드컵의 성공적 개최를 위한 환경 조성 사업의 일환으로, 지역주민들의 삶의 애환이 서려 있는 이곳은 정비되어 시민의 휴식공간으로 탈바꿈하게 된다. 근방에는 할망당이 조성되어 있다. 벼락마진듸 조형물 옆으로 난 새로 조성된 데크길 아래로 내려서면 해안도로를 만난다. 해안도로 옆에는 팽나무를 신목으로 하는 자그마한 당집이 있다. 어업에 종사하는 단골들이 여러 조형물로 치장한 이곳에서 할망당 또는 용왕당이라 부르며 지금도 치성을 드리고 있다.

서귀포로 귀환한 「김대황 표해일록」과 조선 4대 표해록

화북포구에 갔을 때는 생각나지 않던 '김대황 표류기'가 서귀포항 주변을 어슬렁거리면서는 생각이 났다. 그만큼 다양한 경관과 역사문화를 간직한 곳이 서귀포이기 때문일 것이다. 1687년 9월 화북화구를 떠난 후 바다에서 표류해 베트남과 중국을 거쳐 극적으로 제주도로 돌아온 김대황 일행의 표류기인「김대황 표해일록」은 당시 외국과의 외교관계도 알 수 있는 소중한 자료이다.

바다를 건너는 것을 도항이라 하고, 도항하던 배가 바람과 조류 등으로 항로를 벗어나 조난되는 해난사고를 표류라 한다. 표류자에게는 극진히 대접하는 것이 당시의 여러 나라의 통상적인 관례였다. 우선 제주도에 표류해온 경우 몇을 보자.

1794년 8월, 류큐인들이 표류하다 가파도에 상륙했다. 배에는 11인이 승선해 있었으나 7명이 익사하고 1명이 병사했는데, 병사자는 가파도에 묻혔다. 이후 생존자는 북경을 거쳐 다음 해에 본국으로 귀환하였다. 1807년 7월 류큐인 6명이 탄 작은 배가 우도(당시 정의현 소속)에 표착하였다. 필담으로 조사한 결과, 그들은 류큐국의 순검관과 사관 일행으로 큰 배에 탄 인원은 모두 99명(여성 4명)이었다. 태풍을 만나 표류하다가 중국에 표착하였는데, 다시 출항하였으나 서남풍으로 다시 표류하여 정의현 우도에 표착한 것이다. 이미 제주에는 5년 전인 1801년 어느 나라 사람인지 모르는 표착인 5명이 머물고 있었다. 류큐 표착인들에게 물어보니, 그들은 필리핀인 여송국呂宋國 사람이라 했다. 조정에서는 여송국 사람들에 대한 정보가 없어, 여송인들이 북경을 거쳐 가는 것은 불가능하다고 판단하여 류큐인들이 귀국할 때 이들도 같은 배에 태워 필리핀을 경유해서 내려주고 가라고 부탁하였다. 그러나 류큐인들은 타국 표류인들을 태워갈 수 없다고 하여 류큐인들만 배로 귀국하였다.

자 그럼 이번에는 극적으로 가족 품으로 돌아온 김대황 일행의 표류 과정을 살펴보자. 김대황 일행은 1687년 9월 초 화북포구를 통해 제주를 출발한 후 표류하다, 안남국인 베트남과 중국을 거쳐 16개월 만에

극적으로 1688년 12월 17일에 서귀포항으로 돌아왔다. 이제 그 표류의 역사 속으로 들어가 보자. 제주목 관리로 당시 제주진무濟州鎭撫였던 김대황은 한양 조정에 말을 진상하러 가는 책임자였다. 이상전 목사의 명을 받은 김대황은 키잡이 이덕인과 격군 등 모두 24명과 진상할 말 3마리와 함께 제주 바다를 건너던 중 추자도 부근에서 집채만 한 거센 파도를 만났다. 돛대가 기울고 키가 부러져 침몰 직전에서 키잡이 이덕인의 기지로 위기에서 벗어날 수 있었다. 하지만 마실 물도 먹을 양식도 없는 일행은 떠내려가는 배에 몸을 맡길 수밖에 없었다. 지혜로운 이덕인의 제안으로 일행들은 바닷물을 끓어 생성된 수증기를 바가지에 받아 마실 물을 만들고 생쌀을 씹으며 허기를 달랬다.

    표류한지 보름이 지나 죽어가던 말들은 바다에 버려지고 표류하던 일행들은 구사일생으로 베트남(안남국)에 상륙할 수 있었다. 하지만 그들은 말이 통하지 않은 사람들에게 붙잡혀 안남국 관부로 끌려갔다. 해적으로 오인받던 일행은 안남국 역시 한자 문화권의 나라였기에 의사소통이 되어 다행히 왜구가 아닌 조선인임을 인정받았다. 그곳에서 사람들은 물소로 밭을 갈고, 코끼리를 타고 다니고, 목동이 물가에 가서 휘파람으로 부르면 물속에서 나온 물소 등에 타고 달려 자기 집에 도착하는 진귀한 모습들도 보았다. 5개월이 지나 김대황은 자신들의 사정을 글로 적어 안남국 국왕에게 올렸다. 김대황 일행의 사연을 접한 안남국왕은 중국 상선에 돈과 쌀을 주어 김대황 일행의 송환을 도왔다. 안남을 출발하여 3개월 만에 중국 절강성 온주부 해상에 도착했지만, 불행하게도 그곳에서 해적을 만났다. 다행히 중국 온주부에서 해적으로부터 보호받을 수 있도록 호위선을 붙여주었다. 마침내 상환료로 쌀 600포를 조선 조정이 갚게 되어 김대황 일행은 가족의 품으로 돌아올 수 있었다.

위의 표류 이야기는 이익태 제주목사가 지은 지영록에 소개된「김대황 표해일록漂海日錄」에서 따온 것이다. 『지영록』은 이익태가 1694년(숙종 20) 7월 제주목사로 부임한 이래 1696년 9월까지 재임기간 중의 업무와 행적, 제주 관련 역사를 기록한 고서이다. 당시의 외교 관계와 표류, 항해에 관한 정보, 베트남과의 관계 등을 살펴볼 수 있는 중요한 기록 문화 등을 담고 있는「지영록」은 2018년 국가보물(2002호)로 지정되었다.

흔히 말하는 조선의 3대 표해록은 모두 제주와 관련된 것으로,「김대황 표류기」를 비롯하여 15세기의「최부의 표해록」과 18세기의「장한철의 표해록」을 말한다. 여기에「이방익의 표해록」을 더하여 4대 표해록이라 칭해본다. 이방익의 표해록은 최근 권무일 역사소설가에 의해 더욱 그 가치가 상세하게 밝혀지고 있다. 권무일 작가는 헌마공신 김만일과 은광연세 김만덕 등을 새롭게 조명하는 등 제주역사문화의 지평을 확장하는데도 앞장서고 있다. 아래에 제주선인인 이방익의 표해록 중 큰 줄거리를 소개한다.

조정에서 정3품 충장위장 직책을 수행하던 제주 좌면 북촌리 출신 이방익은, 1796년(정조 20) 9월 20일 제주 연안에서 일행 7명과 함께 표류하다 16일 만에 대만해협 팽호도에 닿았다. 대만 본토에 송치된 후 중국 본토에 있는 하문으로 건너가 복건성, 절강성, 강소성, 양자강, 산동성을 거쳐 북경으로 송환된다. 그는 마침내 황제의 재가를 받아 북경을 떠나 만주벌판을 달려 1797년 6월 4일 표류한지 9개월 보름 만에 압록강을 건너 귀국길에 오른다. 정조는 이방익을 면담하고 그의 경험담을 들으니 더욱 놀란다. 앞선 문물이 눈에 어른 거렸을 것이다. 이에 정조가 연암 박지원에게 주문하여 엮은 서책이『서이방익사書李邦翼事』이다. 또한 이방익은 한글로 표해록을, 가사체로 표해가를 써서 남기기도 했다.

향토사학자 김찬흡은『제주인물대사전』(2016)에서 이방익이 표류한 사실과 가족사와 함께 "폭풍이 거세게 몰아치는 망망대해에서 일엽편주에 몸을 의지하여 생사의 갈림길에서도 절망하지 않고 무사히 헤쳐 나옴으로써 굳세게 살아난 작자의 내면세계를 엿볼 수 있는 훌륭한 해양문학작품"이라 평하면서, 다음의 표해가 종결 구절을 소개하고 있다.

… 어화 이내 몸이 하향(遐鄕: 서울에서 멀리 떨어진 지방)의 일천부一賤夫로, 해도 중 죽을 목숨 천행으로 다시 살아 천하대관 고금유적 두루 다 만나 보고서 고국에 살아 돌아와 부모처자 상대하고 또 천은입어 비분지직(非分之職: 분수 넘치는 직위)하였으니 운수도 기이할 사 전화위복 되었도다. 벼슬이 과만(瓜滿: 임기가 다함)하여 고토故土로 돌아가서 부모님께 효양하며 지낸 일들 글 만들어 화려하고 장엄한 표해광경 후진에게 전하고자 천하에 위험한 일 지내노니 쾌하도다.

한편 이방익의 아버지 이광빈도 무과시험에 응시하려 제주에서 배를 타고 출륙하던 중 일본 나가사키에 표류한 적이 있다. 당시 그곳에서 한 의원이 이광빈을 자기 딸과 혼인시키려 머물러 살게 하였으나, 이를 거절하여 고향으로 돌아온 일이 전해진다. 부자가 모두 표류하였다가 다시 살아서 돌아온 일 또한 기이한 인연이라 하겠다.

1970년 서귀항을 떠났던 남영호의 비극

1970년 12월 서귀포항에서 부산으로 향하던 남영호南榮號가 대한민국 해난사고 중 가장 많은 323명의 주검과 함께 컴컴한 바닷속으로 잠겨버렸다. 그리고 2014년 4월 16일 세월호 비극으로 이어졌다. 남영호와 세월호의 비극은 판박이다. 역사에서 배우지 못한 개인에게도, 가족에게도, 국가에도 업보가 있나보다. 남영호 비극의 눈물을 씻지 못한 아버지의 업보가 딸의 추락으로 이어졌으니, 개인과 가족을 넘어 나라의 업보가 되어버린 셈이다.

남영호는 중량 362t, 길이 43m, 폭 7.2m, 시속 15노트, 정원 302명이 승선 가능한 철선이었다. 1968년 3월 서귀포~성산포~부산 간 노선을 첫 취항 했고, 매달 10회씩 왕복 운항하던 정기 여객선이었다. 남영호는 1970년 12월 14일 오후 5시경 서귀포항에서 승객과 감귤을 싣고 출항한 후 성산포항에서 추가로 승객과 화물을 싣고 밤 8시 10분경 부산을 향해 출항했다. 남영호가 성산포항을 떠난 지 5시간여 지난 새벽 1시

남영호 침몰사고

남영호 조난자 위령탑

20분경 갑자기 심한 바람이 남영호 우현 선체에 몰아쳐 갑판 위에 쌓아 놓은 감귤 상자가 좌현 측으로 허물어졌다. 순간 중심을 잃은 선체가 좌현으로 기울면서 중심을 잃고 침몰하기 시작했다. 결국 남영호는 전라남도 여수시 소리도 인근에서 침몰하고 말았다.

남영호는 긴급구조신호(SOS)를 타전했지만, 해상 부근 어느 무선국에서도 조난 신호를 포착하지 못했다. 남영호 정원이 302명에 반해 당일은 338명을 태워 정원을 36명이나 초과했다. 이 사고는 운항 과실과 낙후된 선박시설 및 기관, 무전시설, 그리고 이를 단속해야 할 경찰과 해운 당국의 감독 소홀 등으로 인해 발생한 참사였다. 남영호의 희생자 수는 조난수습대책 일지에는 326명, 부산지방해양심판원 재결문에는 323명으로 기록됐고, 위령탑 비문에는 319명으로 새겨져 있다. 사고 당시 임시대책본부가 설치된 서귀포항은 유족 1,000여 명의 통곡 소리로 아수라장이 됐고, 이후 남영호가 들고나던 서귀포 선창가에는 위령탑을 세워 그날의 원혼을 달랬다. 위령탑은 1982년 서귀포항 임항도로 개설로 인해 서귀포시 돈내코 법성사 인근으로 옮겨졌다가, 다시 정방폭포 주차장 동쪽 한편에 새롭게 세워졌다. 그리고 2022년 10월 29일 서울 한복판에서 이태원 참사가 일어났다. 중요한 것은 조상의 삶이 후손의 삶에 여러 영향을 미치고 지혜를 준다는 점인데…. 조상의 삶과 역사를 알려는 마음을 후손에게 심어주는 일은, 설령 늦었다 하더라도 지금이 바로 적기라는 사실이다. 위기가 곧 기회이기도 하다. 그러함이 문화를 가꾸는 지혜이고, 위기의 황량한 밭을 기회의 밭으로 경작하라는 백성의 외침일 것이다.

서귀포 역사문화 깃든 길을
닫으며

우리가 찾아갔던 서귀포시의 주요 여정은 다음과 같다. 서귀진성, 천지연 생수궤, 김광협 시비 등 여러 시비, 천지연폭포, 사장터와 논밭, 남성고갯마루, 고래공장터, 서귀포층 패류 화석산지, 새연교와 범섬 풍경, 서귀포항과 해신당, 용암유로와 용천수를 품고 있는 자구리 해안, 4·3의 아픔이 있는 정방폭포와 발원지인 정모시물의 공원, 소암기념관과 이중섭 공원, 서귀포관광극장 노천무대, 서귀 본향당, 장수의 별을 보는 삼매봉 그리고 하논분화구 등···.

중국의 『사기』에는 제주도를 동영주라 부르기도 했다. 신선들이 사는 물가라는 뜻을 지닌 영주는 제주의 또 다른 이름이다. 이에서 보듯, 중국인들은 예부터 제주의 아름다움을 알고 왕래해왔다. 제주에서도 특히 아름다운 경관을 자랑하는 서귀포시 지역에 대한 역사문화를 훑어보았다. 오래전 서귀포는 한적한 어촌이었고 왜구가 출몰하는 요해지였다. 그리하여 제주에서도 제일 먼저 1439년 서귀진성을 쌓았다. 오늘의 서귀포시의 시가지 형성은 1915년 면사무소가 홍로에서 정방동으로 옮기고, 1920년대 서귀포 포구에 고래공장 등이 들어서면서 시작되었다 해도 과언이 아니다. 제주시가 '천년의 고도'라 한다면, 서귀포는 '백년의 신도시'에 해당한다. 그만큼 눈부신 발전을 거듭한 곳이 서귀포이다. 그 이면에는 서귀포만의 특색이 있다. 물론 감귤과 아름다운 경관 못지않게 사람을 소중히 하는 풍토가 조성되어 있음이다. 인명이 들어간 시설물이 많은 것이 이에 대한 증거이기도 하다.

서귀포시의 과거를 말하고, 과거에서 배우는 것은 문화토양을 가꾸는 일이기도 하다. 현상이 보이는 것이라면 본질은 보이지 않은 곳에 묻혀있을 것이다. 역사의식을 지닌다는 것은 정체성을 찾아가는 과정이다. 정체성을 찾으려는 아이는 자기의 앞길을 스스로 선택하여 걸으려 한다. 정체성 속에는 우리가 그토록 찾아 헤매는 인성과 창의가 숨어 있었다. 역사에는 사실과 진실만이 기록되지는 않는다. 역사는 승자의 기록이라 말하듯 승자에 의해 역사는 미화되기도 한다. 그럼에도 과거를 알리려는 노력은 역사 미화 여부를 떠나 뿌리를 찾고 알아가는 과정으로써, 조상으로부터 삶의 지혜를 얻으려는 것이다.

성차별도 신분의 귀천도 없는 평등의 시대이다. 왕후장상王侯將相의 씨가 따로 있는 것은 아니로되, 이웃과 후손에게 어떠한 영향을 주느냐에 따라 현대판 왕후장상은 만들어지기도 한다. 중요한 것은 조상의 삶이 후손의 삶에 여러 영향을 미치고 지혜를 준다는 점이다. 조상의 삶과 역사를 알리려는 마음을 후손에게 심어주는 일은 설령 늦었다 하더라도 지금이 바로 적기라는 사실이다.

covid-19 이후의 삶은 우리에게 위기로 다가오고 있다. 또한 여러 가지를 성찰하게 하는 계기로도 작용하고 있다. 위기가 곧 기회이기도 하다. 그러함이 문화를 가꾸는 지혜이고, 위기의 황량한 밭을 기회의 옥토로 경작하라는 선인들의 외침일 것이다.

문화는 우리의 삶 그 어디에나 스며져 있다. 구린내가 아닌 향기로운 삶의 내음이 곧 우리 문화의 향기이어야 한다. 서귀포시 역사문화 기행의 궁극적 지향점은 이웃들과 함께 향기로운 문화의 시대로 나아가려 선인이 흩뿌린 삶의 향기를 맡아보고자 하는 것이다.

| 편집후기 |

문영택　가지 않은 길을 가듯 그렇게 손에 손잡고 내 걷는 길손들이 이제 길모퉁이 하나 돌고 납니다. 인생길에서 만나는 풍경 너머 희미한 풍경도 그려보며 다시 가렵니다. 무에서 유를 찾듯 공유의 가치를 넓혀가려 합니다. 질토래비 가는 길은 이승과 저승길 어디에도 뚫려 있으리라 기대하며~

김하종　여러모로 부족한 제가 편집위원장을 맡은 지 벌써 1년 여의 시간이 흘렀네요. 이러저러한 우여곡절을 겪으며 힘들어하던 찰라, 든든한 구원자가 나타나 저를 이끌어주었습니다. 밤낮을 가리지 않고 전화로 격려해주었을 뿐만 아니라 밤에 만나서 밤늦게까지 함께 얘기하면서 본서의 질을 향상시키기 위해 부단히 노력해주신 현정 사무국장님과 풍이 형님, 최고의 디자인을 위해 힘써 주신 지운 대표님과 하은 작가님, 마지막까지 수정에 수정을 하시면서 마무리를 지어주신 문영택 이사장님, 이 자리를 빌려 진심으로 감사의 말씀을 전합니다. 사랑합니다.

김현정

'힘들다'에서 '힘들었다'로 바뀌는 순간입니다. 적잖은 밤을 활자와 연애(?)하며 뜬눈으로 지새웠고, 적잖은 시간을 편집위원들과 함께 했습니다. "힘은 드는 것이 낫지, 힘이 빠지면 무슨 낙으로 살아?" 이런 긍정의 말장난으로 자기 위로를 하며 편집작업에 임하기를 1년여…, 드디어 그 힘이 더 큰 힘으로 여럿에게 공유됩니다.

바쁜 일상 속에서도 시간이 허락하면 어김없이 제주의 곳곳을 찾아 답사를 다니시며 방대한 자료를 읽고 제주 역사문화 공유를 위한 주 집필을 실천해오신 문영택 이사장님, 존경합니다. 사무국의 일이 바쁘니 편집위원장은 아우가 맡아달라는 부탁에 어깨가 무거울 텐데도 유한 성품으로 울타리를 잘 쳐준 하종이, 환자에게 진심인 낭만닥터이자 깊이 있는 역사학도인 최애 아우 풍이, 그리고 질토래비 총서 창간호에 각별한 정성으로 一人多役의 고충을 해준 숨은 조력자 은영씨(고마워요!), 글씨만큼이나 어여쁜 하은과 디자인 깡패 지운, 질토래비 에너자이저 성현, 다양한 자문에 응해주시고 고화질의 사진자료를 공유해주시며 총서 발간에 함께 애써주신 질토래비 이사진 여러분(특히, 김원순 고문님, 전광희·홍성은 이사님), 다양한 제주의 문화 소식을 공유하며 일상을 응원해주시는 360여 분의 질토래비 회원 여러분, 힘을 함께 모으니 길이 보입니다. 덕분입니다. 고맙습니다.

강 풍

지난 1년여 동안 질토래비에서 역사문화 수필집을 만드는데 편집위원으로 들어가서 많은 것을 보고 느끼고 배웠습니다. 먼저 문영택 선생님과 현정 누나 이하 모든 분들께 감사의 말씀 올리겠습니다. 좋아하는 역사 공부 하면서 가치관에 대해서 재정립할 수 있는 기회가 되었고, 최대한 객관적으로 올바른 역사 사실을 있는 그대로 누구나 쉽게 알 수 있도록 후세들에게 남기려고 합니다. 앞으로도 한 단계 진화하려고 노력하는 모습 보이도록 하겠습니다.

| 참고문헌 |

강석규 『耽羅-近代의 濟州鄕土敎育』 전남대학교출판부 1994.
고광민 『제주생활사』 한그루 2017.
고영철·임영훈 『제주도! 어디까지 가봤디?』 2018.
국립제주박물관 『조선 선비 뜻밖의 중국 견문』 2015.
국립제주박물관 『제주 유배인 이야기』 2019.
김두봉 『濟州島實記』 1932.
김만덕기념사업회 『김만덕 자료총서2』 2008.
김봉옥 『증보제주통사』 2000.
김석익 저 제주문화원 역 『耽羅紀年』 제주문화원 2015.
김석익 『破閑錄』 1923.
김성구 『八五軒文集 권5·권6 南遷錄』 1873.
김순이 『제주신화』 2016.
김오진 『조선시대 제주도의 이상기후와 문화』 푸른길 2018.
김찬흡 『濟州史人名事典』 제주문화원 2002.
김찬흡 『제주향토문화사전』 금성문화사 2014.
김찬흡 『제주인물대사전』 2016.
김태능 『제주도사논고』 제주대학교박물관 2014.
김하종 『진시황의 사자 서복, 역사인가 전설인가』 문현 2021.
김혜우·고시홍 엮음 『高麗史耽羅錄』 제주문화 1994.
권무일 『제주 표류인 이방익의 길을 따라가다』 평민사 2020.
문영택 『탐라로 떠나는 역사문화 기행』 도서출판 각 2017.
서귀포시지편찬위원회 『西歸浦市誌』 서귀포시 1988.
신용하 『한국민족의 형성과 민족사회학』 지식산업사 2001.
양진건 『제주교육행정사』 제주문화 2001.
연안김씨 한림학사공파 종중회 『延安』 2017.
유홍준 『나의 문화유산 답사기』 창비 2013.
이강희 저 현행복 역 『耽羅職方說』 도서출판 각 2013.
이순신 저·송찬섭 역 『난중일기』 서해문집 2004.
이영권 『제주역사기행』 한겨레신문사 2004.
이영권 『새로 쓰는 제주사』 휴머니스트 2005.
이영권 『조선시대 해양유민의 사회사』 한울아카데미 2013.

이익태 저 김익수 역 『지영록』 제주문화원 1997.
이원조 『耽羅誌草本』 1843.
이원진 『耽羅志』 1653.
이한우 『매계선생문집』 제주교육박물관 2016.
이형상 『南宦博物』 1704.
장공남 『제주도 귀양다리 이야기』 이담북스 2012.
정근오 『제주도 벼농사의 역사지리적 연구』 2014.
주강현 『제주기행』 웅진지식하우스 2011.
제주교육박물관 『탐라지초본 상·하』 2008.
제주대학교박물관 『탐라순력도』 제주시 1994.
제주문화원 『濟州市 옛 地名』 제주시 1996.
제주문화원 『譯註 增補耽羅誌』 2005.
제주문화원 『사진으로 보는 용담동의 어제와 오늘』 2016.
제주발전연구원 『세계인의 보물섬 제주이야기』 2012.
제주사랑역사교사모임 엮음 『청소년을 위한 제주역사』 도서출판 각 2008.
제주시 『조선왕조실록을 통해 본 제주목사』 2005.
제주시일도2동지편찬위원회 『一徒二洞誌』 2003.
제주특별자치도 『제주선현지』 1988.
제주특별자치도 『제주의 문화재 증보판』 1998.
제주특별자치도 『세계인의 보물섬 제주 이야기』 2002.
제주특별자치도 『제주의 방어 유적』 1996.
제주특별자치도교육청 『제주도교육사』 1999.
제주특별자치도교육청 『학교가 펴낸 우리고장 이야기』 2014.
제주홍사단문화유산답사회 『사라져 가는 제주문화재』 2014.
KBS 이야기제주사 제작팀 제주특별자치도 『이야기 제주사 1·2권』 2016.
한국학중앙연구원출판부 『고려사 지리지 역주』 2016.
현용준 『제주석상 우석목 소고』 제주도 1963.
현행복 『翠屛潭』 도서출판 각 2006.
황시권 『제주 돌하르방의 제작시기 고찰』 제주대학교 탐라문화연구원 2020.
황시권 『돌하르방의 문화재 가치 재정립과 관리제도 개선방안』 제주대학교 탐라문화연구원 2020.
황시권 책임 연구 『제주돌문화 유산의 가치 확신과 관리 활용방안 연구』 제주연구원 2020

| 질토래비 걸어온 길 |

제주 역사문화 공유단체인 사단법인 질토래비는 제주 역사문화 관련 저서 활동 및 연구, 교육, 탐방, 문화기획 등을 주요 역점사업으로 활동하고 있다.

- 사단법인 질토래비 주요 활동 사항
- 제주의 역사문화 관련 안내서와 지도 발간, 도민 및 도외민의 요구에 역사문화 탐방 등 다양한 방법으로 제주 역사문화 교육 및 공유화 사업에 적극 나서고 있다.
- 제주시 원도심의 역사문화를 바탕으로 5개 걷는 코스를 개발하여 역사문화 걷는 길을 안내한 〈돌하르방 길을 걷다〉 지도를 발행, 제주 곳곳에 배포하여 제주의 원도심을 이해하는 데에 이바지하고 있다.
- 사단법인 질토래비에서 기초하고 펴낸 지도 및 자료 등의 지적소유권을 관계기관에 무상으로 제공하고 있다.
- 사단법인 질토래비 창립 세미나를 개최하여 제주의 문화재인 '돌하르방' 제자리 찾기 운동을 널리 알리는 방안 등을 주제로 세미나를 진행, 제주읍성 돌하르방의 원위치 복원에 대한 논의 및 서울 국립민속박물관 2기에 대한 반환운동과 병행하여 '국가지정문화재' 추진에 대한 도민 인식 확산에 주력하고 있다.
- 창립 기념으로 개장한 원도심 중 '동성(東城)·돌하르방 길'에 이어 '한수풀 역사문화 걷는 길', '탐라·고을·병담 길', '서귀포 역사문화 걷는 길', '월라봉 역사문화 깃든 길', '성산읍 수산리의 비경과 비사를 찾아서' 등을 책자와 함께 개장하여 지금까지 천여 명의 도민들과 공유하고 안내하고 있다.
- '돌하르방 제자리 찾기 운동'을 지속적으로 전개하고 있으며, 그 동안 제주특별자치도·제주도세계자연유산본부·국립민속박물관 등에 돌하르방의 가치 확산·반환·복원 등에 관한 공문을 발송하여 돌하르방이 언젠가 제자리(성문 복원 및 돌하르방 제자리 위치)를 찾아갈 수 있는 기반을 도모하고 있다.
- 제주도 내·외 각 기관 및 단체에 제주 사회의 이모저모를 소개하고, 제주 사회의 이해 및 문화 다양성과 역사문화를 매개로 한 교육(다문화가정·이민자·소외계층 교육 포함) 및 탐방 프로그램 운영으로 각종 교육 활동을 전개하여 제주 사회의 건강한 정체성 함양에 이바지하고 있다.
- 제주의 사회·역사문화를 알고자 하는 각 기관 및 단체, 어린이부터 어르신에 이르기까지 리더십 교육, 자기주도학습 진로체험, 역사문화 교육 프로그램을 실시하여 제주 고유의 정체성 확립에 앞장서고 있다.

- '탐라 천년 도읍지 제주시' 복원을 위하여 '용담동 제사유적'과 '남·북수문 홍예교' 등을 제주시에 건의하여 관련 정보를 공유, 공문 발송하여 관련 안내판 설치 등을 견인하였다.
- 제주 역사문화 공유를 위하여 지역언론(제주일보)에 180여 회 연재 중이며, 제주의 주요한 역사문화를 찾아 공유한 내용을 이사진이 역할 분담하여 보상 없이 원고 편집 과정에 임함으로써 타의 모범이 되고 있음은 물론, 독자들로부터 제주 역사문화에 대한 뜨거운 관심과 반향을 일으키고 있다.
- 지역사회의 바람직한 이슈와 정보를 알리는 자료 및 기념품을 교육 프로그램 참여자에게 전달하여 지속적인 관심을 유도하고 있다.
- 제주대학교 경영대학원 문화예술경영학과·제주도시재생지원센터·사회적협동조합 제주로(law)·제주사대부고·제주중학교·서귀포중학교·애월읍·수산리·안덕면주민자치위원회·감산리·대평리·화순리·송악도서관·설문대어린이도서관·서귀포도서관 등 학교 및 도서관, 다양한 지역단체와 협약을 맺어 관련 지역의 역사문화를 비롯한 제주의 역사문화를 공유하고 안내하여 제주의 정체성을 바르게 형성하는 데 이바지하고 있다.
- 코로나가 창궐하여 야외 답사가 어려운 상황일 때에도 SNS 단체 정보공유 소통공간을 통한 제주 역사문화 공유로 360여 회원들 간의 소통과 제주 역사문화 공유의 활성화를 견인하고 있다.
- 전국 홍보지 등에 법인 내 전문위원 및 이사진이 제주역사문화에 대한 기고를 이어가고 있다.
- 제주의 정체성을 찾으려 뜻을 같이 하는 5단체(질토래비, 성균관유도회 제주지부, 영주음사, 귤림서원이 위치한 이도1동 통장협의회 및 도시재생주민협의체)가 제주의 역사문화를 공유하고자 2019년 창립한 비영리 민간단체《귤림서원》과 더불어 역사문화 탐방 프로그램을 진행하여, 세주노민 및 사회적 약자 프로그램 등에 참여한 참가자들에게 제주의 역사문화에 대한 이해를 이끌어내고 있다.
- 제주 역사문화를 알고자 하는 도내·외 각 기관 및 단체와 개인에 탐방 교육을 실시하여 제주 고유의 정체성 확립에 앞장서고 있다.
- 각 방송사 요청 제주 역사문화 주제 프로그램에서 제주의 다양한 역사문화 정보를 공유하고 있다.
- 제주지역 사회의 주역인 청소년과 더불어 각종 봉사활동 및 토론, 교육 활동을 전개하고 있다.

| 질토래비 걸어온 길 |

■ 출판 간행물

■ 방송 매체

■ 사단법인 질토래비

■ 신문 언론

■ '제주 역사문화 걷는 길' 강의 및 탐방 진행, 탐방로 정화작업

■ 원도심 역사문화 걷는 길 지도 기획·제작 및 제주 역사문화 관련 굿즈 제작

■ 사단법인 질토래비 이사회

질토래비, 제주 역사문화의 길을 열다
돌하르방에게 길을 묻다 ❶

초판 1쇄	2023년 7월 9일
발행인	사단법인 질토래비
제작기획	사단법인 질토래비 편집위원회
	문영택 김현정 강풍 김하종
사진촬영	사단법인 질토래비 이사회
표지디자인	디자인세이
캘리그라피	정하은

펴낸곳	디자인세이
출판신고	제651-2015-000013호
주소	63145 제주특별자치도 제주시 사평6길 22(오라이동)
전화	064. 744. 7013
팩스	064. 744. 7015
이메일	say7013@nate.com

주소	제주특별자치도 제주시 대통길 123-1
전화	010. 7255. 0164
이메일	jiltolaebi@gmail.com
홈페이지	https://www.jejugil.or.kr/

ISBN 979-11-965300-1-3

값 25,000 원